El mapa de la crisis ambiental en España

ANTONIO CERRILLO (coord.)

EL MAPA DE LA CRISIS AMBIENTAL EN ESPAÑA

CONFLICTOS Y SOLUCIONES EN LA ERA DE LA TRANSICIÓN ECOLÓGICA

Icaria Antrazyt
ECOLOGÍA

Este libro ha sido editado en papel 100% Amigo de los bosques, proveniente de bosques sostenibles y con un proceso de producción de TCF (Total Chlorin Free), para colaborar en una gestión de los bosques respetuosa con el medio ambiente y económicamente sostenible.

Primera edición: mayo de 2024

ISBN: 978-84-10328-05-1

Depósito legal: B 8606-2024

Maquetación: Marina Sánchez

ÍNDICE

PRESENTACIÓN. CRISIS AMBIENTAL Y CAMBIO GLOBAL

Cristina Monge

Vivimos tiempos de transición. Se acumulan las evidencias de la crisis climática y comienza a visibilizarse una cascada de efectos que no dejan nada al margen. Ni el reino de lo natural ni el de lo social consiguen escapar a sus garras. A lo primero le llamamos crisis ambiental para enfatizar sus efectos sobre el planeta; a lo segundo, cambio global, destacando así su dimensión total.

La ciencia lleva años indicándolo y el Sexto Informe del Grupo Intergubernamental de Expertos de Cambio Climático de la ONU (IPCC) lo ha dejado manifiestamente claro: estamos, sin lugar a dudas, ante una crisis climática provocada por la acción humana. Ha dicho algo más: estamos a tiempo de evitar las peores consecuencias de la crisis climática. Las estrategias están trazadas y son conocidas, se trata de mitigar las causas de la crisis climática y adaptarse a los efectos que ya se están produciendo; mitigación y adaptación. El camino también está dibujado, es eso que hemos venido en llamar transición ecológica y que no sólo no es nueva, sino que lleva ya un trecho recorrido. Lo suficiente para empezar a extraer lecciones. No hay tiempo que perder y es el momento de pasar de las musas al teatro.

Los casos que trata este libro se ubican en la España actual. Se trata de situaciones con características y dinámicas propias, pero deben entenderse en un marco más amplio de conflictos ambientales, como los que se relacionan, describen y documentan en el Atlas de Justicia Ambiental dirigido por el catedrático de economía de la UAB Joan Martínez Alier, un trabajo de referencia obligada para todo aquel que pretenda asomarse a la complejidad de los problemas de carácter ecológico y entender cómo y por qué su naturaleza es claramente socio-ambiental. Sin la dimensión ambiental no se entendería la social, y viceversa, una clara muestra de hasta qué punto la economía es una variable dependiente de la biosfera. En un planeta enfermo, la economía enferma también y anula toda posibilidad de prosperidad y bienestar, términos, por cierto, que hoy necesitan repensarse. Así, la contaminación de ríos y acuíferos por la actividad minera, la pérdida de biodiversidad producida por la gestión del territorio, o la desaparición de entornos naturales para ser convertidos en espacios turísticos ajenos a cualquier criterio de sostenibilidad, por citar sólo algunos ejemplos, inmediatamente se traducen en pérdida de recursos para los pueblos que viven en esos territorios, pobreza, injusticia, desigualdad y violencia. En algunos casos estas ofensivas ambientales imposibilitan seguir viviendo en esos espacios; en otros, la población se empobrece, se incrementa la desigualdad y los problemas se multiplican. Los conflictos ambientales son también conflictos sociales y no ocultan sus derivadas económicas y políticas. Debemos empezar a considerarlos en todas sus dimensiones.

Por otro lado, es preciso advertir de algo que puede parecer una obviedad pero a menudo no se valora lo suficiente. Los conflictos se materializan en el territorio, el lugar en el que se concretan tanto los desastres ambientales como las políticas de transición, mientras que el pensamiento y la teoría que sustenta esta transición, muy a menudo se elabora en abstracto, de forma ajena a las dinámicas y características de donde ha de aplicarse. Esto está dando lugar a la paradoja de que los discursos de la transición ecológica se asocien a instancias internacionales, alejadas de la materialidad de lo territorial y en algunos casos incluso acusadas de lejanía de la ciudadanía —como en el caso de la UE— o de falta de legitimidad democrática —como aquellas instancias supranacionales cuyas decisiones tienen enorme alcance pero carecen de vínculos con la ciudadanía y son ajenas a cualquier mecanismo de rendición de cuentas—. He aquí uno de los mayores desafíos que afrontan hoy las políticas de transición ecológica. Necesitan ser capaces de imbricarse en los territorios tanto en el momento del diagnóstico como en el de las posibles alternativas. De lo contrario, estas políticas serán percibidas como lejanas, distantes, y por tanto incapaces de entender tanto la complejidad del problema que pretenden resolver como los aspectos y actores clave para hacerlo.

Como se constata a lo largo de este libro, ha llegado la hora de pasar de las palabras a los hechos, y para eso es fundamental entender todas las dimensiones de los conflictos socioambientales sobre el territorio concreto en el que operan. Sólo así será posible analizar con rigor las peculiaridades de cada caso y dar una respuesta viable, que es tanto como decir una respuesta justa. La transición justa, que con vehemencia defendieron los sindicatos españoles en las cumbres de la Convención Marco de Naciones Unidas contra el Cambio Climático —COP—, y que fue incorporada en 2015 en el Acuerdo de París, ha emergido con fuerza como respuesta a los desafíos ambientales, incluyendo en el centro de su planteamiento la noción de justicia social, es decir ayudando a las personas, territorios y sectores económicos que pueden ser perdedores de la transición a convertirse en partícipes de ella y aprovechándola como una oportunidad para repensar y regenerar su economía.

En este contexto, en el que es preciso acelerar la transición justa y hacerlo de forma pegada a cada caso en un espacio y tiempo preciso, necesitamos todos los conocimientos —¡en plural!— disponibles que nos ayuden a diagnosticar y resolver los desafíos, siendo conscientes de que los problemas ambientales comparten muchos de los rasgos de lo que en términos sociológicos se define como «problemas retorcidos», es decir problemas interdependientes, que al intentan solucionarse crean otros nuevos que deberán ser gestionados de inmediato, cuyas consecuencias no acaban de ser comprensibles hasta que no se formulan las posibles salidas, y en los que los actores implicados tienen visiones distintas y deben modificar sus conductas. De ahí que muchos estudiosos de este asunto entiendan la función de los ambientólogos como mediadores: profesionales que necesitan entender y pensar con herramientas propias de otras disciplinas que, en conjunto, sean capaces de afinar diagnósticos y posibles vías de salida desde todos los ángulos. Ni multidisciplinariedad ni interdisciplinariedad. Es el momento de dar un paso más, transdisciplinar, para generar conocimientos que ayuden a la profunda transformación que se requiere para afrontar la crisis climática.

Esbozados los principales rasgos de lo que, a mi juicio, son hoy los conflictos ambientales, volvamos a los casos que nos ocupan, meticulosamente descritos y documentados en cada uno de los capítulos de este libro. De su observación se puede deducir que estamos, al menos, ante tres tipos de conflictos. Los derivados de la degradación ambiental acumulada durante años, los que suponen nuevas agresiones al medio y aquellos que son fruto de la propia transición ecológica. Los primeros son hoy los más abundantes y pueden subdividirse en tres tipos: aquellos provocados por la degradación de espacios, los que son consecuencia y manifestación de la crisis global y los causados al salir a la luz la forma de producción de algunos sectores económicos.

Desde Doñana hasta el Mar Menor pasando por el Delta del Ebro, las peleas alrededor del río Tajo o la restauración de la mina de Aznalcóllar, todos estos conflictos cristalizan años de maltrato, bien sea por extracción de agua, por contaminación de esta, por una extensión del regadío ajena a cualquier criterio ambiental o por las enormes repercusiones de Aznalcóllar sobre Huelva, cuyo proyecto de restauración a cargo de Fertiberia sigue generando polémica y malestar. En todos estos casos y en tantos otros de naturaleza similar que se han dado en nuestro país, una perniciosa gestión de los espacios, de espaldas a cualquier criterio de sostenibilidad del territorio, ha acabado degradando los recursos y el territorio mismo hasta hacer inviable cualquier economía. Son perfectos ejemplos de cómo explotar un territorio sin consideraciones ambientales degenera en morder la mano que nos da de comer. La avaricia en unos casos, el negacionismo en otros, y en casi todos la resistencia a las transformaciones, han acabado provocando la ruina del conjunto de la economía en la zona. El Mar Menor saturado y contaminado ya no sólo no admite más regadío, sino que deja de ser atractivo para el turismo. Un modelo capaz de acabar con la gallina de los huevos de oro y condenar a un territorio entero a la degradación.

Existen también conflictos derivados de una pérdida de calidad ambiental acumulada a lo largo de los años y que se manifiestan como consecuencia de la crisis global. El incremento de temperatura en las ciudades, la contaminación atmosférica que padecen, la sequía cada vez más recurrente y virulenta, o los incendios, son solo algunas de las caras con que se manifiesta la crisis climática global. Es en estos ejemplos en los que se comprende mejor su alcance, cuando se ve materializada en fenómenos concretos que obligan a una rápida gestión. En apenas dos años se ha popularizado en España la expresión «refugios climáticos», en alusión a espacios —generalmente públicos— en los que se puede mantener una temperatura de confort en las olas y picos de calor, cada vez más frecuentes; pero sigue habiendo resistencias a renaturalizar las ciudades como forma de crear espacios más frescos y sombríos, o a adaptar los horarios laborales y de las escuelas para evitar las horas de mayor calor.

Para tratar la contaminación atmosférica, conocedores de que es la causante de aproximadamente 30.000 muertes prematuras al año en España, es fundamental disminuir drásticamente el tráfico. La inversión en transporte público de calidad es bien acogida por la población, pero necesita del esfuerzo económico de unos ayuntamientos que no siempre lo priorizan. Por otro lado, la restricción al tráfico privado, genera una notable contestación, en especial en aquellas áreas de las periferias de las ciudades, donde no hay una buena red de transporte público y las rentas de sus vecinos y vecinas no permiten disponer de un coche eléctrico o de bajas emisiones. En estos casos, como mostraron ya en su día los Chalecos Amarillos, el conflicto está servido. No en vano, esa icónica movilización se ha convertido en el gran elefante blanco de la transición ecológica.

Finalmente, dentro de este primer grupo de conflictos consecuencia de años de gestión ajena a la sostenibilidad, aparecen los surgidos al visibilizar la forma de producción de algunos sectores. Las macrogranjas de cerdos, la minería o todo lo referente a envases, embalajes y plásticos de un solo uso, nos devuelve la peor imagen de una sociedad que ha tardado mucho en comprender el resultado de sus actos. Una vez desvelados, los conflictos vienen desde el lado de las empresas y de sus trabajadores, temerosos de que el cambio les provoque pérdidas de beneficios en unos casos y de empleo en otros, así como de los costes derivados de asumir un cambio de modelo productivo. Bien sea por introducir nuevas tecnologías para reducir, reutilizar y reciclar los plásticos, para explotar la minería de forma responsable tanto en España como en otras partes del planeta, o para virar el modelo de producción ganadera consumiendo menos carne, de mejor calidad y asequible para toda la población, todo esto requiere un esfuerzo inversor que sólo se dará si al compromiso de los distintos sectores se une la legislación y las políticas públicas. En el momento del cambio es inevitable que el tira y afloja se traduzca en conflicto.

El segundo grupo de problemas socioambientales recoge nuevos proyectos que, sorprendentemente, a pesar de todas las evidencias científicas, siguen apareciendo aunque sea evidente su agresión a entornos naturales, o vengan a prolongar un modelo caduco. Son iniciativas que ayudan a escarbar un agujero más profundo. El proyecto de unión de estaciones de Formigal, Astún y Candanchú destrozando el valle pirenaico de Canal Roya, los desarrollos urbanísticos en la costa convirtiendo el litoral en una sucesión de edificaciones o la ampliación del aeropuerto de Barcelona, con graves afecciones al Delta del Llobregat y contrario a los compromisos climáticos de España, son difícilmente explicables hoy en día, pero actúan como los últimos coletazos de un modelo que se resiste a desaparecer y para el que, en algunos casos, aún no existen alternativas viables acordadas con el conjunto de actores implicados. Son proyectos impulsados hoy por esa nueva categoría de negacionistas que, conscientes de la imposibilidad de negar la crisis climática y su relación con el modelo de desarrollo, admiten la necesidad de una transición ecológica pero hacen todo lo posible por retrasar su aplicación, alegando que no es el momento. Nunca lo es. Como resultado, surge el conflicto entre quienes defienden los espacios naturales o los criterios ambientales, por un lado, y quienes promueven estos proyectos, por otro. En algunos casos, entre los detractores al proyecto se encuentran los propios habitantes de las zonas donde se van a ubicar, como es el caso del Ayuntamiento de El Prat o de muchos de los vecinos de los valles pirenaicos. En otros, quienes se oponen a estos proyectos en defensa de criterios ambientales acaban enfrentados también a los vecinos de los lugares donde se ubican, que defienden estos desarrollos al suponer que serán portadores de riqueza, empleo y bienestar. Cada vez hay menos ejemplos de estos últimos, pero no pueden obviarse ya que el conflicto adquiere mayor complejidad y llega a plantearse en términos de cuestionar quién tiene derecho a opinar sobre lo que se hace en un territorio en el que no reside.

Finalmente en este trabajo encontrarán conflictos de otra naturaleza, no menos relevantes y a los que hay que prestar especial atención. Se trata de aquellos generados precisamente por las políticas de transición ecológica y las consecuencias, generalmente imprevistas, que acarrean. El gran ejemplo hoy son los problemas acarreados por la instalación de parques de energía eólica —y en menor medida solar— sin acuerdos con el territorio. En unos casos con graves afecciones a las aves o a otros elementos naturales, en otros de espaldas a los territorios cuando no directamente mediante el engaño, y no faltan casos de malas prácticas, corruptelas y corrupción. La necesidad de desplegar, con ambición y rapidez, las energías renovables, exige ser extremadamente pulcro en su puesta en marcha, hacerlo de acuerdo con los territorios y repartir los beneficios. Al mismo tiempo, se necesita maximizar el autoconsumo facilitando todos los mecanismos necesarios. De lo contrario, la transición energética será, en el mejor de los casos, tardía, y en muy probablemente ineficaz. No obstante, no son los únicos casos de conflictos provocados por la puesta en marcha de la transición. Las medidas de protección del oso, del lobo y de las aves esteparias generan a menudo reacciones airadas de las poblaciones que conviven con esos animales o de los sectores económicos afectados, que las entienden como una amenaza para su modo de vida.

A lo largo de estas páginas se podrán conocer conflictos ambientales de la España actual que bien se podrían agrupar en estos tres tipos, sin perjuicio de reconocer que todos o casi todos comparten rasgos de los tres grupos, pero lo más importante: ¿Qué tienen en común todos ellos? Que las únicas salidas posibles se encontrarán de la mano de la concertación social, el diálogo, la mediación y la negociación. Con financiación, tecnología y un marco jurídico propicios como ingredientes indispensables, el gran desafío actual de la transición ecológica y de la búsqueda de salidas a los conflictos provocados deberá venir de la mano de la política. La institucional y la que no lo es; la que llena titulares y la que pasa desapercibida pero consigue gobernar mediante acuerdos en innumerables territorios. Será la innovación política en materia de gobernanza la que podrá desbrozar el camino de cada conflicto para convertirlo en la puerta a un nuevo modelo, más próspero, más justo y duradero, para las generaciones actuales y para las que vendrán.

I. DOÑANA: EL DESCARNADO DILEMA ENTRE LA AGRICULTURA Y LA NATURALEZA

José Bejarano

Lo que hoy conocemos como Doñana fue en tiempos de Tartessos (siglo X a. C.) parte del fondo marino del Atlántico. Sobre sus aguas navegaron los fenicios en busca de los metales preciosos de las minas de Tharsis. Mil años después, en tiempos de los romanos, lo que hoy se conoce como las marismas de Doñana eran una porción del lecho del lago Ligustinus, que ocupaba buena parte de lo que hoy son las provincias de Cádiz y Sevilla. Poco después de que Cristóbal Colón partiese de Palos de la Frontera, muy cerca de allí, rumbo a las Indias, Felipe IV eligió como cazadero real aquellas arenas y marismas recorridas por una laberíntica red de lagunas y meandros. En 1519, Magallanes tardó cuatro días en recorrer los múltiples meandros que tenía el Guadalquivir desde Sevilla antes de salir a mar abierto para emprender la primera vuelta al mundo. Cinco siglos después, en 2024, Doñana ofrece la imagen más propia de un desierto que del humedal considerado hasta hace poco como el más importante del occidente europeo.

Desde esa perspectiva de tiempo geológico, el parque de Doñana parece no tener futuro alguno. Al menos tal como ha sido hasta fechas recientes. El espacio natural sufre un vertiginoso deterioro. La primera causa de la mutación de la marisma fue la colmatación por los abundantes sedimentos limosos procedentes de la erosión originada por los ríos Guadalquivir y Guadiamar, así como por la infinidad de afluentes y pequeños arroyos que formaban la maraña fluvial del estuario. Como resultado de la colmatación, la marisma tiene ahora cuatro metros más de altura que en tiempos de los romanos. Además, durante siglos, el hombre ha ido modificando o cegando los cauces naturales, construyendo carreteras y urbanizaciones, desecando tierras para cultivarlas y extrayendo las aguas del subsuelo para destinarlas al regadío y al consumo urbano. Finalmente, ha llegado el cambio climático y su lado más trágico —hasta hora— en forma de largos periodos de sequía. El resultado está a la vista. Aquel vasto territorio sembrado de lagunas, arenales y tierras cenagosas agoniza por falta de agua.

Puede que todavía no sea el final de Doñana, pero se parece tanto al cierre de una era, que asusta asomarse a los fondos cuarteados y silenciosos que hace apenas nada eran extensas lagunas habitadas por una algarabía de gansos, flamencos, garzas, espátulas, águilas imperiales, moritos, fochas, sisones, avutardas, gallipatos, tritones, ranas, libélulas y un sinfín de plantas acuáticas... Todo en constante movimiento. ¿Dónde está aquella sobreabundancia de agua que hacía de Doñana un territorio inhóspito para el ser humano, aunque acogedor para la vida salvaje? ¿Qué tiene que ver este secarral, no ya con el lago Ligustinus que vieron los emperadores Trajano, Adriano o Teodosio, sino con las 180.000 hectáreas de marismas que, a principios del siglo XX, semejaban una inmensa albufera, un mar interior? ¿Qué tiene que ver esto con un espacio que hasta los años cincuenta y sesenta del siglo pasado asustaba al ser humano con sus tierras aptas sólo para albergar aves, culebras, linces, lobos, osos y nubes de mosquitos que transmitían el paludismo?

Fortaleza asediada

Nada que ver. Doñana no tiene agua, algo que equivale a decir que no tiene vida. O no tiene el agua ni la vida que tuvo. En el futuro tendrá otra forma de vida, aunque nadie sabe cuál será. Lo indiscutible es que la Doñana de hoy es ya muy diferente a la de ayer. La mayoría de sus pobladores, animales y plantas, hibernan a la espera de tiempos mejores o andan por ahí desperdigados huyendo de una guerra que no es la suya, pero que les ha privado de su mejor hábitat, la marisma y la red de lagunas más extensa al suroeste del continente. Antes de la creación de Doñana como parque nacional en 1969 ya le habían sido arrebatadas por el hombre tres cuartas partes de la superficie inundable. Primero fueron las marismas de la margen izquierda del Guadalquivir (Lebrija, Trebujena, Los Palacios, Las Cabezas...) para convertirlas en campos de cultivo. Luego vino la transformación de la margen derecha, donde crearon los arrozales de Isla Mayor, La Puebla del Río y Aznalcázar. Ahora le tocaba el asalto al acuífero con la proliferación descontrolada de regadíos, los suministros urbanos para más de 200.000 personas que habitan en 14 municipios y el añadido de la macro urbanización costera de Matalascañas.

Sólo la intervención providencial de un adelantado del pensamiento conservacionista llamado José Antonio Valverde, con el auxilio internacional, logró evitar que transformaran todo el humedal en una sucesión de urbanizaciones, piscinas y campos de golf. Valverde aunó las voluntades internacionales —y los dineros— que frenaron la transformación y dieron como fruto la compra, en 1964, de las primeras 7.000 hectáreas de la Estación Biológica de Doñana. Fue la primera gran batalla ganada por la naturaleza frente al desarrollismo del tardo franquismo. Vendrían muchas más batallas y escaramuzas, todas ganadas por Doñana como espacio protegido. De todas ellas, el parque siempre ha salido victorioso, aunque lo ha hecho con profundas heridas de difícil cicatrización.

Doñana es desde hace casi un siglo, como tantos otros espacios naturales, una fortaleza asediada por el ser humano. Desarrollo o conservación, he ahí el dilema. Como en tantos y tantos espacios naturales. Protección o destrucción es la esquizofrenia que afecta a Doñana. El diagnóstico era evidente a mediados de los años cincuenta del siglo pasado, cuando el gobierno tenía para la zona proyectos simultáneos de conservación de la naturaleza y de desarrollo agrícola y turístico: un parque nacional de la mano de un plan de regadío (Almonte-Marismas) una carretera costera entre Matalascañas y Sanlúcar de Barrameda, además de una sucesión de urbanizaciones a lo largo de toda la costa atlántica... Plantaron miles de hectáreas de eucaliptos para fabricar pasta de papel y, de paso, desecar las marismas para transformarlas en campos de cultivo. Roturaron infinidad de tierras para el cultivo de arroz en las orillas del bajo Guadalquivir. Luego, desviaron el Guadiamar por Entremuros. Más tarde modificaron gravemente los cauces naturales y construyeron canales para llevar agua a los cultivos de frutos rojos (fresas, frambuesas, moras...) que empezaron a extenderse como una mancha de aceite a partir de los años noventa. Cultivos tolerados por las mismas administraciones que proclamaban una supuesta voluntad de protección del parque. Dos de las mayores fincas agrícolas situadas en el corazón de Doñana, Los Mimbrales y Matalagrana, surgieron precisamente en terrenos públicos cedidos alegremente a los agricultores y fueron dotadas de riego con agua que se extraía del parque. Después hubo que comprarles las tierras para rescatar los derechos de riego. Recuperar la concesión de 6,8 hectómetros cúbicos anuales de Los Mimbrales (922 hectáreas) costó casi 50 millones de euros.

Profunda herida le dejó en abril de 1998 el impresionante vertido de 6 hectómetros cúbicos de aguas ácidas y lodos envenenados escapados de la balsa minera de Aznalcóllar, aguas arriba del río Guadiamar. Sin embargo, Doñana también sobrevivió a aquel desastre ecológico, que afectó a 4.600 hectáreas a lo largo de 62 kilómetros de la cuenca del río y cuya limpieza costó 89 millones de euros. Y sobrevivió ganando las 4.800 hectáreas protegidas en el corredor verde del Guadiamar, que tuvo la virtud añadida de conectar Doñana con Sierra Morena para dar salida a mucha fauna, como el lince ibérico, hasta entonces aislada en el interior del parque. La batalla del vertido sirvió también para que se prohibiera toda futura explotación minera aguas arriba del parque. El corredor verde fue una limpieza física, pero también un lavado de la imagen de Doñana ante la escandalizada opinión pública europea, siempre vigilante y crítica con las actuaciones de los gobiernos españoles con respecto al parque. Uno de los grandes logros de Doñana ha sido consolidar una marca de naturaleza valiosa que trasciende las fronteras y genera apoyos generalizados. Más apoyos cuanto más lejos de los intereses locales en juego. Que Doñana no se toca es algo que no tuvo en cuenta el bisoño gobierno del PP en la Junta de Andalucía cuando propuso amnistiar los regadíos ilegales del entorno.

Las alertas internacionales, junto a las protestas de las organizaciones ecologistas y el rigor de los científicos del CSIC, además de la generosidad de los fondos europeos, han salvado el Espacio Natural. Ocurrió también con el lince ibérico cuando el principal símbolo de Doñana entró en la lista de especies en peligro crítico de extinción. Corrían los primeros años 2000. La tradicional persecución humana —que lo consideraba una alimaña dañina— y la escasez de conejos —casi su exclusivo alimento— redujeron a 160 el número de ejemplares repartidos entre Doñana y Sierra Morena. Como ahora, las alarmas internacionales forzaron un acuerdo entre el gobierno central y la Junta de Andalucía para impulsar, con financiación europea, el primer programa Life de cría en cautividad. La bióloga Astrid Vargas logró los primeros éxitos y desde entonces, la especie no ha parado de recuperar terreno. El número de ejemplares se ha multiplicado por diez. En 2022 el censo registraba 1.668 individuos en 14 espacios reproductores. Andalucía tiene seis núcleos, Castilla-La Mancha cuatro y Extremadura otros cuatro. Ese crecimiento exponencial de la especie, sin embargo, no se registra principalmente en Doñana que, con el aljarafe sevillano, acoge únicamente 108 ejemplares, de los 627 censados en Andalucía.

Durante décadas, las administraciones de todo signo político han hecho la vista gorda a cambio de votos. Doñana, moneda de cambio político y económico. Lo mismo que la rotura de la presa de Aznalcóllar había sido anunciada mucho antes de ocurrir, la sobreexplotación del acuífero de Doñana se venía advirtiendo desde 1987 por los científicos del CSIC. Pero eso no evitó que los agricultores ocuparan tierras a su antojo —a veces en cauces públicos y espacios de interés ambiental— y pincharan donde quisieran para extraer agua para sus cultivos, a sabiendas de que se la restaban a Doñana. Miles de pozos ilegales han sido abiertos en las fincas del entorno en la más absoluta impunidad. A lo largo de años ha habido varios intentos de control, pero todos han acabado regularizando lo irregular, en vez de perseguir prácticas a todas luces dañinas, además de ilegales. Ocurrió en 2004 con el proceso de elaboración y desarrollo del Plan de Ordenación Territorial del Ámbito de Doñana (POTAD), que concluyó en 2014 con el llamado «Plan de la Fresa», que regularizó 9.338 hectáreas de cultivos, y dejó fuera 1.381 por estar en cauces públicos o zonas de especial protección. También fijó las líneas rojas que la agricultura no podría rebasar en el futuro. Nueve años más tarde, decenas de propietarios acordaban con la Junta de Andalucía la legalización de otras 1.900 hectáreas, según el cálculo de WWF.

Ese es el origen del enésimo choque entre protección y desarrollo en el entorno de Doñana, que acaba de concluir con un acuerdo firmado por los gobiernos central y autonómico que prevé la inversión de 1.400 millones de euros —706 aportados por el gobierno central y otros 700 por el autonómico— para contentar a los agricultores freseros de los 14 municipios con intereses en el parque. Estos son, en Huelva: Almonte, Hinojos, Bollullos Par del Condado, Rociana del Condado, Bonares, Lucena del Puerto, Palos de la Frontera y Moguer. En Sevilla: Aznalcázar, Pilas, La Puebla del Río, Isla Mayor y Villamanrique de la Condesa. En Cádiz: Sanlúcar de Barrameda. A cambio, la Junta de Andalucía ha retirado su proyecto de ley que podía haber legalizado 1.900 hectáreas de cultivos freseros regados ilegalmente en la corona norte del parque con agua extraída del acuífero que alimenta al espacio protegido. Como ocurrió en aquella batalla de Valverde de mediados del siglo XX, Doñana vuelve a ganar, pero merced al empleo de ingentes sumas de dinero público para inclinar a favor del parque la lucha entre el desarrollo económico y la conservación de la naturaleza.

De fondo aparece siempre el dinero. La rentabilidad económica de los frutos rojos es enorme y da de comer a miles de familias, han esgrimido durante años los defensores del uso del agua del parque para regar. Ciento sesenta mil empleos generan directa o indirectamente en temporada alta, según la consejería de Agricultura de la Junta de Andalucía, y el 11 por ciento del PIB provincial. Las exportaciones tendrían un valor de 1.392 millones de euros. España produce 270.000 toneladas de frutos rojos, de los que Huelva tiene el 98 por ciento del total. Economía versus naturaleza

El final de esta enésima batalla satisface a todas las partes afectadas, pero especialmente a los agricultores de los cinco municipios de la corona norte de Doñana (Almonte, Bonares, Lucena del Puerto, Moguer y Rociana del Condado), que pueden acogerse a una ayuda de 100.000 euros por hectárea, pagadera a lo largo de diez años, si abandonan los cultivos de frutos rojos. De lo contrario se enfrentarían a fuertes sanciones si continúan extrayendo ilegalmente agua del subsuelo de Doñana. También recibirán ayudas si cambian los invernaderos por cultivos de secano o ecológicos.

Las subvenciones varían según la zona y la opción elegida, aunque todas suponen sustanciosas inyecciones de dinero que difícilmente van a desaprovechar teniendo en cuenta que, de lo contrario, se enfrentarían a duras sanciones y al cierre de pozos ilegales, algunas de las cuales ya están en marcha a través de expedientes abiertos en el último año por la Confederación Hidrográfica del Guadalquivir. Nadie pone en duda que los agricultores van a abandonar los cientos de pozos ilegales con los que llevan años secando Doñana. A este plan pueden acogerse no sólo los agricultores de la corona norte del parque, origen del enfrentamiento, sino los de todo el área de Doñana. Las mayores ayudas son para los agricultores de la corona norte, donde están los cultivos ilegales. La queja es que el agua del parque haya sido utilizada por un sector de los agricultores para chantajear a la sociedad y obtener ayudas que en muchos casos superan el valor real de las tierras que dejarán de ser cultivadas. La ayuda para reforestación conlleva el compromiso de permanencia por 30 años.

La respuesta política de invertir 1.400 millones de euros para acallar a los agricultores es un ambicioso plan que abarca no sólo el rescate del agua de Doñana, sino también un proceso de transformación de la economía de la zona para hacerla menos dependiente de la agricultura y dirigirla al turismo, a las energías renovables y a la industria de transformación. En este momento, el 38% de la comarca vive del campo. La Junta promete invertir 335 millones en políticas de depuración de aguas residuales y de abastecimiento y la ampliación de los embalses. Además, la Junta ya anunció anteriormente la compra de la finca Veta la Palma, de 7.500 hectáreas por 70 millones de euros, para asegurar su inundación durante todo el año con agua del Guadalquivir.

De los 1.400 millones, los ayuntamientos de la zona recibirán setenta. En viviendas para eliminar las chabolas donde viven cientos de temporeros serán invertidos 32 millones. Con todo, el lado más positivo del nuevo plan para Doñana es la retirada del proyecto de ley impulsado por la Junta de Andalucía para legalizar las 1.900 hectáreas de regadío, proyecto que provocó una cascada de reacciones en contra por parte de la Comisión Europea, la Unesco, el Convenio Ramsar, el CSIC y una larga lista de organizaciones científicas y ecologistas. De todas las amenazas internacionales que pesaban sobre Doñana sólo se ha llevado a cabo su expulsión de la prestigiosa Lista Verde de la Unión Internacional de Conservación de la Naturaleza (UICN), a la que pertenecía desde 2015. El diagnóstico que la UICN hace de Doñana es demoledor: Sólo cumple 17 de las 50 exigencias para permanecer en la lista de los espacios naturales gestionados con criterios conservacionistas. La Unesco llegó a advertir a España de que podría incluir Doñana en la lista de espacios en peligro. Doñana podía haber sido expulsada de la Red de Espacios Reserva de la Biosfera, a la que pertenece desde 1980. Además, el Tribunal de Justicia de la UE dictó en junio de 2021 una sentencia que condena a España (C-599/19 Doñana) por incumplir las obligaciones derivadas de la Directiva Marco del Agua (2000/60/CE) y de la Directiva Hábitat (92/43/CEE) al no haber tenido en cuenta la extracción ilegal de agua para el cultivo y abastecimiento urbano y por no haber previsto ninguna medida para evitar la alteración ocasionada por las extracciones de agua subterránea sobre los tipos de hábitats catalogados como prioritarios.

Por lo tanto, la principal virtud del acuerdo es el cierre de la principal herida por la que escapaba la vida de Doñana y, con ello, el apaciguamiento de la extensa inquietud que se había adueñado de instituciones y organizaciones internacionales de protección de la naturaleza. Un armisticio entre el parque y los habitantes de su entorno. Una vez más ha sido la presión internacional y de organizaciones científicas y ecologista la que ha salvado Doñana. El proyecto de ley de la Junta que pretendía amnistiar a los agricultores transgresores ha acabado amnistiando a Doñana, aunque a cambio de una nueva inyección económica que viene a premiar a los que incumplen la ley.

Un repaso a la historia de Doñana dice que no es la primera vez que esto ocurre. Ni la primera que se proyectan grandes cambios del modelo económico de la zona para impedir que el desarrollo acabe con la naturaleza. De hecho, en los últimos 30 años ha habido varios planes de desarrollo sostenible de Doñana. El primero, que data de 1993, proponía «ordenar la actividad agraria de forma integrada en el medio natural y valorizar sus productos, reducir la vulnerabilidad del territorio al cambio global y reforzar las capacidades adaptativas del ecosistema, la estructura productiva y la estructura social». Ese plan fue elaborado a partir de las recomendaciones de un «comité de sabios» coordinado por Manuel Castells y dotado de 65.000 millones de pesetas (casi 400 millones de euros) procedentes de la UE. Al calor de aquel empuje, en 1997 nació la Fundación Doñana 21, presidida por el anterior ministro de Agricultura, Luis Atencia, como agencia de desarrollo que creó la marca Doñana y gestionó, entre otras iniciativas, un parque dunar y un museo de los cetáceos, que no tuvieron continuidad alguna. Doñana 21 sigue existiendo, pero con poca iniciativa.

La evaluación de ese primer plan de desarrollo sostenible dictaminó que uno de sus principales logros había sido el establecimiento de la paz social en la comarca. Hasta entonces, el parque y su entorno eran un campo de batalla diario. Había incendios forestales continuos, precedidos muchas veces del pinchado de las ruedas de los bomberos para que no pudieran acudir a extinguirlos. La paz social ha durado treinta años, un periodo con escaramuzas, como el intento de construir un oleoducto que transportara petróleo atravesando el entorno del parque desde el Puerto de Huelva hasta una refinería de Jerez de los Caballeros (Badajoz). Tampoco se hizo. Otros episodios fueron el uso abusivo de productos químicos en los arrozales del entorno en los años 70 y 80. Nunca se demostró que los plaguicidas fueran el origen de las masivas mortandades de aves registradas en 1973 y 1986.

El plan de abandono de los invernaderos de la corona norte despeja una parte del horizonte de Doñana porque supone que se deje de extraer agua del acuífero. Una duda ahora es saber cuáles serán los resultados reales de los 1.400 millones de euros del ambicioso plan de inversiones y, sobre todo, cuánto tiempo durará esta nueva tregua entre el parque y su entorno. Otra duda es saber qué eficacia tendrá la inversión en el trasvase de 19,99 hectómetros cúbicos, aprobado en 2019, para llevar agua a través de 25 kilómetros de conducciones desde la cuenca del Guadiana hasta el parque, a través de los ríos Chanza, Piedras y el canal de San Silvestre, para cuya ampliación el Gobierno aprobó 70 millones de euros. Este trasvase tiene que servir para dar agua a Palos, Moguer y, sobre todo, para clausurar los cinco pozos que ahora extraen 2,2 hectómetros cúbicos al año para la urbanización de Matalascañas, en el término municipal de Almonte, que afectan muy gravemente a las lagunas del Brezo, el Zaíllo, el Chaco del Toro y el Taraje.

Qué queda de Doñana

Para entender lo que sucede en Doñana hay que tener en cuenta la permanente esquizofrenia que aqueja a la política ambiental española, que no es distinta de la que aflige a la sociedad. Protección o desarrollo. También es necesario saber que, a estas alturas, el parque dista mucho de ser un idílico espacio salvaje. Desde hace años, Doñana está profundamente alterado por la mano del hombre. No es ni un territorio virgen ni un zoológico. Es un territorio de especial interés porque alberga 400 especies de aves, 50 de mamíferos terrestres y marinos, 25 de reptiles, 11 de anfibios, 70 de peces, 1.300 de plantas vasculares, el lince ibérico, la tortuga mora, el salinete, el águila imperial... Ahora, las máquinas tienen que ahondar los zacallones (charcas) para que el ganado pueda beber y que no se extinga la lenteja de agua (Wolffia Arrhiza), entre otras muchas variedades de plantas acuáticas. El galápago europeo, que antes estaba extendido por todo el parque, ha quedado reducido a pequeños espacios.

Hace mucho que Doñana dejó de ser naturaleza virgen. Primero pasó a ser cazadero y campo de explotación ganadera, agrícola y pesquera (cría de vacas mostrencas, caballos cimarrones, producción de carbón, extracción de piñas, pesca de coquinas, piscifactoría...), después espacio protegido y laboratorio de investigación científica y ahora es un campo de batalla política. Desde el punto de vista del ecosistema, el parque de Doñana está compuesto por dos mitades diferentes, las arenas (las dunas, los pinares, el monte blanco, el monte negro...) y las marismas. En ellas, la naturaleza adopta formas muy distintas. Las arenas, localizadas en la parte noroeste del parque, estuvieron hasta hace pocos años jalonadas por cerca de tres mil lagunas, muchas de agua dulce, de diferentes tamaños, unas permanentes y otras temporales: Santa Olalla, Dulce, Brezo, Zaíllo, el Taraje, Martinazo, Hondón, El Sopetón, Charco del Toro... Todas recibían aguas superficiales procedentes de los arroyos Don Gil, La Rocina y El Partido y subterráneas de los rebosaderos del acuífero 27. Por su parte, las marismas, localizadas en el sureste, están formadas por las arcillas de colmatación transportadas por los ríos y arroyos, que en el pasado permanecían gran parte del año bajo las aguas de las avenidas del Guadalquivir a través del brazo de la Torre y del Guadiamar, así como por infinidad de arroyos y caños. Las marismas no reciben aportes del acuífero, aunque en los años muy lluviosos algunas lagunas desaguaban en la zona de Marismillas. Las especies que albergan las arenas y las marismas son muy diferentes, pero complementarias y eso da al lugar un especial interés ecológico. Uno y otro territorio tienen poco en común, más allá de la abundancia de agua en el pasado.

El agua es la sangre común de las arenas y las marismas. La plata con la que trabajan los plateros. La savia de los alcornoques que, ay paradojas, se están secando en pleno corazón de Doñana. ¿Por qué no tienen agua? Porque desde hace más de diez años, del cielo cae de forma cicatera, cuando cae. Y porque durante siglos el ser humano le ha ido cortando las venas que inundaban la marisma y porque al subsuelo le extraen tanta, que ya no emerge para alimentar las lagunas. En realidad, no es la sequía lo que mata a Doñana, sino la desmesura de las extracciones para la agricultura y el consumo humano. La paradoja de Doñana es que muere a pesar de tener bajo sus tierras un gigantesco depósito de agua (el acuífero 27, el mayor de Andalucía) extendido a lo largo de 2.300 kilómetros cuadrados. El acuífero 27 linda por el suroeste con el Guadalquivir, en Sevilla y Cádiz, con la cuenca del río Tinto y el condado de Niebla (Huelva) por el noreste y con el Atlántico por el sureste. Esos 2.300 kilómetros cuadrados de aguas subterráneas hacen que el acuífero 27 sea cuatro veces más grande que el parque de Doñana, que ocupa 542 kilómetros cuadrados. La enorme extensión del acuífero fue en tiempos una ventaja para la conservación, pero ahora es su perdición porque, además de Doñana, beben y viven de él un sinfín de agricultores y miles de habitantes de catorce municipios.

El Espacio Protegido de Doñana, una inmensa planicie que ocupa 128.386 hectáreas, resultado de la suma de los parques nacional y natural, vive en letargo a la espera de tiempos mejores, si es que alguna vez llegan. Asumido que el principal valor que tiene el parque es su carácter de humedal, hasta fechas recientes el más importante de Europa occidental, Doñana pasa por su peor momento. En los últimos nueve años ha perdido el 60% de las lagunas y las que aún conserva han visto su superficie diezmada de forma drástica. Además, el tiempo que permanecen inundadas es cada vez menor. El censo de 2014 recogía la existencia de 2.867 lagunas y en 2023 quedan menos de 400, de las que el 89% ha perdido mucho tiempo de inundación y de superficie inundada. La causa inequívoca es la extracción masiva de agua, que la Confederación Hidrográfica del Guadalquivir (CHG) cifra en 105 hectómetros cúbicos anuales. De ahí que en julio de 2020 declarara oficialmente en situación de sobreexplotación tres de las cinco masas el acuífero (La Rocina, Almonte y Marismas) lo que obliga a reducir las extracciones.

La transformación del hábitat de Doñana sucede a velocidad vertiginosa. El águila imperial y el lince ibérico, las dos especies más representativas de Doñana, se expanden ahora mejor fuera que dentro del parque. El águila imperial ha pasado de 15 a 6 parejas. Lo mismo le pasa al águila culebrera, al águila calzada y al milano real. El medio millón de aves acuáticas que pasaban el invierno en Doñana ha quedado reducido a menos de la mitad y la mayoría busca su alimento en los arrozales del entorno. Cuando hay arrozales. Porque en 2023 apenas se han sembrado unas pocas hectáreas en la zona de Isla Mayor. El director de la Estación Biológica de Doñana (CSIC), Eloy Revilla, sostiene que «la pérdida de hábitats acuáticos ha tenido un notable efecto sobre las libélulas y caballitos del diablo (odonatos). Este grupo es un excelente indicador del estado de conservación de los medios acuáticos. Doñana estaba considerada como un punto de alta diversidad de odonatos al haberse descrito desde 1959 un total de 43 especies. En la última década han sido detectadas 26 especies. En 2022 tan solo 12 especies, el 28% del total».

En un informe presentado con motivo de la polémica proposición de ley de la Junta de Andalucía, Eloy Revilla añade que la falta de agua está produciendo la defoliación y muerte de numerosos árboles, incluyendo alcornoques multicentenarios, «lo cual es un buen indicador de la excepcionalidad de la situación actual». Sostiene Revilla que «desde su última revisión en 2009/2010, ha muerto el 8% de los alcornoques, mientras que un 10% adicional se encuentra en muy mal estado, con una tendencia generalizada a la defoliación». Añade que «la mortalidad se concentra sobre todo en el Moral, el Navazo del Toro y El Ojillo, zonas que se corresponden con la parte más elevada de la reserva. En esta zona, el 27% de los alcornoques revisados están muertos, frente a entre un 3 y un 5% de los localizados en zonas más bajas. Los que aún están vivos se encuentran en muy mal estado. Los alcornoques de estas zonas afectadas presentaban un buen estado al menos hasta el otoño de 2021, por lo que su decaimiento y muerte se ha producido de manera súbita a lo largo de 2022 y lo que llevamos 2023».

La declaración de acuífero sobreexplotado y la presión internacional han hecho que la CHG, por primera vez en muchos años, lleve a cabo el cierre de cientos de pozos ilegales. También las fiscalías de medio ambiente de Huelva y Sevilla han empezado a actuar imputando presuntos delitos a propietarios de fincas regadas mediante pozos ilegales. La CHG ha cerrado y destruido alrededor de 400 pozos en este tiempo, aunque las organizaciones ecologistas aseguran que los agricultores vuelven a abrir otros nuevos. Con más contundencia han empezado a actuar las fiscalías de Huelva y Sevilla, citando a declarar a personalidades como Eugenia Martínez de Irujo, duquesa de Montoro —de la familia Alba— acusada de un presunto delito ambiental por tener ocho pozos ilegales que habrían extraído del acuífero 305.851 metros cúbicos por valor de 36.000 euros, según el acta de la denuncia levantada por agentes de la Guardia Civil y de la CHG. En la finca Aljobar, situada en el término municipal de Aznalcázar (Sevilla), junto a dos pozos legalizados, los agentes localizaron otros ocho ilegales.

También el ex torero Miguel Báez «Litri» está acusado por la fiscalía de Medio Ambiente de la audiencia de Sevilla de haber extraído ilegalmente una ingente cantidad de agua para regar una finca de 400 hectáreas de olivar en los términos municipales de Sanlúcar la Mayor y Huévar. Según la denuncia, el ex torero habría usado indebidamente 2.000 millones de litros de agua de Doñana para sus cultivos de la finca Carrascalejo. La mayor presión de la justicia se hace notar hasta el extremo de que a mediados del año 2022 se produjo la primera sentencia condenatoria que conlleva prisión contra cinco propietarios de una finca en el Hato Blanco Viejo, también en el término municipal de Aznalcázar, por esquilmar el acuífero de Doñana extrayendo 19,4 millones de metros cúbicos de agua entre los años 2008 y 2013.

Un recorrido por los campos situados al norte del parque permite ver la proliferación de pozos abiertos en mitad de una interminable sucesión de invernaderos. Lo previsible es que vayan desapareciendo paulatinamente conforme se haga efectivo el acuerdo para la reconversión de las plantaciones de fresas. Los que más lamentarán la reforestación de los campos de cultivo o su conversión en secano serán los temporeros, que perderán gran parte del abundante trabajo que tenían entre marzo y mayo. Otra paradoja de esta política esquizofrénica es que mientras han tenido abundante trabajo —aunque mal remunerado— carecían de viviendas dignas y ahora que las autoridades destinan 32 millones de euros para mejorar los alojamientos, ven peligrar los empleos.

Naturaleza o economía, conservación o destrucción, producción o subvención son antagonismos pendientes de solución en el entorno de Doñana. Posiblemente sin solución en todos los territorios donde todavía quede un espacio de interés ecológico. Disyuntivas a las que no tuvieron en enfrentarse ni Argantonio —rey de Tartessos— rumbo a las minas de Tharsis ni Adriano, emperador nacido en Itálica (Sevilla) navegando por el lago Ligustinus. Tampoco Felipe IV cuando acudía a cazar en las marismas del Guadalquivir. Ni siquiera Colón cuando levó anclas en Palos de la Frontera rumbo a las indias orientales y se dio de bruces con América. No existían ni Doñana —que era denominada Dehesa del Carrizal y la Figuera— ni la sobreexplotación agrícola. Ni el sentimiento de nostalgia por la naturaleza perdida o en trance de extinción. Ni la emergencia climática ni la certeza de estar a punto de perder las condiciones de vida en el planeta que nos acoge. Doñana es el testigo, el indicador, la voz de alarma de la salud de la Tierra.

Agradecimientos

Este texto ha sido posible gracias a la colaboración de Francisco Bella (alcalde de Almonte), Juanjo Carmona (WWF), Manuel Delgado (Asociación de Agricultores Puerta de Doñana), Carmen Díaz (CSIC), Julio Díaz (Plataforma de Defensa de los Regadíos del Condado), Miguel Ferrer (CSIC), Jordi Figuerola (CSIC), Eloy Revilla (director de la Estación Biológica de Doñana, CSIC), Juan Romero (Ecolgistas en Acción), Rafael Silva (ex director general de Espacios Naturales de la Junta de Andalucía) y Ramón Soriger (CSIC).

II. MAR MENOR: AGONÍA POR NITRATOS

Miguel Ángel Ruiz

A mitad de octubre, en Los Nietos (Cartagena), en una de las orillas de la cubeta sur del Mar Menor, aún huele raro. Bien entrado el otoño de un 2023 de incendios imparables en todo el planeta, de sequías prolongadas y de olas de calor que han dejado un récord de temperatura tras otro, la lámina de agua se intuye aún caliente y la ova que prolifera en la superficie invita a comparar la pequeña laguna salada murciana con un puchero en el que bullen ingredientes extraños. El dato medio que refleja esta semana el termómetro es exactamente de 25,82° C, más de dos grados centígrados superior al registrado en las mismas fechas del año pasado.

El olor. No se puede decir que se perciban notas químicas en el aire, más bien predomina una fetidez orgánica. De vida que se pudre. Emana de la biomasa que aflora en las zonas someras, formada por las algas que crecen a gran velocidad por el efecto combinado de una alta concentración de nutrientes, luz y calor. El Gobierno regional ha gastado ya decenas de millones de euros en retirar este amasijo pestilente y, sólo este 2023, ha extraído más de 6.000 toneladas ante las quejas de los vecinos y de un sector turístico que resiste milagrosamente pese a que esta albufera tranquila y familiar de 135 km^2, cerrada en una de sus riberas por La Manga, se ha convertido en un destino de vacaciones poco recomendable.

¿Por qué no se ha ido todo el mundo? El secreto está en que al Mar Menor se regresa por amor, por costumbre y principalmente porque no queda más remedio, ya que la mayor parte de sus visitantes ocupan segundas residencias en propiedad. Un parque de viviendas que se ha depreciado en 4.800 millones de euros durante los últimos seis años, según un estudio publicado por la revista «Nature Scientific Reports».

Tampoco le va bien a uno de los sectores económicos más tradicionales y sostenibles del Mar Menor: los pescadores de la Cofradía de San Pedro del Pinatar se han visto obligados a amarrar los barcos este verano (2023) por la pérdida de toda una generación de peces debido a los diferentes episodios de falta de oxígeno sufridos en 2019 y 2021. Con el gasoil por las nubes y pesquerías típicas como el langostino bajo mínimos, salir a faenar es tirar el tiempo y el dinero. ¿Qué ha ocurrido para que el estado ecológico del humedal penda de un hilo, con un futuro incierto según el consenso científico, desde que en la primavera de 2016 se desatara un proceso de eutrofización que popularmente se conoce como sopa verde?

Para comprender por qué se ha descompuesto el Mar Menor, la mayor laguna salada de Europa y un enclave especialmente singular por la hasta hace no mucho habitual transparencia de sus aguas, hay que echar la vista atrás más de cuarenta años, cuando llegaron a la Región de Murcia los primeros caudales del Trasvase Tajo-Segura en 1979. Esta descomunal obra de ingeniería (casi 300 kilómetros de longitud) que derivó recursos hídricos para riego desde Castilla-La Mancha hasta los sedientos campos de Levante supuso la transformación radical del área conocida como Campo de Cartagena, en la cuenca vertiente al humedal.

Un cambio progresivo e imparable: los secanos de algarrobos, olivos y almendros, que proporcionaban rentas escasas, se fueron sustituyendo por grandes y uniformes polígonos de cultivo donde comenzaron a plantarse pimientos, calabacines, lechugas, melones, sandías y otras hortalizas con las que nació una marca comercial, la Huerta de Europa. Y un territorio de unos 1.800 km^2 hasta entonces pobre se transformó en una maquinaria económica potentísima gracias a las exportaciones a unos países comunitarios necesitados de alimentos frescos. Sólo Alemania importa anualmente alrededor de 2,5 millones de toneladas, el 30% del total cosechado en el Campo de Cartagena, según datos de la Asociación de Productores-Exportadores de Frutas y Hortalizas de la Región de Murcia (Proexport).

Otros cambios vinieron en paralelo. La propiedad de la tierra fue pasando de las familias de toda la vida a grandes empresas agrícolas e incluso a fondos de inversión, y las novedades se reflejaron también en el espacio físico: las colinas suaves y la vegetación autóctona desaparecieron bajo el empuje de las máquinas, que roturaron cada rincón para conseguir cuadrículas extensas y planas. No podía perderse ni un centímetro cuadrado potencialmente cultivable. Desde un punto de vista estrictamente económico, la coyuntura era perfecta: una climatología estable, con escasas lluvias y temperatura cálida, y agua de riego abundante. Factores que permiten hasta cuatro cosechas al año. ¿Cómo no aprovecharlo?

Para apreciar la magnitud de esta reconversión basta con contemplar alguna fotografía antigua, con estampas típicas de las labores agrarias de hace cinco décadas, y recorrer ahora el entorno del Mar Menor. Parecen lugares diferentes. Y en cierto modo lo son.

Pero este milagro no ha salido gratis. La explotación de las aproximadamente 50.000 hectáreas de regadío en la cuenca de drenaje hacia el Mar Menor durante las últimas décadas ha pasado una factura inasumible en forma de contaminación difusa, principalmente de nitratos utilizados como fertilizantes. Un dato: el acuífero Cuaternario, la principal bolsa de agua subterránea en contacto con la laguna, acumula 300.000 toneladas de nitrógeno, de acuerdo con mediciones de la Confederación Hidrográfica del Segura (CHS), el organismo dependiente del Ministerio para la Transición Ecológica y el Reto Demográfico (Miteco) responsable de controlar la gestión del agua y vigilar los cauces, que son de dominio público.

Al otro lado, la alteración de la barra de arena de veintidós kilómetros de longitud que separa este pequeño mar confinado del Mediterráneo había comenzado antes, en los años sesenta. El delirio inmobiliario del abogado y empresario madrileño Tomás Maestre Aznar (Madrid, 1925-2013) convirtió La Manga en un amasijo de torres de apartamentos, residenciales y asfalto donde aún se sigue edificando en los últimos espacios libres, pese a una moratoria urbanística «light» acordada en la Asamblea Regional.

Los vertidos provocados por un deficiente saneamiento y la construcción mal planificada de miles de viviendas supusieron las primeras agresiones al Mar Menor. Las poblaciones ribereñas no contaron con tratamiento integral de aguas residuales hasta bien entrada la década de los noventa, y todavía hoy algunas depuradoras, como la de Torre Pacheco, sufren averías frecuentes. En pleno y tecnificado siglo XXI, aún se arrastran las consecuencias de años y años de omisión en la gestión pública, cuando la naturaleza estaba muy abajo en las prioridades de lo que entonces se consideraba progreso. Y, además, ¿quién hubiera sido capaz de adivinar el «shock» ecológico que vendría mucho más tarde, golpeando como un bumerán implacable?

Pues resulta que sí, alguien lo vio venir. Un ingeniero agrónomo y consultor asturiano, Miguel Ángel García Dory (Arriondas, 1937-Madrid, 1994), anticipó en 1980 que el gran enemigo de un ecosistema «amenazado por el riesgo de un deterioro irreversible» serían los nitratos de origen agrícola, cuando se pusiera en regadío la cuenca vertiente a la albufera. «Los cultivos agrícolas actuales se localizan principalmente en el Campo de Cartagena, que se verá favorecido por las obras del Trasvase Tajo-Segura, de forma que una vez concluidas quedarán transformadas en regadío unas 70.000 hectáreas del total de 86.700 de la zona. Estos cultivos en regadío, como es lógico, requerirán una utilización de pesticidas y abonos químicos cuya influencia sobre el equilibrio ecológico del Mar Menor puede llegar a ser fundamental».

Miguel Ángel García Dory dejó este vaticinio negro sobre blanco en su informe «La degradación ambiental del Mar Menor», el análisis sectorial de un proyecto más amplio: el «Plan indicativo de usos del Dominio Público Litoral del tramo de costa de la provincia de Murcia», según la terminología de la época, elaborado por la Subdirección General de Costas y Señales Marítimas (Ministerio de Obras Públicas), en colaboración con la consultora Eyser.

«No cabe duda de que el Mar Menor se convertirá en un rincón más del Mediterráneo, perdiendo las especies y peculiaridades que en el pasado le dieron fama», predijo. García Dory cita la presencia de especies nunca vistas en la laguna hasta el dragado de la gola del Estacio en 1973, como pulpos, jibias, lechas y palometas, y también la decadencia de otras como la dorada, que achaca a la pérdida de zonas de alevinaje como el Vivero, en la cubeta sur, un humedal que fue desecado.

Si alguien con capacidad de decisión se tomó la molestia de echar un vistazo a este análisis, está claro que no lo tuvo en cuenta. Más de cuarenta años después, su lectura es un recordatorio doloroso sobre la importancia del conocimiento científico y la labor de los investigadores.

Lo que ocurrió durante los años siguientes es bien conocido, y podría resumirse en una desastrosa gestión del territorio y los recursos hídricos, impulsada por las administraciones públicas y enfocada hacia la agricultura y la ganadería intensivas, actividades altamente contaminantes y perniciosas para el espacio natural, como se ha demostrado con el tiempo.

Y es que, mientras el acuífero acumulaba nitratos procedentes de los fertilizantes utilizados en el laboreo agrario, y la proliferación de cultivos ilegales era un clamor, daba la sensación de que el humedal podía con todo. ¡El agua seguía transparente! El 30 de septiembre de 2010, el consejero de Agricultura y Medio Ambiente de la Comunidad Autónoma, Antonio Cerdá, hizo estas declaraciones en el diario La Verdad: «El Mar Menor está mejor que nunca y no vamos a reducir regadíos».

Cerdá se sentará en el banquillo acusado de un delito de prevaricación en la causa judicial que investiga la contaminación del Mar Menor, junto con el excomisario de Aguas de la CHS Manuel Aldeguer. En paralelo, también se juzgará a 37 empresarios y firmas agrícolas por un delito contra los recursos naturales. La Fiscalía del Tribunal Superior de Justicia de la Región de Murcia espera que el juicio del «caso Topillo» se celebre a lo largo de 2024.

Hasta la entrada en escena del Servicio de Protección de la Naturaleza de la Guardia Civil (Seprona), nadie se planteaba desmontar ni un metro cuadrado de la potente industria agroalimentaria en la cuenca vertiente que rodea la albufera. ¿Cómo renunciar a los pimientos, calabacines y sandías que tan bien se pagan en los mercados europeos?

Informes realizados por expertos del Departamento de Ecología e Hidrología de la Universidad de Murcia han establecido el origen de los nutrientes que «abonan» el Mar Menor: el 85% provendrían de la agricultura y la ganadería y el 15% restante, de vertidos urbanos. «Así lo indican nuestros modelos de estudio», afirma el catedrático Miguel Ángel Esteve Selma.

Durante estas cuatro décadas de «boom» agrícola el agua del Trasvase no ha sido suficiente para regar las decenas de miles de hectáreas de cultivos que se fueron extendiendo en el entorno del Mar Menor, lo que propició la perforación de cientos de pozos, muchos de ellos ilegales, que necesitaban de desalobradoras para eliminar la salmuera. Estos rechazos volvían a inyectarse al acuífero en un circuito sin fin que no hacía sino empeorar el estado de la bolsa de agua subterránea.

Cuando se desató la sopa verde y se iniciaron las actuaciones judiciales, la Guardia Civil encontró muchas de estas desalobradoras ocultas bajo tierra, en zulos clandestinos. La sobrealimentación del acuífero ha elevado tanto el nivel freático que la rambla del Albujón se ha convertido en un riachuelo que vierte agua cargada de nitratos al Mar Menor de forma permanente.

La dejadez de las diferentes administraciones durante la larga etapa de agresiones a este ecosistema frágil es evidente; tanto del Gobierno regional, competente en protección del medio ambiente y la legalidad de la actividad agrícola, como del Estado, puesto que la Confederación Hidrográfica del Segura es la responsable de controlar los cauces públicos y la explotación de los recursos hídricos.

Una prueba de esta errática gestión pública es la construcción por parte de la CHS de un salmueroducto y dos estaciones de bombeo con el objetivo de evacuar las aguas de rechazo procedentes de las desalobradoras de los agricultores. Esta infraestructura costó en su momento 6.000 millones de pesetas (36 millones de euros al cambio actual), apenas fue utilizada y fue desmantelada en 2017, como quien se deshace de una prueba incómoda.

A día de hoy ya han sido desmanteladas más de 9.000 hectáreas de cultivos ilegales en la cuenca vertiente al Mar Menor, lo que supone el 20% de la superficie total de regadío en esta zona. Esta reversión de terrenos sin derecho de riego está impulsada por el Ministerio para la Transición Ecológica y el Reto Demográfico, que ha puesto sobre la mesa casi 500 millones de euros para ejecutar obras de renaturalización hasta el año 2026. Este programa, denominado Marco de Actuaciones Prioritarias, consiste básicamente en Soluciones Basadas en la Naturaleza: filtros verdes, reforestaciones, encauzamiento de ramblas y restauración de humedales.

El Gobierno regional, sin embargo, alineado con un sector agrario al que se resiste a culpar de la degradación del Mar Menor, apuesta por el conocido como Plan Vertido Cero, aprobado por el último Gobierno de Rajoy y desactivado por la ministra Teresa Ribera: una batería de más de cien pozos para extraer agua del acuífero y rebajar así el nivel freático, impulsarla mediante un gran colector a instalaciones para desnitrificarla y ponerla de nuevo a disposición de los agricultores.

Una fórmula maestra para gestionar el exceso de agua contaminada por nitratos que pudre el Mar Menor, según la Comunidad Autónoma; para el Estado, una forma de perpetuar el «modus operandi» que ha degradado la laguna. Dos maneras contrapuestas de enfrentarse a la crisis ambiental. Una, la del Ministerio, propone soluciones en origen; y la otra, defendida por el Ejecutivo autonómico, apuesta por medidas que los sectores conservacionistas consideran «de final de tubería».

Otras circunstancias sobrevenidas tampoco ayudan, como las periódicas lluvias torrenciales, sobre todo en otoño, que empujan al Mar Menor grandes cantidades de agua dulce y tierra cargadas de productos químicos procedentes de zonas de cultivo. Porque la radical transformación del territorio ha privado a la cuenca vertiente de buena parte de su capacidad de retención natural.

Sobre el Mar Menor se extiende ahora una calma tensa. Se ha superado con respiración asistida (es decir, retirando cada día a mano toneladas y toneladas de biomasa) un verano extremadamente cálido en el que se temía que la alta temperatura del agua desembocara en un proceso de anoxia que asfixiara de nuevo a millones de peces y crustáceos, como sucedió en octubre de 2019 y agosto de 2021. Otro episodio de mortalidad habría sido un golpe quizá definitivo para el casi deshecho equilibrio ecológico del humedal, que aún no ha recuperado sus praderas marinas, perdidas en un 85% cuando estalló la crisis de la sopa verde.

¿Qué camino queda por recorrer? El futuro del Mar Menor es incierto, según la comunidad científica; se encuentra en un periodo de transición hacia no se sabe dónde puesto que sus condiciones se han transformado, y ese proceso sigue en marcha. Quizá no vuelva a ser nunca el que era, o al menos el humedal de hace cuarenta, cincuenta o sesenta años, el estado que se considera de referencia. Porque el ecosistema no está muerto pero sí «desordenado», en opinión del experto en fauna marina Miguel Vivas, del Instituto Español de Oceanografía (IEO-CSIC).

Este desorden significa que, de puertas para adentro, el Mar Menor ha sufrido cambios de los que aún no ha podido recuperarse. Y si podrá hacerlo, es una incógnita. De momento, la recomposición de las tripas del espacio natural tras el paso de los episodios de falta de oxígeno y aterramiento por lluvias torrenciales (que no han hecho sino agravar el deterioro provocado por agresiones de todo tipo durante décadas) ha dejado una laguna en la que faltan unas piezas y sobran otras. El puzle no encaja.

«Por ejemplo», enumera Miguel Vivas, «hay peces que casi han desaparecido y otros que presentan una biomasa enorme, como la dorada y la lubina. Que se pesquen abundantemente no significa que el Mar Menor esté bien, sino todo lo contrario: tiene un desajuste muy grande, es la prueba del impacto fortísimo que ha sufrido y lo lejos que está de un estado de madurez deseable».

Los grandes perdedores de este nuevo Mar Menor, menos salino y más cálido, de algún modo «mediterraneizado», son sus pobladores más tradicionales, como los caballitos y los peces aguja. En la laguna de la era post-sopa verde, el rey es el cangrejo azul: este acorazado marino invasor sin enemigos naturales (solo se le combate pescándolo, y los pescadores están desesperados) arrasa con todo: destroza las redes y depreda langostinos, hipocampos y pequeños peces. Según expertos en especies exóticas, como el profesor de la Universidad de Murcia Francisco J. Oliva, coordinador del proyecto europeo Life Invasaqua, ya es imposible erradicar un gran crustáceo con un potencial reproductor de hasta dos millones de crías por hembra que solo tiene un depredador conocido: el pulpo. Y como en el Mar Menor no hay pulpos, no queda otra que pescarlo.

«La crisis del Mar Menor tiene su origen en la ordenación del territorio, en las actividades que allí se ejercen y en el uso de los recursos naturales que allí se hace. El problema es que la caótica gestión en la cuenca vertiente al Mar Menor se ha ido realizando paulatinamente, casi sin oposición social o política, durante décadas. Y por ello es imposible revertirla en un plazo corto de tiempo, más aún si no hay la más mínima intención de hacerlo. Cualquier medida que no vaya al origen del problema no es y nunca será una solución real a la crisis del Mar Menor, sino que constituye meros parches. Carísimos, además. Por ejemplo, ya se gasta más dinero en retirar la biomasa de las orillas de las playas del Mar Menor que en investigación científica para entender el problema, monitorizarlo y buscar soluciones. Ese es parte del precio de no respetar los límites que impone la naturaleza», diagnostica el ambientólogo y oceanógrafo Pablo Rodríguez Ros, un investigador cartagenero que ha trabajado como asesor en el Ministerio para la Transición Ecológica y el Reto Demográfico (Miteco) y que en 2021 y 2022 ejerció como uno de los coordinadores del Marco de Actuaciones Prioritarias para el Mar Menor.

Pablo Rodríguez Ros afirma que «estos últimos siete años han sido los más significativos para la laguna, ya que han actuado de embudo del extractivismo y la desidia intencionada de muchas décadas. Y por fin, por suerte y por desgracia, aquello sobre lo que nos advertían científicos y ecologistas sucedió. Y aún no ha acabado», se lamenta. «Creo que mi generación se ha encontrado el Mar Menor en una situación horrible pero estoy firmemente convencido de que seremos los que afrontaremos valientemente este y otros retos ambientales, o al menos lo intentemos, por el bien de esas generaciones futuras», augura el también autor de *El mar que muere* (editorial Balduque), el primer libro que aborda la crisis de la albufera murciana desde las perspectivas científica y social.

La ruina ecológica del Mar Menor, al igual que la de otros humedales como Doñana y las Tablas de Daimiel, emerge como una catástrofe ambiental provocada por un desarrollo económico insostenible en el que se ha despreciado tanto el conocimiento científico como el valor de los recursos naturales, singularmente el agua y el suelo. Da igual en qué proporción hayan influido la ignorancia, la mala fe o la codicia. Sí queda claro que el «shock» de la laguna murciana es un ejemplo a escala de lo que puede esperarse en el futuro en el Mediterráneo, al fin y al cabo un mar confinado, y en otros territorios del planeta en un caldo de cultivo económico, social y natural cada vez más agitado por el cambio climático.

Esta es a grandes rasgos la fotografía actual del Mar Menor, pero es previsible que la instantánea se matice con el paso del tiempo, conforme se asienten las medidas de protección adoptadas o persistan las agresiones. Ni siquiera los investigadores pueden aventurar cómo evolucionará este humedal en tránsito: si hacia un punto de no retorno o de camino a una lenta recuperación que puede llevar décadas.

El olor pútrido, mientras tanto, nos recuerda que algo anda mal en esta sucia y, pese a todo, bella postal marina.

III. LA LUCHA A CONTRARRELOJ DEL DELTA DEL EBRO PARA NO QUEDAR SEPULTADO POR LAS AGUAS

Esteve Giralt

El delta del Ebro y su gente alzan la voz desde hace más de dos décadas para alertar de la fragilidad de uno de los ecosistemas húmedos de mayor valor ambiental del sur de Europa. Un territorio tan rico y diverso como vulnerable, amenazado por la subida del nivel del mar, la regresión y el hundimiento progresivo de la plataforma deltaica, por el fenómeno de la subsidencia. Parte de su línea de costa podría acabar devorada por el mar Mediterráneo antes de que acabe el siglo. Formado gracias a la aportación de una descomunal cantidad de sedimentos del río más caudaloso de la península ibérica en su desembocadura al mar, una parte de sus vecinos se podrían convertir en los primeros refugiados climáticos.

El Ebro, su insuficiente caudal en el tramo final y los sedimentos que ahora apenas llegan, retenidos por los embalses río arriba, son clave. El reivindicado e insuficiente caudal ecológico parece a todas luces incompatible con los planes de presente y futuro, río arriba, para sumar y sumar hectáreas de regadío e incluso construir nuevos embalses.

La Confederación Hidrográfica del Ebro (CHE) ha fijado un caudal ecológico de 3.000 hectómetros cúbicos anuales de agua en el Ebro a su llegada al Delta y se muestra inamovible ante las voces desde Cataluña y las Terres de l'Ebre que piden que se triplique. El avance de la cuña salina es otra de las consecuencias de un caudal de agua dulce insuficiente, todavía más en tiempos de histórica sequía.

No existe un caudal ecológico mínimo fijado por normativa, como no se cansa de repetir la Plataforma en Defensa de l'Ebre (PDE). No hay ninguna estación de aforamiento en el delta del Ebro, por lo que el caudal a tiempo real en el humedal es solo una estimación. No hay tampoco datos oficiales. Solo estimaciones. La última referencia es la estación de la CHE al paso del río Ebro por Tortosa (Baix Ebre).

Viven aquí 55.000 vecinos de siete municipios distintos (Amposta, Deltebre, la Ràpita, Sant Jaume d'Enveja, Camarles, l'Aldea y l'Ampolla), de dos comarcas, el Baix Ebre y el Montsià. El parque natural del Delta del Ebro, con una extensión de más de 9.000 hectáreas, fue creado en los años 80 entre la convulsión y la resistencia de parte de la sociedad deltaica. Se veía entonces como una limitación molesta en un contexto muy humanizado.

La orografía ayuda a entender la vulnerabilidad: es extraordinariamente llano: solo el 10% de su extensión tiene una altura superior a los dos metros sobre el nivel del mar. Entre lagunas, marismas, dunas y arenales, el Delta es también el resultado incierto de una lucha permanente entre el mar, la tierra y el río, de la agua salada y la dulce, en una extensión de tierra de 325 kilómetros cuadrados.

Son vitales los sedimentos que transporta el Ebro hasta la desembocadura, retenidos en buena parte en los grandes embalses situados río arriba, construidos en los años 60. El sistema de embalses de Mequinensa, Riba-roja y Flix es crucial, pero no existe ningún plan ni calendario para dar respuesta al reclamado transporte de sedimentos fluviales río abajo hasta el Delta. El Gobierno presupuestó dos años atrás 3,5 millones de euros para hacer estudios y pruebas piloto para determinar si es viable o no movilizar los sedimentos. Nunca antes se había abierto este melón, pero se avanza muy despacio entre las críticas de las entidades ecologistas y los municipios deltaicos por la inconcreción. Tanto estudio se entiende como una mera maniobra de distracción.

Reivindicar un mayor caudal ecológico en el tramo final del Ebro y la llegada de más sedimentos se ha convertido desde hace 25 años en caballo de batalla de la Plataforma en Defensa de l'Ebre (PDE), el movimiento social de vocación ecologista que ha liderado la lucha contra cualquier forma de trasvase del Ebro. Lo hicieron con éxito contra el Plan Hidrológico Nacional del Partido Popular de José María Aznar, a principios de este siglo. Salieron a la calle también con gran respuesta de movilización en 2008 cuando el gobierno de la Generalitat planteó la conexión temporal del agua del minitrasvase del Ebro con el sistema Ter-Llobregat para abastecer el área metropolitana de

Barcelona y dar respuesta así a un período de fuerte sequía. Al iniciarse el año 2004, la PDE sigue con preocupación ahora los planes del Govern para enviar barcos con agua del Ebro hasta Barcelona.

La lucha por la defensa del delta del Ebro se ha convertido desde finales de los años noventa en un combate librado entre la política, con los períodos de sequía como gran acicate, y la ciencia. Entre los despachos de los departamentos donde se deciden las políticas medioambientales y la gente del territorio afectado, que sigue exigiendo actuaciones más determinantes para proteger el humedal y su línea de costa.

Han aparecido en los últimos años nuevos actores en la defensa del humedal. El Moviment de Lluita pel Delta de l'Ebre (Molde), que incluye a regantes, arroceros y empresarios, reivindica su estrategia y marca distancias públicamente con la Plataforma. Su apuesta son las actuaciones a corto plazo aunque sin renunciar a los sedimentos, con millones de metros cúbicos de arena movilizados cuanto antes mejor desde el mar a los puntos más frágiles, con dragas marinas hasta la costa.

Se necesitan acciones urgentes

El territorio se debate entre la urgencia y la emergencia. La solución es estructural, pero hay prisa porque hay arrozales afectados por la subida del nivel del mar y el avance de la salinidad en los suelos hasta ahora fértiles, en propiedades privadas, incluidas construcciones en zonas que se inundan cada vez que se producen grandes temporales de mar. También espacios de gran valor medioambiental están amenazados, como la Illa de Buda (Sant Jaume d'Enveja), la Barra del Trabucador (la Ràpita) o la bassa de l'Alfacada, en Sant Jaume d'Enveja, con casi 200 hectáreas protegidas por su enorme biodiversidad. La lista es muy larga.

El temporal Gloria, en enero de 2020, se convirtió en un punto de inflexión. También para el delta del Ebro. Por un puñado de razones. La virulencia de aquella borrasca, con daños cuantiosos sobre el litoral, con la inundación con agua salina de casi 3.000 hectáreas de arrozales, sirvió para constatar la enorme vulnerabilidad.

El foco mediático se centró en la urgencia y las consecuencias catastróficas del Gloria en el Delta. Por lo que fue y lo que adelantó. Conscientes de la oportunidad que se escondía tras aquella borrasca destructora, los vecinos, los siete ayuntamientos deltaicos y las entidades ecologistas lograron hacer del Gloria un revulsivo. El mensaje por fin caló: si no se actúa de una vez, de forma decidida i coordinada, el Mediterráneo se zampará el Delta.

De todo aquello salieron actuaciones concretas del Gobierno español y la Generalitat para proteger el litoral deltaico ante los efectos cada vez más devastadores de la emergencia climática. Se fraguaron en dos años (2020-22). Entre las líneas de actuación, la aportación estructural de millones de metros cúbicos de arena submarina hasta los puntos más afectados por la regresión, con una dimensión sin precedentes. Por primera vez ambas administraciones se coordinaron y dejaron atrás las continuas disputas y reprochas acerca de las competencias.

La solución de fondo, y en eso coinciden todos los expertos, pasa por hacer bajar por el río Ebro hasta la desembocadura los sedimentos retenidos en los pantanos. Es la reivindicación que no se cansan de repetir desde la Plataforma en Defensa de l'Ebre, como lo hacen parte de las entidades ecologistas.

Parte del territorio ebrense ve en los sedimentos casi una quimera por la inconcreción y porque aunque existiera voluntad política real y presupuestos, se tardaría mucho en poder hacer realidad un plan. Mientras no lleguen los sedimentos, hay que hacer otras actuaciones, repiten desde la Taula de Consens pel Delta, con los siete ayuntamientos deltaicos y las dos comunidades de regantes, con gran capacidad de influencia, al frente.

Sobre el territorio, la consciencia cada vez más extendida entre sus gentes, sean arroceros, pescadores, mejilloneros o ecologistas, de que lo que se decide en los despachos de Barcelona y Madrid, entre políticos y técnicos, será fundamental para el futuro de una región mal acostumbrada al olvido y el menosprecio. En esto sí hay consenso. Como sucedió con el Gloria y después, aunque con menor dimensión con el temporal Filomena (2021), ahora la peor sequía de la historia en Cataluña registrada entre los años 2003 y 2004 ha vuelto a poner bajo el foco el delta del Ebro y el agua del río Ebro en su último recorrido hasta el mar.

Más allá de la coyuntura, la concienciación ante la emergencia climática ha abierto un nuevo paradigma. «El Gloria fue un punto de inflexión», destaca Antoni Espanya, jefe de Costas del Ministerio para la Transición Ecológica en la provincia de Tarragona. Biólogo de formación, criado en el delta del Ebro, Espanya (PSC) se lo ha tomado casi como un asunto personal.

El nuevo deslinde, cuestión de realismo

Uno de los puntos más delicados ahora sobre su mesa es el polémico nuevo deslinde de terrenos, trabajos iniciados por el Ministerio para la Transición Ecológica para redefinir el nuevo espacio de dominio público marítimo terrestre en el litoral deltaico. Cientos de alegaciones han sido presentadas por ayuntamientos y propietarios afectados por el retroceso, planteado en varios de los puntos más frágiles ante la progresiva subida del nivel del mar. El nuevo deslinde se explica por la necesidad de crear una controvertida «zona de acomodación» en la franja costera, un espacio de naturalización que sumará entre 500 y 800 hectáreas. Se quiere adaptar el territorio a la nueva dinámica del litoral para fomentar tramos de largas y amplias extensiones de arena, con playas naturales y dunas que sirvan de muro natural de protección.

Es una estrategia para contener temporales y evitar daños más cuantiosos tierra adentro. El retroceso planteado por el Gobierno en algunos tramos va de los 300 a los 500 metros tierra adentro para hacer frente no solo a los temporales, también a la progresiva subida del nivel del mar. El denominado Dominio Público Marítimo Terrestre (DPMT) que ahora se quiere redefinir en el Delta es siempre competencia exclusiva del Ministerio para la Transición Ecológica.

Las zonas de acomodación tendrán una amplitud de hasta medio kilómetro entre la ribera del mar y las zonas arroceras litorales. Unos ocho millones de metros cuadrados sin actividad humana para proteger así mejor zonas cultivadas tierra adentro. Al menos sobre el papel. El objetivo de fondo, hacer perdurar en el tiempo la debilitada plataforma deltaica. Los expropiados climáticos serán minoría, asegura el Ministerio.

El nuevo deslinde está muy avanzado en la Ràpita, l'Ampolla, Amposta, Sant Jaume y Deltebre y antes del verano de 2024 se quiere tener listo, con las alegaciones resueltas. «Es un deslinde hecho con todo el cariño, de zonas arroceras incluidas en el nuevo dominio público hablamos de diez hectáreas, de un total de 1.500-2.000 hectáreas que se incorporarán al nuevo dominio público», añade Espanya. «En general todo el mundo es consciente que se ha hecho con mucha sensibilidad. Se tenía que hacer, en casi cuarenta años no se había hecho una revisión del deslinde en un lugar tan dinámico como el delta del Ebro», sostiene el jefe de Costas.

«La realidad se impone, teníamos la línea imaginaria del dominio público marítimo terrestre sobre todo en el norte del Delta dentro del mar; la costa había seguido reculando, pero la línea de dominio no se había adaptado a la realidad. Ha quedado desfasado, está dentro del mar, hay que redefinirlo, es lo que toca hacer y se está haciendo», explica Carles Ibáñez, director científico del Centro en Resiliencia Climática del Eurecat (Centre Tecnològic de Catalunya). «¿Como sociedad cuál es la estrategia que más nos conviene? Siempre hay el debate técnico y no técnico complicado para tomar la decisión más adecuada», añade.

Es un tira y afloja que tiene puntos calientes, como las fincas de arrozales afectadas que ha ido reduciendo en cantidad el Ministerio. Hay enclaves simbólicos, tristes postales cuando se suceden los temporales marítimos y las inundaciones. Uno de ellos, el restaurante Los Vascos, pegado a la playa de la Marquesa. Es una de las zonas que pasarán a formar parte del nuevo dominio marítimo terrestre y el Gobierno prevé su desmantelamiento. Sus dueños ya han iniciado una batalla legal que se augura larga, símbolo de un delta del Ebro obligado a amoldarse a un nuevo escenario. Maria Cinta Otamendi es la combativa dueña. «Si no hacen nada, el Delta se acabará».

El Ministerio para la Transición Ecológica insiste que los privados afectados por el nuevo deslinde serán pocos, que la mayoría de las zonas incluidas a partir de ahora en el nuevo dominio marítimo terrestre son espacios naturales. Se incorporarán unas 2.000 nuevas hectáreas. Toda la extensión del parque natural del Delta es de unas 9.000 hectáreas.

La sequía también incide en este terriorio. ¿Sobra agua?

Mientras tanto, la sequía ha puesto contra las cuerdas a los regantes del Delta como nunca antes había sucedido en la historia del humedal. En la última campaña del arroz (2023), los regantes de las dos comunidades, a la derecha e izquierda del río Ebro, únicamente pudieron utilizar la mitad de la concesión de agua. Algo inaudito y que ha tenido fuertes consecuencias no solamente sobre el cultivo y los campos de arroz, amenazados más que nunca y afectados en algunos puntos por el avance de la cuña salina por la menor aportación de agua dulce.

En un delta menos regado con agua del río Ebro a través de los canales, con una gran capilaridad, el ecosistema lo padece. Los arrozales justamente se mantienen inundados para favorecer la llegada de aves migratorias. A medio plazo, si se repiten las restricciones, las consecuencias podrían ser funestas también para lagunas y bahías que depende del flujo constante de agua dulce.

La importancia del caudal ecológico toma todavía más relevancia en medio de la sequía extrema. A pesar de que las lluvias en Aragón, Navarra y la Rioja mejoraron la situación en el tramo final del río Ebro en otoño e invierno (como evidenciaba los caudales almacenados en el embalse de Mequinensa al iniciarse el 2024) el agua sigue siendo un bien escaso. «No sobra agua en el río Ebro», sentencia la Plataforma en Defensa del Ebro, que pone como ejemplo el escaso caudal que bajó la mayor parte de 2023 por el tramo final del Ebro hasta la desembocadura. Esta entidad siempre ha criticado la gestión de los pantanos por retener los sedimentos y por priorizar, a su entender, la producción hidroeléctrica y a la demanda de la agroindustria.

El delta del Ebro es un problema ambiental muy complejo, un ejemplo paradigmático de las consecuencias de la emergencia climática que por fuerza exige una mirada poliédrica. Es fácil hacer demagogia cuando confluyen el medio ambiente, la economía, las angustias por la sequía en zonas muy pobladas y en campos que no pueden quedarse sin riego si quieren mantener la producción de las cosechas. Es también una «oportunidad histórica y sin precedentes» para investigar y combatir la emergencia climática, como sostiene ir Carles Ibáñez, voz autorizada cuando se somete el delta del Ebro a un análisis científico exhaustivo.

«El Delta tiene un elemento en contra, es un sistema muy llano y a nivel de mar; no solo los temporales marinos sino sobre todo la subida del mar pueden comprometer su futuro. Y no solamente en la franja de costa sino en gran parte del delta, incluidos los arrozales, que quedarán bajo el nivel del mar con todo lo que implica, debido a la complejidad que conlleva ir hacia un modelo holandés, con la construcción de diques frente a las bahías», alerta Ibáñez.

No todo son malas noticias. «En relación a la protección de la costa y la playa tenemos una ventaja: en el Delta hay espacio para gestionar la amplitud, para recular o poder ganar terreno en función del lugar en el que estemos. Hay sitios donde el Delta gana espacio y otros donde lo pierde. Si sabemos gestionar bien la amplitud de la playa y la restauración de los sistemas de dunas podemos tener una situación más ventajosa que en otros puntos de la costa catalana donde no queda espacio. Hay espacio para intentar mantener una playa y hacer una defensa ante los temporales», razona Ibáñez (Eurecat).

Intereses de actividades diversas

Una de las dificultades es que en un espacio natural de tantísimo valor ecológico confluyen intereses y usos dispares. En el humedal se marisquea, se pesca, se cosecha arroz y se caza. Y también hay actividades y alojamientos turísticos, hay los intereses económicos de la agroindustria y enclaves naturales a proteger. La lista es más larga: la laguna de la Tancada, la Encanyissada, la isla de Buda o la barra del Trabucador. Están también las salinas de la Trinitat, una actividad industrial con fuerte arraigo. Cumple también una función ambiental: junto a las salinas, en la punta de la Banya, cría una colonia estable de flamencos, con más de cuatro mil parejas.

La Barra del Trabucador, una lengua de tierra (istmo) de más de seis kilómetros de longitud, es otra de las imágenes icónicas de los efectos de la regresión y la subsidencia, en ese combate permanente de parte de la franja litoral por resistir a la subida del nivel del mar y a los temporales cada vez más intensos. Parte del Trabucador despareció bajo el mar con el Gloria, como ha pasado en otros tantos temporales marítimos. Esa imagen es impacto y también razón de controversia.

Para parte de los grupos ecologistas agarrarse a la resistencia de una de las zonas más frágiles, un istmo de arena que conecta el delta con su parte más meridional, en la Punta de la Banya, entre mar y la bahía de los Alfacs, es desviar la atención del problema de fondo. Y es en este punto donde se hace referencia a la trascendencia de los sedimentos fluviales, por encima de la movilización de arenas submarinas para rehacer por ejemplo el Trabucador cada vez que se rompe. El transporte de tierras marinas desde tierra con camiones y en un futuro con dragas desde la costa la Generalitat también lo apoya. El Ministerio duda más sobre el uso de dragas.

Un encaje de multitud de piezas en un contexto cambiante y por fuerza dinámico, como lo son todos los deltas, en cada caso con sus particularidades. El delta del Ebro también mira lo que sucede a escala internacional en la búsqueda de soluciones para su protección. El modelo holandés gusta en las Terres de l'Ebre y también a la Generalitat, con la Taula de Consens pel Delta a la cabeza. Pero el modelo holandés no puede exportarse como tal, advierten los expertos, únicamente puede servir para enriquecer las soluciones a explorar en un contexto distinto. Del modelo neerlandés se valora en el Delta la creación de grandes dunas para proteger la costa imitando lo que sucede de forma natural.

Soluciones basadas en la Naturaleza

Las soluciones duras para proteger la morfología deltaica, como la construcción de grandes diques para mitigar los temporales, no tienen muchos partidarios entre la comunidad científica. También se han planteado soluciones intermedias, como la construcción de diques sumergibles frente al litoral. Hasta ahora nada se ha concretado y no se ha pasado de estudios muy preliminares.

Para la sociedad deltaica es inaceptable aceptar el retroceso de parte de la línea de costa como plantea el Ministerio. Tierras que han necesitado del esfuerzo durante siglos para disponer de suelos fértiles, como pasa especialmente con los arrozales. Cuando aparecen las emociones el asunto se convierte en todavía más espinoso.

La emergencia climática y su contundencia están cambiando algunos posicionamientos que parecían inamovibles. La posibilidad de deshacer algunas de las estructuras construidas en el frente litoral ya no se ve siempre como algo descabellado e inasumible. Un ejemplo. El Ayuntamiento de l'Ampolla (Baix Ebre) ha acordado con el Ministerio para la Transición Ecológica deshacer parte del paso marítimo para poder recuperar la playa de l'Arenal, borrada por la fuerza del mar.

La propuesta es que el paseo marítimo sea reconvertido de nuevo en un arenal, renaturalizado, y que esto permita a la playa ganar el terreno perdido, al menos en parte. Esta es la estrategia que plantea el Ministerio en otros puntos. No siempre se tratará de deconstruir, pero sí que se tiene claro de la mano de la comunidad científica que parte de la franja costera se ve como un aliado natural.

El delta es diverso. Las casuísticas son complejas. El municipio de Alcanar (Montsià), castigado por tres grandes inundaciones en los últimos cinco años, se ha convertido en otra de las imágenes de referencia de los efectos de la emergencia climática en el sur de Europa. Al temporal marítimo se ha sumado la fuerza de extraordinarias borrascas con precipitaciones concentradas en márgenes de tiempo muy cortos (2018, 2021 y 2023). El agua de diez barrancos ha buscado cada vez la salida natural al mar, embravecida frente a la debilidad de la línea de costa, y se ha llevado por delante y ha inundado construcciones levantadas junto al cauce de barrancos. La tormenta perfecta.

La dureza de las inundaciones, sin víctimas mortalespero con situaciones de riesgo extremo en núcleos habitados, ha puesto sobre la mesa la necesidad de expropiar y deshacer parte de las construcciones. Deconstruir para protegerse mejor ante los efectos de la crisis climática.

Muchas de las actuaciones estratégicas se decidirán en los próximos años. Del acierto de los responsables políticos y de su capacidad para escuchar a científicos y expertos dependerá el éxito en la defensa del humedal. Serán vitales la concreción y éxito de las actuaciones a corto y medio plazo.

El sentimiento extendido de que al delta del Ebro se le acaba el tiempo choca de frente ante la necesidad de preparar actuaciones estructurales como al transporte y movilización de sedimentos río abajo, planteada en el plazo 2030-50. El anuncio en otoño de 2023 por parte de la CHE de una primera prueba piloto en el embalse de Mequinenza para estudiar la viabilidad del transporte de sedimentos ha indignado a la Plataforma en Defensa de l'Ebre, que acusa a la CHE y al gobierno español de lanzar bombas de humo para distraer la atención e ir prorrogando el transporte de sedimentos fluviales.

En un ecosistema marino-terrestre dinámico, con más de 350 especies de aves, la crisis climática ha trastocado el escenario. La urbanización de Riumar, en Deltebre, con 700 vecinos (6.500 personas en verano) aparece como una de las primeras zonas habitadas en quedar bajo el mar con la progresiva subida del nivel del mar, antes de que acabe el siglo. Entre el mar y la tierra más firme y urbanizada resiste el Delta, salvaje, complejo y a veces contradictorio, en una maraña de grises e intereses opuestos. Durante décadas su gente batalló para ganar terreno al mar y hacer nuevos arrozales y ahora se ve ante la imposición de tener que renunciar a parte de la primera franja litoral para protegerse de la subida del nivel del mar. «Ni un pam més enrere» (Ni un palmo atrás) es uno de los lemas reivindicativos del territorio. Reivindicación o quimera.

IV. EL DILEMA DE LA AMPLIACIÓN DEL AEROPUERTO Y LA PROTECCIÓN DEL DELTA DEL LLOBREGAT

David Guerrero

Un avión de Ryanair que viene de Milán, otro de Vueling con origen en París, ahora uno mucho más grande de Turkish Airlines desde Estambul... el tráfico en el aeropuerto de El Prat es incesante y un centenar de personas disfrutan de un soleado día festivo viendo los aterrizajes desde el mirador del aeropuerto. Mientras un padre consulta en una aplicación del teléfono móvil el origen de los aviones que van desfilando sobre sus cabezas y se lo explica a sus hijos, a pocos metros de allí vuela un somormujo lavanco que espera hacer crecer su familia en la laguna de La Ricarda y hace las delicias de los ornitólogos. Es necesario coger los prismáticos y verlo para creerlo: bajo el ruido incesante de las aeronaves sobrevolando el delta del Llobregat, son numerosas las especies que anidan en este pequeño oasis natural encajonado entre el aeropuerto y el puerto de Barcelona, donde los vecinos también han encontrado un concurrido espacio de ocio.

El proyecto de ampliación del aeropuerto que Aena tiene sobre la mesa pone en jaque ese delicado equilibrio. La prolongación de una de las pistas para ampliar el número de operaciones por hora y poder crecer más allá de los 55 millones de pasajeros anuales afectaría directamente a la reserva natural protegida. La oposición de la Generalitat, del anterior gobierno del Ayuntamiento de Barcelona con Ada Colau al frente y el rechazo de movimientos sociales y ecologistas frenaron el primer intento del Gobierno en el 2021. Aún así, la propuesta sigue madurándose en los despachos del gestor aeroportuario y buscando la fórmula para salir adelante en un futuro con el empuje decidido de entidades económicas catalanas como la Cámara de Comercio de Barcelona y la patronal Foment del Treball. A su vez, como piezas de dominó, la apuesta por el blindaje de los espacios naturales ha entrado en disputa con el modelo agrícola de una zona que es la despensa de Barcelona y que se encuentra en plena transición hacia un sistema más tecnificado para que le salgan los números.

El encaje de bolillos incluye en un espacio relativamente pequeño los espacios naturales junto a un aeropuerto internacional con tres pistas y dos terminales, un gigantesco puerto con movimiento constante de contenedores, la actividad agrícola menguante pero cada vez más valorada por unos consumidores que buscan proximidad y el entorno urbano de El Prat, una ciudad más grande que muchas capitales de provincia. Paradójicamente, el lugar desde donde mejor se entiende la complejidad y el valor del espacio protegido en cuestión es desde el aire. A través de la ventanilla de esas aeronaves que aterrizan una detrás de otra se observa, más allá de la gris Zona Franca, un extenso mosaico agrícola en el que se cultivan unas alcachofas sabrosas como pocas, espesos pinares y unos delicados humedales, entre los que destaca La Ricarda, la laguna que ha pasado de ser una perfecta desconocida a convertirse en el símbolo del proyecto de ampliación de El Prat.

Sobre ese humedal protegido es donde el presidente de Aena, Maurici Lucena, dibujó una prolongación de medio kilómetro de la tercera pista del aeropuerto para ganar los metros que le faltan hasta ser válida para los aviones de gran fuselaje. La empresa pública jugó fuerte, con una intensa campaña y fuertes presiones por todos lados, un todo o nada con 1.700 millones de inversión sobre la mesa cuando la sociedad se desperezaba de la Covid. Lucena fracasó, la falta de consenso provocó que el Gobierno hiciera caer la moneda del lado que no se esperaba Aena y el Documento de Regulación Aeroportuaria (DORA) 2022-2026 se acabó aprobando sin destinar ni un euro a la ampliación de El Prat. La retirada del proyecto ha abierto la etapa de las comisiones de trabajo para tratar de encontrar una solución que agrade a todo el mundo, prácticamente una misión imposible debido a las posiciones muy alejadas entre los diferentes agentes implicados.

Mientras los partidarios del proyecto menosprecian La Ricarda y la consideran algo artificial sin más valor que el de un charco con cuatro patos, los expertos la defienden a ultranza y ponen en valor un brazo que quedó segregado del Llobregat hace 300 años y que a día de hoy es un espacio natural fundamental en el frágil ecosistema del delta donde se cuentan hasta 350 aves y una rica biodiversidad de flora e invertebrados. A esta laguna en la que se mezclan el agua dulce y salada llegan las gaviotas corsas, que hasta hace poco solo se reproducían en el delta del Ebro, y se refugian cada año los flamencos. «Si el delta del Llobregat fuera un avión, La Ricarda sería un tornillo muy importante, quien sabe si el último, que sustenta el complejo funcionamiento del delta; es un espacio imposible de quitar sin hacer tambalear el resto del ecosistema», resume el director del Centro de Investigación Ecológica y Aplicaciones Forestales (CREAF), Joan Pino.

El hecho de que La Ricarda se encuentre en un terreno privado de 135 hectáreas complica aún más la ecuación. La familia Bertrand es propietaria de una enorme finca en la que hay una parte importante de los espacios naturales. Gestionada mediante una sociedad formada por numerosos herederos, igual que en el conjunto de la ciudadanía, la posición se divide entre los que están a favor de la ampliación (y el cobro de la correspondiente expropiación) y los que están en contra. Además de la laguna protagonista del debate y varias casas de veraneo, en la finca destaca la Casa Gomis, también conocida como La Ricarda. La vivienda, diseñada por el arquitecto Antoni Bonet Castellana, es uno de los mejores ejemplos de la arquitectura racionalista en Cataluña. Su cubierta ondulada es todo un símbolo de la integración con el paisaje del pinar en el que se construyó a principios de los años 50, cuando el aeropuerto aún quedaba muy lejos.

En este lugar, por aquel entonces alejado de la civilización y del control franquista, se reunió lo más granado del mundo cultural de Barcelona en un ambiente de total libertad, como se encarga de explicar en las visitas mensuales organizadas con Marita Gomis, que lo vivió todo aquello siendo una niña. La vivienda se salvó de la anterior ampliación del aeropuerto y la construcción de la tercera pista pero los aviones aterrizan a escasos metros, lo que hace imposible que nadie pueda vivir allí a día de hoy. Con todo, tanto el inmueble como el jardín con piscina y el bosque que le rodea están considerados Bien Cultural de Interés Nacional (BCIN), con la consiguiente protección que eso supone.

El arquitectónico no es el único blindaje, ni mucho menos. A nivel natural, La Ricarda tiene el título de zona de especial protección para las aves (ZEPA) y forma parte de la red Natura 2000 por su «biodiversidad excepcional y el crucial papel que desempeña en las rutas migratorias de muchas especies de aves», según la propia Unión Europea. Este aspecto fue fundamental cuando se desvió el tramo final del río Llobregat para ampliar el puerto de Barcelona en 1998 y la posterior construcción de la tercera pista del aeropuerto en el 2002, todo ello enmarcado en el denominado plan Delta, que contó con el consenso final de todas las administraciones implicadas tras unas turbulentas negociaciones.

Ambas actuaciones alteraron profundamente el espacio natural, hicieron sucumbir al asfalto más de 1.000 hectáreas agrícolas y 300 de humedales. La propia Ricarda perdió parte de sus activos naturales, igual que el Remolar, al otro lado de las pistas. A cambio, se prometieron una serie de contrapartidas ambientales que no se han llevado a cabo ni entonces ni posteriormente. Todo lo contrario, la construcción de un aparcamiento para taxis en un corredor biológico se convirtió en un símbolo de la impunidad con la que ha actuado Aena.

En todo este tiempo han preferido mirar hacia otro lado tanto la Generalitat —que tiene competencias en materia urbanística y de medio natural— como el Gobierno —que fue quien llevó a cabo las obras de ampliación del aeropuerto y desvío del río—. Quien sí que ha mirado al problema de frente, en cambio, ha sido José García, de la organización ecologista Depana, una de las personas que mejor conoce el delta del Llobregat y un luchador incansable por su preservación. Se conoce este lugar como la palma de su mano. Los exhaustivos informes elaborados por García sustentaron la denuncia presentada ante la Comisión Europea por la degradación de los espacios protegidos y provocaron la apertura de un expediente contra España en el 2013.

Sus recuentos demuestran como la población de patos pasó en poco más de una década de 5.000 ejemplares a 1.554 y el aguilucho lagunero directamente ha desaparecido desde que se construyó la terminal 1. Como no hubo reacción por parte de las administraciones, en el 2021 Bruselas mandó una carta de emplazamiento al Gobierno advirtiendo de que se está incumpliendo la directiva que protege los hábitats naturales y pidiendo las correspondientes medidas adicionales para proteger el espacio catalogado como red Natura 2000. Una sentencia condenatoria como la que se avecina puede resultar muy costosa para el presupuesto estatal y una mancha que puede incluso afectar al reparto de fondos comunitarios.

Todo ello es un recordatorio inequívoco de que es imprescindible un dictamen positivo de la Comisión Europea para poder llevar a cabo cualquier proyecto que suponga una nueva ampliación del aeropuerto. El plan inicial de Aena pasaba por hacer un trueque de compensaciones ambientales, como se hizo hace más de veinte años y luego no se cumplió. En este caso, a cambio de destrozar La Ricarda ofrecían la transformación de 280 hectáreas de zona agrícola al otro lado del aeropuerto, en el término municipal de Viladecans, renaturalizándolas con praderas y juncales donde ahora hay huertos. «Con los precedentes existentes, ¿qué credibilidad pueden tener el Estado, Aena o la Generalitat ante la Comisión Europea cuando les prometan que ahora sí lo harán bien?», se pregunta García. Los antecedentes de graves incumplimientos y una conciencia medioambiental en las instituciones europeas mayor que la de hace 25 años hace complicado que Bruselas de luz verde a un plan de este tipo.

El plan fallido del gestor aeroportuario no llegó a ningún lado al tirar la toalla frente al rechazo social y político pero abrió la puerta a un conflicto que desde el 2022 aún ha complicado más las cosas en el complejo puzzle del entorno aeroportuario. Como respuesta a Aena y a la carta de emplazamiento del expediente comunitario, el departamento de Medio Ambiente de la Generalitat propuso meses después ampliar las zonas ZEPA en una propuesta de máximos que irritó al sector agrícola. El principal sindicato del sector, Unió de Pagesos, y la patronal, el Institut Agrícola, coinciden en señalar que es imposible mantener sistemas productivos a gran escala dentro de una zona protegida. Los planes de modernización de los regadíos y la construcción de invernaderos, por ejemplo, quedarían totalmente prohibidos en una zona donde precisamente algunos de los ayuntamientos de la zona llevan tiempo tratando de impulsar un «hub» de innovación agroalimentaria. En este sentido, hay abordajes distintos de la cuestión en función del color político: al sur y al oeste del aeropuerto, en Gavà, Viladecans y Sant Boi de Llobregat gobiernan los socialistas con amplias mayorías en una comarca donde el PSC es hegemónico desde la recuperación de la democracia. Su postura en defensa de la agricultura ha ido acompañada en todo momento de una posición favorable a la ampliación del aeropuerto. En cambio, al norte y en el entorno más inmediato, el aeropuerto linda con El Prat, una aldea gala de los comunistas y los ecosocialistas en los últimos cuarenta años. La negativa a la ampliación en esta ciudad es respaldada por unanimidad en el plenario, socialistas incluidos.

Al este queda el mar, donde el ingeniero aeronáutico Joaquim Coello planteó construir una cuarta pista a una milla de la costa y elevada diez metros sobre el nivel del mar, sustentada en el fondo marino por pilones similares a los utilizados en los molinos de viento marinos. Es probablemente la más disparatada de las once soluciones recogidas en un documento por Foment del Treball. La patronal ha tomado el relevo de Aena como principal dinamizadora del debate sobre la ampliación y las propuestas puestas sobre la mesa han sido bien diversas. «Todas ellas incluyen dar más metros al campo de vuelo, está por ver si han de ser 350 o 500 y por qué lado puede crecer pero es la única solución técnica válida para ganar capacidad», valora Lluís Sala, vicepresidente del Colegio de Ingenieros Aeronáuticos de Cataluña. Así es desde la planteada inicialmente por Aena hasta la faraónica pista sobre el mar, pasando por la construcción de una estructura elevada sobre La Ricarda mediante pilones. Este último proyecto se presentó como la panacea que combinaba la salvación del espacio natural y la prolongación de la pista pero hizo saltar todas las alarmas en los despachos del puerto de Barcelona, que hasta entonces observaba el conflicto desde lejos. Hace algo más de veinte años, se desvió el cauce del río Llobregat dos kilómetros y medio al sur para ampliar el puerto, con todas sus consecuencias naturales, y eso acercó las inmensas grúas a las rutas de aproximación al aeropuerto de los aviones. Hacerlo aún más comportaría renuncias de la autoridad portuaria.

También es cierto que el destrozo hecho entonces podía haber sido mucho mayor. Las presiones de los movimientos ecologistas y la astucia del incombustible alcalde de El Prat, Lluís Tejedor, minimizaron la afectación inicialmente planteada por el entonces Ministerio de Fomento. A cambio, los vecinos del área metropolitana han recuperado una playa en la que a finales del siglo pasado a nadie se le ocurriría bañarse y un paseo junto al río en el que miles de personas hacen deporte, pasean e incluso juegan al golf en un par de hoyos habilitados por unos aficionados. Los ornitólogos, por supuesto, también tienen sus rincones a los que pueden llegar incluso caminando desde las estaciones de metro que abundan en El Prat.

Esa recuperación cívica que no ha parado de crecer desde principios de siglo no es la única lucha ganada por el delta del Llobregat. Hace 15 años, en plena crisis económica, al multimillonario norteamericano Sheldon Adelson no se le ocurrió nada mejor que plantear allí la construcción de un gigantesco casino y un complejo hotelero llamado Eurovegas. El proyecto, que tenía el visto bueno del gobierno catalán y de los alcaldes socialistas de la zona, acabó marchándose a Madrid, donde fue recibido con los brazos abiertos pero también acabó fracasando. Aquella intensa lucha vecinal y ecologista sirvió para poner en valor el producto agrícola del delta del Llobregat, igual que el intento de asfaltar la laguna de La Ricarda ha descubierto a muchos un espacio natural y de ocio a media hora en bici de la capital catalana con rincones que disparan los likes en Instagram y en los que hasta Rosalía ha grabado videoclips. Es por todo ello que el ingeniero Lluís Sala considera fundamental afrontar el debate técnico «teniendo en cuenta el entorno, con sensibilidad y entendiendo todo lo que hay alrededor de las pistas».

Pese a que Aena y los agentes económicos se han obcecado con la ampliación, el debate ha servido también para poner sobre la mesa otras opciones que permitirían conseguir más vuelos y destinos conectados con Cataluña sin necesidad de tener que ampliar la tercera pista. La Generalitat apuesta por entender el sistema aeroportuario catalán como un conjunto, dando un mayor protagonismo a los infrautilizados aeródromos de Girona y Reus. En los años de eclosión de las aerolíneas de bajo coste, los vecinos de Barcelona se desplazaban sin problemas hasta ambos lugares para viajar a precios muy bajos a capitales europeas. Una posterior rebaja de tasas en El Prat llevó a Ryanair a trasladarse al aeropuerto más cercano a la capital catalana, pero quedó demostrado que el sistema de varios aeropuertos podía funcionar.

La estrategia de la Administración para recuperar ese esquema pasa por impulsar la conexión en tren de alta velocidad ya que ambas infraestructuras aeroportuarias se encuentran muy cerca del trazado del AVE. Esas facilidades de desplazamiento, acompañadas de una política de tasas favorable para las aerolíneas, ayudarían a descongestionar El Prat de un número importante de vuelos. El espacio liberado podría ser ocupado por aerolíneas que vuelan a destinos intercontinentales, que es el objetivo final de los defensores de la ampliación, si bien Pere

Suau-Sánchez, académico experto en el sector de la aviación, precisa que «los 500 metros más de pista no garantizan un hub, eso depende de las aerolíneas». A finales del 2023 se alcanzó la cifra redonda de 50 destinos de otros continentes conectados con El Prat, el reflejo para Suau de que «el aeropuerto de Barcelona es capaz de sostener vuelos intercontinentales sin tener un hub» y, por lo tanto, sin necesidad de ampliar la tercera pista.

Otra propuesta que nadie se atreve ni a sondear es la de sacar el máximo partido a las pistas actuales, pasando de la actual operativa de pistas segregadas (una para aterrizajes y otra para despegues) a una de pistas independientes, lo que permitiría tanto que saliesen como que llegasen aviones a las dos pistas indistintamente. Se podría pasar así de las 78 operaciones por hora actuales a 90. Esta opción, que cuenta con el beneplácito legal y la declaración de impacto ambiental aprobada, podría activarse de un día para otro pero supondría un mayor sobrevuelo de las aeronaves sobre Gavà Mar y Castelldefels, con el correspondiente aumento de la contaminación acústica. Cuando se construyó la tercera pista y se planteó esa posibilidad, hace veinte años, los vecinos se echaron a la calle y no cesaron sus protestas hasta que consiguieron que Aena pasase a operar con el sistema actual, que canaliza los aterrizajes por la pista principal viniendo de Barcelona y realiza los despegues desde la tercera pista (la que se quiere ampliar) con un viraje al poco tiempo de tomar aire hacia el mar.

El debate sobre la ampliación ha coincidido en el tiempo con iniciativas impulsadas en países como Francia, donde se han prohibido por ley los vuelos que tienen una alternativa ferroviaria que tarda menos de dos horas y media. Fue un gesto más bien simbólico con poca afectación pero que marca en cierta manera la tendencia hacia la que evoluciona la movilidad internacional. En España, la liberalización del corredor ferroviario de alta velocidad entre Madrid y Barcelona ha disparado la cuota de mercado del tren frente al avión hasta el 80%. El antaño popular puente aéreo, con aviones cada media hora, está en vías de extinción porque sus usuarios se han trasladado al tren. Lo han hecho tanto empresarios y profesionales a los que no les importa mucho el precio como viajeros que por ocio se desplazan entre ambas ciudades a un precio tan bajo que hace competencia a las aparentemente imbatibles compañías aéreas de bajo coste.

En cierto modo, el mismo debate que tiene lugar en Barcelona se ha dado en los últimos años en otros aeropuertos europeos. En Heathrow, la mayor instalación aeroportuaria de Reino Unido, se produjo una larga batalla judicial durante una década entre defensores y detractores de la construcción de una nueva pista. Justo antes de la pandemia, una sentencia paralizó el proyecto porque consideraba que era incompatible con el Acuerdo de París contra el calentamiento, pero meses después el Tribunal Supremo corrigió la decisión y dio luz verde. La caída del número de pasajeros durante la pandemia y el posterior encarecimiento de los costes de las obras mantienen en un cajón el proyecto. Aunque podría llevarse a cabo, cada vez son menos los que lo reclaman y parece destinado al olvido, al menos por ahora.

En Schiphol, Ámsterdam, uno de los mayores hubs intercontinentales de Europa, también hubo debate, en este caso sin necesidad de recurrir a la justicia. Lo dejaron en manos de una comisión de expertos y la conclusión fue que, pese a poder seguir creciendo, creían más acertado limitar a 500.000 los vuelos anuales que acoge la infraestructura. Por ahora no tienen previsto ampliarlo, en un momento en el que las nuevas generaciones han introducido conceptos como el «flygskam», la vergüenza de volar por las consecuencias dañinas sobre el medio ambiente que tiene la aviación.

Con todo ese mar de fondo, el problema global se traslada a la búsqueda de una solución local para El Prat y está claro que no todos pueden salir ganando. Ponerse de acuerdo para contentar al somormujo, a los vecinos que pasean a la orilla del Llobregat, a los arquitectos que se emboban con la Casa Gomis y a los que fían el progreso económico de Cataluña a una pista más larga va a ser imposible. Alguien tendrá que salir perdiendo, pero nadie está dispuesto a hacerlo y, aunque las fuerzas de unos y otros son desiguales, la batalla será larga.

V. CIUDADES ADAPTADAS AL CAMBIO CLIMÁTICO, PROPUESTAS Y RESISTENCIAS

Antonio Cerrillo

Antonia Vázquez, especialista en medicina intensiva, es una de las expertas que mejor conoce las enfermedades asociadas al calor y una persona sensibilizada por el cambio climático. En su despacho, enfundada de su bata blanca, utiliza un tono grave y mirada fija para hablar de una patología grave: los golpes de calor.

Ella recopiló 49 casos de golpes de calor de personas a las que ha atendido durante 15 años, en el periodo 2003-2017, en el Hospital del Mar de Barcelona. Pero lo que más preocupa a la doctora es que el número de casos está siendo infradiagnosticado.

En el Hospital del Mar, más un tercio de los ingresos por golpes de calor registrados en el período analizado se dio sin que se hubiera decretado una alerta por calor, es decir sin que la temperatura máxima alcanzara el umbral de riesgo; en cambio se dieron temperaturas mínimas por encima del umbral que marca la noche tropical (20º C). Ante esta situación, el Servei Meteorològic de Catalunya ha empezado a actualizar (en algunas comarcas litorales) los avisos de situación de peligro por calor en verano cuando se supera un umbral de temperatura mínima nocturna (pues justamente esas mínimas marcan las situaciones de mayor riesgo).

«Un 90% de los casos se producen en personas con alguna enfermedad crónica, ya sea cardiovascular, psiquiátrica o neurológica, y que toman medicaciones que alteran o pueden afectar a su termo regulación o dificultar la adaptación del organismo, al calor», nos explica la doctora.

El Hospital del Mar de Barcelona es uno de los centros hospitalarios donde proporcionalmente se detectan más casos de golpes de calor en Cataluña. ¿Por qué? Este centro médico cubre una zona socialmente muy deprimida con ancianos y personas con afecciones graves residentes un área depauperada. El barrio del Raval registra temperaturas más elevadas que en otros observatorios de Barcelona.

Los expertos consideran que falta más concienciación sobre los riesgos asociados al calor, pues muchas personas de salud frágil mueren en verano sin que se tenga conciencia de que el factor desencadenante de la muerte es el calor.

«Nuestro sistema sanitario está preparado para afrontar estas situaciones; no estamos como en otros lugares de mundo, pero hay que contar con el personal sanitario», dice Cristina Linares, codirectora de la unidad de referencia en Cambio Climático, Salud y Medio Ambiente Urbano del Instituto de Salud Carlos III. Esta especialista señala que más que el número de muertes por golpes de calor (estadísticamente poco significativo en la mortalidad o morbilidad), lo fundamental es que el personal médico (medicina primaria, enfermería...) sepa que las olas de calor exacerban determinadas enfermedades neurodegenerativas (parkinson, Alzheimer, demencia) o agravan la situación de problemas de riñón. «El personal sanitario debería estar más informado y formado para tener en cuenta qué grupos concentran los mayores riesgos», añade.

El número de defunciones atribuibles al exceso de calor en España en verano de 2022 (desde el 1 de junio y el 30 de septiembre de 2022) se estimó en 4.744 (cálculo que se hace según umbrales basados en riesgos epidemiológicos), según el sistema de Vigilancia de la Mortalidad Diaria, gestionado por el Centro Nacional de Epidemiología (informe MoMo). Y el grupo de mayores de 74 años de edad concentró el 85% de los excesos de defunciones asociadas al exceso de temperatura.

Sin embargo, Cristina Linares cuestiona estos datos, al estimar que el algoritmo sobre asignación de riesgo empleado para obtener estas cifras «está desactualizado». «Se cogen asignaciones de riesgo de casi una década anterior, y vemos que la velocidad del incremento de temperaturas nos está sorprendiendo a los científicos, pues cada verano se vuelven a batir récords», señala.

Los riesgos del calor en verano se amortiguan por el hecho de que la población está mejor informada y existen planes de prevención. Pero esta experta propone que se cuantifique también el número de ingresos hospitalarios, lo que nos daría una verdadera dimensión del problema, pues los ingresos se están desplazando hacia unos grupos de edad que tradicionalmente no se veían afectados, como muchos trabajadores, añade Linares. Repartidores en bicicleta, montadores de instalaciones temporales, barrenderos, monitores de educación, personal de almacenamiento y reparadores de averías forman parte de los grupos más expuestos al calor; es la legión de operarios de actividades irreemplazables en una sociedad que no parece tener descanso ni en verano y que, al menos, se ha olvidado de la siesta.

Por eso, es partidaria de que el informe MoMo actualice estos datos para seguir siendo considerado el informe de referencia (con independencia de si los datos son de los episodios de olas de calor o de todo el período estival), y empezar a cuantificar los ingresos hospitalarios urgentes, para poder así conocer, por ejemplo, la incidencia sobre la salud mental.

Veranos asfixiantes, ciudades como hornos

La percepción popular de que estamos en un entorno urbano cada vez más cálido se confirma con los datos meteorológicos.

El año 2022 fue el año más caluroso registrado en España desde que se iniciaron los registros para el conjunto del país (con series que se remontan a 1961), y el 2023, el segundo más caluroso. De la misma manera, el verano de 2022 fue también el más cálido desde 1961, mientras que el verano del 2023 se situó en el tercer puesto en este particular ranking. Desde 1961 hasta 2023, la temperatura media en la España peninsular ha aumentado 1,6º C, según la Agencia Estatal de Meteorología (Aemet). Éstos son algunos de los múltiples ejemplos del calentamiento en España.

Las temperaturas máximas en España tienden al ascenso, y la previsión es que rozaremos los 50º C en algunos lugares de la Península en las próximas dos o tres décadas, según vaticina Javier Martín Vide, catedrático de Geografía Física de la Universitat de Barcelona y especialista en climatología. El 14 de agosto de 2021, la localidad cordobesa de La Rambla alcanzó la exorbitante cifra de 47,6º C, con lo que consiguió el récord de la temperatura más alta jamás registrada en todo el país.

La temperatura media peninsular de los meses estivales del 2022 (junio, julio y agosto) fue de 24º C, es decir, 2,2º C superior a la del promedio. En cambio, el verano más cálido registrado hasta ese momento (el del 2003) había colocado los termómetros 1,8º C por encima de lo normal

Si las proyecciones se cumplen, veranos como el que tuvimos el 2022 (el más caluroso hasta ahora) o el 2023 (el tercero hasta ahora en el ranking) serán la norma en el horizonte futuro. Siendo así, el caluroso verano del 2022 sería en 2050 un verano del montón. Es decir, lo que ha estado sucediendo en 2022 y 2023 sería algo propio de un verano normal, no un acontecimiento extraordinario. Un verano típico de lo que es esperable dentro de 30 años.

Todo no quiere decir ni mucho menos que cada verano, año a año, vaya a ser más caluroso; no se espera una subida lineal, ya que al proceso de calentamiento causado por el hombre se superponen la variación u oscilación natural del clima, lo que hará que se registren veranos no tan calurosos como los próximos años

Por otra parte, aunque el verano meteorológico comprende los meses de junio, julio y agosto, en España se está constatando además un alargamiento de esta estación en detrimento del otoño y, especialmente, la primavera. Se estima que, desde los años 80 del siglo XX, se han alargado diez días por década los veranos.

Los veranos son sinónimo de olas de calor, algo que se ha constatado estos dos últimos veranos. En el del 2003 hubo tres olas de calor, y entre las tres sumaron 41 días. Es decir, la mitad del verano se vivió una situación extrema y se superó el anterior récord de 29 días (de 2015).

Si en la década de los 70 del siglo pasado tan solo se experimentaron dos olas de calor nocturnas, en la segunda década (la de 1980) se elevaron a 12, en la tercera (la de 1990) a 27, en la cuarta (decenio del 2000) a 82 y en la quinta (2010) a 80.

Renaturalizar las urbes

Y en este contexto, la reflexión es obvia. ¿Están preparadas las ciudades para afrontar un calentamiento que se agrava por las condiciones de isla de calor urbana que crean el asfalto, las combustiones de los motores y otras fuentes de calor que emanan de máquinas o edificios?

Hay que tener en cuenta que las ciudades recurren sistemáticamente al asfalto de color negro, lo cual hace que la tremenda absorción del calor se libere por la noche a la atmósfera. Y, además, se repite el uso del hormigón, una mezcla de arena y cemento, que retiene el calor. Pero entonces, ¿cómo deben adaptarse las ciudades al cambio climático?

Esta es la pregunta que se formulan urbanistas, arquitectos, biólogos y otros planificadores de las urbes del futuro. Y la respuesta es clara: se necesitan ciudades con menos tráfico urbano, con una mayor presencia de zonas arboladas y espacios ajardinados, y una arquitectura donde predominen los edificios bien acondicionados que ahorren energía y que a la vez garanticen un buen aislamiento o aireación, entre otros requisitos fundamentales.

Para paliar el cambio climático, las ciudades deben renaturalizarse, y esta consideración debe estar presente tanto en el momento de plantearse cualquier diseño o reforma como en la fase de construcción de infraestructuras verdes. Por eso, una de las recetas más repetidas es la propuesta de crear espacios verdes y jardines, pero sobre todo zonas arboladas.

Salvador Rueda, director de la Fundación Ecología Urbana y Territorial, sostiene que la prioridad debe ser mitigar las altas temperaturas provocadas por el efecto isla de calor urbano, especialmente en verano.

Por eso, aboga por crear «alfombras verdes» tanto en la superficie urbana, con árboles que proporcionen sombras, como en altura, es decir, en las cubiertas edificadas; y todo ello sin perder de vista la idoneidad de un suelo permeable. En este esquema de soluciones los árboles son un instrumento fundamental. En verano, las zonas resguardadas por los árboles reciben solo entre un 10% y un 30% de la energía solar. La transpiración del agua a través de las hojas también tiene un efecto refrescante y, combinado con la sombra, puede hacer bajar la temperatura 2, 3 o, incluso, 4º C.

«Hoy en día, la renaturalización de las ciudades debe centrarse en el arbolado, y no tanto en las zonas verdes, porque son los árboles los que protegen esos pavimentos en las ciudades y nos defienden del efecto isla de calor», corrobora Manuel Herrero, presidente de la Unión de Agrupaciones de Arquitectos Urbanistas de España.

Por eso, el segundo gran elemento que cita este experto es el uso de los pavimentos permeables, capaces de drenar el agua transfiriéndola al subsuelo y refrescar el ambiente mientras a la vez se respeta el ciclo natural del agua. Es así un suelo fértil los árboles y se atemperan los efectos de los aguaceros.

Un modelo urbano

Para afrontar el calentamiento, arquitectos y urbanistas abogan por consolidar un modelo de ciudad mediterráneo, con un urbanismo compacto, no expansivo, que no se extienda en forma de mancha de aceite y que disponga de varios centros urbanos en los que se dé una mezcla de usos y actividades, porque ésta es la forma en que se fomenta la proximidad y se evitan los desplazamientos innecesarios y por lo tanto se reduce el uso del coche privado. «Lo ideal es que el ciudadano pueda realizar el máximo de actividades andando, lo que supone reducir la necesidad de utilizar el coche particular», dice Marta Vall-llosera, presidenta del Consejo Superior de los Colegios de Arquitectos de España (CSCAE).

Ese ideal de un «urbanismo de proximidad» es el que defiende también Carlos Moreno, asesor de la alcaldesa de París, Anne Hidalgo, autor de *La revolución de la proximidad* (Alianza Editorial) y creador del concepto de la ciudad de los 15 minutos.

Moreno reivindica la idea de transformar nuestras ciudades y territorios para que sean multicéntricos, para que tengan más servicios básicos muy próximos y organizar el funcionamiento de la ciudad, de manera que los ciudadanos puedan cubrir en radios de corta distancia las necesidades fundamentales a la hora de acudir al trabajo, la escuela, los lugares de ocio. La premisa es considerar que la ciudad no es solo un sitio para alojarse, sino el lugar donde es posible hacer las compras o ir al trabajo y que todo ello debería ser posible haciendo menos desplazamientos engorrosos y un mejor acceso al cuidados de la salud, a la educación o la cultura..

De esta manera, no solo se sortea la necesidad de coger el coche sino que se conseguiría que el ciudadano, al mitigar la contaminación y las emisiones de gases, se convierte en un agente activo en favor de prácticas saludables, con una configuración urbana que le permite además disponer de tiempo de calidad y espacios que le invitan a pasear, caminar y hacer ejercicio.

María José Sanz, directora científica del Centro Vasco para el Cambio Climático (BC3), considera que las ciudades deben afrontar de manera integrada las acciones de adaptación y de mitigación (de reducción de emisiones de gases). Cree que es un error considerar por separado ambas acciones. Un ejemplo claro que cita es la rehabilitación de viviendas. Muchas veces la actuación en ellas se plantea como una manera de aumentar la eficiencia energética y por tanto reducir las emisiones de gases invernadero, pero el resultado es también un mejor aislamiento y una mejor adaptación a las temperaturas extremas. «En el ámbito de las ciudades, hay que abordar el cambio climático de forma más integrada, es decir evitar estrategias separadas de adaptación y mitigación; eso facilita la puesta en marcha y el éxito de las medidas, pues se evita la duplicidad de esfuerzos. Sobre todo, cuando los recursos son limitados». Las propias ciudades son conscientes de que ambos procesos deben integrarse», sentencia. «Si no conseguimos que las políticas climáticas de nivel local se integren en las políticas municipales, no avanzaremos a la velocidad que requiere el reto. Y es en este contexto más integrador en el que deben adoptarse las soluciones en los ámbitos de urbanismo o basadas en la naturaleza, la renaturalización, la salud y demás».

Supermanzanas, abrir espacios al peatón

En esta línea se sitúan las soluciones que plantea Salvador Rueda, que defiende la propuesta de supermanzanas, mediante la cual liberando el 70% de la superficie destinada al tráfico urbano se consigue una reducción del 15% de la circulación (sin que pueda acusarse, por tanto, a esta medida de provocar el colapso viario). De esta manera, a la vez se gana espacio viario para el verde urbano y la adaptación al cambio climático mientras que, en paralelo, se corrigen también las disfunciones que tienen nuestras ciudades, pues de deja más espacio al peatón.

En el caso de Barcelona, su plan de supermanzanas consiste en crear agrupaciones de nueve manzanas del Eixample donde se concentra el transporte en las arterias periféricas, de manera que en su interior todo el protagonismo lo gana el peatón en un escenario de espacios verdes, áreas recreativas y con transporte pacificado. En Barcelona, según sus estimaciones, esta fórmula permitiría ganar unos

6,3 millones de metros cuadrados (630 hectáreas), repartidas por toda la ciudad, para uso y disfrute ciudadano.

Sería, además, la manera de asegurar que no se superan los actuales límites europeos de contaminación por dióxido de nitrógeno (40 microg/m^3 de media anual) y los nuevos más exigentes planificados (20 microg/m^3).

La liberación de ese espacio de la vía pública (hoy casi centrado o monopolizado por la movilidad) abre las puertas a incrementar los espacios arbolados, para proporcionar las sombras que se necesitan para atemperar las temperaturas. De esta manera se logra un mejor equilibrio entre el espacio reservado a los coches y a los transeúntes, necesitados de mejor climatización de la ciudad, pues a día de hoy el espacio público es de uso casi exclusivo para la circulación de vehículos.

«El modelo de ciudad mediterránea es una buena referencia para la adaptación al cambio climático», sintetiza Manuel Herrero, partidario también de una ciudad compacta en su morfología, compleja en su organización, eficiente energéticamente y cohesionada socialmente en línea con los postulados de salvador Rueda. No obstante, resalta que cuando hablamos de la ciudad metropolitana hay que referirse a varios centros.

Adaptarse al cambio climático supone también reforzar la prioridad del transporte público, con preferencia por el menos contaminante y que genere menos emisiones y sea más eficiente en términos de población servida y energía consumida.

En esta ordenación ideal, el vehículo privado debería ser siempre eléctrico y preferentemente compartido, con una apuesta clara y contundente por la racionalización necesaria de la distribución de las mercancías, tanto las tradicionales como la que ya está generando el e-comercio.

En este contexto, resulta fundamental facilitar el acceso a las zonas verdes y a los servicios públicos, lo que en la práctica significa crear espacios ciudadanos más amables, favorecer modos de moverse más respetuosos (aceras más amplias, zonas peatonales, carriles bici...) y dar alternativas para que las personas no tengan que coger el coche particular y puedan moverse en transporte público.

Ahora el peatón queda muchas veces relegado. Muchas aceras en las ciudades no tienen ni un metro y medio o dos metros; y además abundan los obstáculos en el estrecho pasillo para los peatones, con motos, árboles y mobiliario urbano que salen a su paso. Vamos literalmente pegados a la gente. Por eso, hay que ganar espacio para el peatón. Sin enbargo, muchos ayuntamientos amagan con medidas simbólicas que pretenden reservar temporalmente un espacio prioritario al peatón pero solo, por ejemplo, los fines de semana. Eso es como dar a entender que las ciudades solo se pueden disfrutar de forma excepcional, y que en el día a día el coche es el que manda en el espacio público. Afirma Adrián Fernández, de Greenpeace.

Obstáculos en el camino

La ciudad adaptada al cambio climático no es una batalla ganada. Fernando Porras-Isla, arquitecto que trabaja en el espacio público de Madrid, coincide en la necesidad de naturalizar la ciudad con especies vegetales estableciendo conexiones entre estos espacios verdes, en las que no solo se garantice la accesibilidad a todas las personas sino que se conformen corredores de flora y fauna donde tenga cabida incluso los insectos polinizadores. Y propugna que todo ello resulte compatible con la creación de espacios singulares, con microclimas que recreen ambientes con una adecuada humedad, lo que exige una buena elección de las plantas, que deben ser escogidas por las personas expertas que vayan a trabajar en la configuración de la obra. Él es uno de los arquitectos que diseñó el parque Madrid Río, un gran parque fluvial que sustituyó a una autopista de circunvalación, que ahora es subterránea. Precisamente el río Manzanares es un claro ejemplo de un espacio renaturalizado en una gran urbe, un lugar que ha visto crecer su biodiversidad a lo largo de varios kilómetros y en pocos años, gracias a la iniciativa de Ecologistas en Acción, que estuvo detrás de ese proceso.

Pero este entorno verde también ha sido un símbolo del conflicto social que a veces comporta la demanda de la población de ciudades arboladas, frente a decisiones políticas que no siempre van en esta misma línea y no le dan a las zonas verdes el valor que le corresponde. La ampliación en Madrid de una línea de metro, cuyas obras se van a realizar dentro de parques, algunos históricos como una arboleda en este parque de Madrid Río, desencadenó en 2023 una gran movilización de miles de personas perjudicadas, tras comprobar que, tras un cambio en el proyecto original, iban a desaparecer más de un millar de árboles maduros de sus barrios. Es justo el tipo de medidas que caminan en el rumbo contrario al que indica la ciencia para un escenario de cambio climático, especialmente dentro de una gran ciudad con olas de calor cada vez más largas e intensas. Conservar espacios ya maduros, que son hábitats de vida, resulta algo fundamental, sobre todo cuando son tan necesarios.

La historia también se escribe con renglones torcidos en otras ciudades españolas donde las autoridades se han encontrado con problemas legales al intentar cambiar el rumbo. Es el caso del gran paseo peatonal de la calle Consell de Barcelona, una de las actuaciones más destacables del mandato del gobierno de los Comunes, que chocó con la justicia. El juzgado contencioso administrativo número 5 de Barcelona obligó al Ayuntamiento de Barcelona a devolver a la calle su estado original antes de estrenarse como emblema de lo que es una «supermanzana». La sentencia dio la razón a un recurso impuesto por Barcelona Oberta, un colectivo de entidades mayormente comerciales, que interpuso la denuncia al considerar que esta transformación no estaba recogida en el planeamiento urbanístico y no respetaba el Plan General Metropolitano (PGM). Así, la sentencia señalaba que Barcelona tiene que deshacer este eje verde de Consell del Cent. En Barcelona Oberta están entre otros, el Corte Inglés, L'Illa Diagonal, el Born Comerç, els Amics de la Rambla, Arenas o l'Associació d'Amics i Comerciants de la Plaça Reial.

Para los residentes en esta zona, no cabe mayor atropello e injusticia que deshacer uno de los escasos ejemplos de la voluntad política de buscar la pacificación del tránsito en Barcelona y devolver espacio al peatón. Cuesta creer que haya personas que no hayan valorado el enorme sobrecoste que tendría el supuesto de levantar las calles de nuevo para devolverlas al coche. Nadie imagina que la calle vuelva llenarse de coches; seguramente ni el propio juez. De hecho, la solución legal era tan simple como modificar el PGM para recoger esta transformación, algo que no se hizo.

Acciones para mejorar la vida en la ciudad

El catálogo de acciones que podrían ser llevadas a cabo en las ciudades para adaptarse al cambio climático es muy extenso y abarca desde refugios climáticos (patios adaptados en colegios, o bibliotecas y otros espacios públicos que asumen esta consideración) hasta la creación de todo tipo de sombras, en las paradas de autobús, por ejemplo.

Otro «truco» es el empleo de pavimentos fríos. Las ciudades se han llenado de granitos o piedras decorativas. Éstos son elementos agradables, duraderos y bonitos; se han puesto de moda en nuestras ciudades, pero tienen un gran defecto; su gran inercia térmica agrava el efecto isla de calor. ¿Y quién no ha sentido que el asfalto es un foco de calor o ha pensado que podría deshacerse como una masa hirviente en plena canícula?

Hay que tener en cuenta que los pavimentos juegan un papel muy importante en el clima urbano debido a que ocupan el 20-40% de área de una ciudad típica. Su gran capacidad para absorber radiación solar y transferir ese calor al aire atmosférico le convierte en elementos que contribuyen altamente a calentamiento urbano. Los pavimentos fríos se obtienen modificando y agregando nuevos materiales en pavimentos convencionales. Hay diferentes tipos de pavimentos fríos, pero todos tienen en común el mismo objetivo: reducir la temperatura superficial del pavimento.

Capítulo aparece merecen los pavimentos reflectantes, que tienen una capacidad mayor de reflejar la radiación que los pavimentos convencionales, con lo que se reducen la temperatura y la liberación de calor. Eso se consigue agregando un revestimiento superficial de color claro y con agregados de color claro. Un inconveniente que tienen los pavimentos reflectantes es el aumento del deslumbramiento.

Mientras tanto, los pavimentos permeables (sistemas urbanos de drenaje sostenible) están llamados a jugar un papel destacado. Son pavimentos que dejan pasar el agua y transmiten el caudal al terreno, con lo que se consiguen efectos muy beneficiosos: ayudan a la naturalización, disminuyen la temperatura del pavimento, reducen las necesidades de dimensionar las alcantarillas y amortiguan la temperatura del aire mediante la evaporación del agua.

De la misma manera, el asfalto poroso, el asfalto recubierto de caucho y los ladrillos de arcilla también aumentan la reflectancia y la porosidad. Otra opción son los pavimentos vegetales, complejos entramados de plástico, metal u hormigón con espacio para que crezca la hierba. Estos pavimentos también suelen pintarse con colores claros que reflejan más la radiación.

A veces las soluciones consisten en ponerle algo de ingenio e imaginación, recurriendo, por ejemplo, a nebulizadores. Por eso, una forma sencilla de reducir los riesgos es refrescar un poco a los peatones con nebulizadores (o fuentes) en los lugares donde el calor es más intenso. Estos nebulizadores consumen un volumen mínimo de agua, por lo que son viables incluso en zonas con recursos hídricos limitados.

En otras ocasiones ésta es una oportunidad de embellecer la ciudad. Los edificios absorben mucho sol y mantenerlos frescos puede resultar inviable. Por eso, una forma de conseguirlo es plantar jardines verticales, decorar la fachada del edificio con una amplia variedad de plantas, cuyas hojas, ramas y follaje son un escudo protector para frenar la insolación y prevenir que la fachada del edificio se calientan en exceso. Se consigue, además, de esta manera refrigerar el entorno y liberar agua mediante el proceso de evapotranspiración de plantas; y de todo ello hay interesantes ejemplos en Madrid o Barcelona.

La arquitectura y la rehabilitación energética

La lucha contra el calentamiento debería plantarse desde la planificación urbana en sus diferentes escalas (barrios, equipamientos...) incluyendo no solo el diseño de los espacios públicos sino considerando la tipología de edificación, pues «un mal diseño lo complica todo», explica Manuel Herrero, presidente de la Unión de Agrupaciones de Arquitectos Urbanistas de España).

Por eso, el mundo de la arquitectura también tiene mucho que hacer a favor de una mejor adecuación al calentamiento en las ciudades. De hecho, el primer problema es que España tiene un parque edificado muy antiguo, que consume mucha energía y emite elevadas cantidades de emisiones de gases invernadero.

Los expertos juzgan prioritario mejorar la envolvente del edificio, potenciar el aislamiento térmico de los elementos exteriores, como cubiertas y ventanas; asegurar la protección solar con persianas y toldos, o instalar dobles vidrios, todo ello para lograr un buen aislamiento. Una buena disposición de la ventilación cruzada o la defensa de la casa con balcones con arbustos y plantas también resultan eficaces.

Se estima que de las prácticamente 25,7 millones de viviendas que existen en España, un 55% necesitarían mejorar su eficiencia energética porque fueron levantadas antes de que se aprobaran las primeras normativas al respecto en el año 1979. Escasamente medio millón de viviendas son absolutamente eficientes energéticamente (las de una calificación A). «Necesitaríamos rehabilitar energéticamente con urgencia casi 10 millones de viviendas», dice Manuel Herrero para resaltar las múltiples consecuencias que ello supone (falta de confort de la vivienda, impactos ambientales, necesidades de sustituciones sistemas de calefacción y demás) y el largo listad de actuaciones necesarias para la puesta al día de los edificios.

Para Herrero, es clara la prioridad que deben tener las actuaciones para mejorar la envolvente del edificio, su «caparazón» (fachadas, cubiertas y techos, ventanas y acristalamientos y aislamiento térmico en las paredes); y en este sentido defiende los sistema de aislamiento térmico exterior (revestimiento con varias capas aislantes, como fibra de vidrio...), todo ello para mejorar la eficiencia energética de las edificaciones a la par que se renueve su aspecto exterior.

Marta Vall-llosera dice que mejorar esa eficiencia energética exige analizar de manera particular cada inmueble o edificación porque no se pueden generalizar soluciones, aunque la premisa fundamental es lograr una reducción de la demanda energética aportando soluciones que tengan recorrido en el medio y largo plazo.

La arquitectura ha estado tradicionalmente muy interesada en los aspectos estéticos, de diseño y también funcionales, pero ahora cada vez más se ve condicionada por las nuevas exigencias que vienen de la UE, que demanda una nueva manera de construir y se ha marcados unos objetivos de descarbonización para el 2050, lo que supone tomar en consideración otros parámetros.

«Nos estamos planteando otra manera de construir y ya estamos levantando nuevos edificios con unas normativas que nos llevan a edificios de consumo casi nulo», apunta Vall-llosera.

De cara al futuro, el gran reto será abordar la rehabilitación del parque edificado, lo que supondrá tener en cuenta qué materiales se van a utilizar, qué procesos se han empleado en su fabricación (evaluando su huella de carbono en cuanto a las emisiones de gases de efecto invernadero) y cuál va a ser la duración de la vida útil del edificio garantizando una mantenimiento eficaz y fácil.

En suma todos estos criterios deberían tener en cuenta desde el mismo momento de la concepción de los proyectos y hasta la fase de demolición de ese edificio pensado en reutilizar esos materiales y darles una segunda vida.

Y otro campo de desarrollo, que tiene que ver con la mitigación del calentamiento, es el desarrollo del autoconsumo con renovables, incluidas las comunidades energéticas, en la que sus miembros planifican y ponen en marcha las medidas para implantar las energías renovables. Herrero recuerda en este punto que hay restricciones para estas instalaciones en centros urbanos históricos (por razones paisajísticas y de protección de paisaje urbano) por lo que propone una modificación legal para ampliar el radio de estas agrupaciones para que puedan ubicarse fuera de estos centros y beneficiar incluso a sus residentes.

Participación social

Un modelo de ciudad adaptada a la emergencia climática también requiere la participación de sus vecinos. Las asociaciones vecinales han sido pioneras muchas veces a la hora incorporar proyectos e iniciativas ambientales protegiendo espacios públicos amenazados por la construcción de urbanizaciones desde los 80. Existe una herencia histórica del movimiento vecinal vinculada a la protección de los espacios naturales y a la divulgación y socialización de las cuestiones ecologistas nos recureda José Luis Fernández, responsable de huertos urbanos en la Federación Regional de Asociaciones Vecinales de Madrid.

En estos últimos años, los vecinos se han preocupado por incorporar acciones innovadoras; en el caso de Madrid, el foco está en la agricultura urbana. «Pensamos que en el escenario de crisis ecosocial en el que estamos y con un contexto de crisis energética, las ciudades van a tener que repensar todo el funcionamiento de sus sistemas alimentarios», apunta.

En Madrid se empezó con la iniciativa de la red de huertos comunitarios desde hace más de una década. «Empezó como un proyecto vecinal pero hace 8 años se consiguió que estos huertos fueran reconocidos por el Ayuntamiento», comenta Fernández. Actualmente, hay registrados un total de 70 huertos comunitarios en Madrid, los más grandes alcanzan los 1.500 metros cuadrados.

VI. EL DERECHO A UN AIRE LIMPIO EN CALLES Y PLAZAS

Carlos Fresneda

Todos tenemos derecho a respirar un aire limpio. Aunque vivamos en una ciudad, como más de la mitad de población mundial. Aunque tengamos que abrirnos paso todos los días en la marabunta motorizada de más de medio millón de vehículos, como los que circulan a diario por Barcelona. Aunque nos veamos obligados a movernos por el trabajo o para llevar a los niños al colegio en la calle Aragó, la autopista urbana por excelencia en la ciudad condal, encajonada entre el mar y la montaña, que actúa como «pantalla» y ayuda a convertirla en una de las ciudades más contaminadas de Europa...

Contra todo esto se rebeló en el 2019 el emprendedor catalán Román Martín Valldeperas. Harto de leer titulares como «La justicia europea condena a España por la polución sistemática en Madrid y Barcelona», Román decidió pedir «justicia» por su mano y se convirtió en el primer ciudadano español en presentar una demanda contra su propio Ayuntamiento por la contaminación.

Se apoyó entre otros argumentos en las 3.500 muertes prematuras cada año en el área metropolitana de Barcelona a las que contribuye la mala calidad del aire. Recalcó el impacto que la contaminación tiene especialmente en la población infantil. Aportó el testimonio de expertos que apuntaron al tráfico rodado como el mayor causante del problema. Y recordó cómo la ciudad llevaba superando desde el 2010 los niveles máximos permitidos por la normativa europea (40 microgramos de dióxido de nitrógeno por metro cúbico).

«Lo que reivindico es el derecho a la salud, que debería ser igual para todos», asegura Román, de 51 años, que sacó a sus dos hijas del colegio de la calle Aragó y dejó finalmente Barcelona pensando sobre todo en ellas. «Yo me acabé marchando de la ciudad, pero me resisto a que tengamos que seguir tragando con la consigna: "Si quieres aire limpio, vete al campo"».

Su denuncia fue admitida a trámite, y aunque el juez no le dio la razón, decidió llevar la batalla legal hasta el Supremo y finalmente ante el Tribunal Constitucional, alegando precisamente el principio de «igualdad de todos los ciudadanos ante la ley», independientemente de que vivan en el campo o en la ciudad.

Su esperanza es que otras personas hagan lo mismo y reivindiquen ante los tribunales el derecho al aire limpio, como ya ha ocurrido en países como Alemania o el Reino Unido. La demanda de Román forma de hecho parte de una ola de activismo contra la contaminación en Barcelona, con asociaciones como Stop Contaminació o Eixample Respira (que reivindica precisamente la reconversión verde del socorrido carrer d'Aragó y su entorno). Sostiene Román Martín que todo lo hecho en los últimos años por la ex alcaldesa Ada Colau, de las «superilles» o las «supermanzanas» a la Zona de Bajas Emisiones (ZBE) no es suficiente. En su demanda pedía la implantación de un «peaje de congestión» al entrar en Barcelona y al estilo del implantado por Ken Livingstone en Londres en el 2003.

«Esa sí que sería una auténtica medida disuasoria», asegura. «Se trata de ser fiel al principio de quien contamina, paga. Y podría ser también una medida más inclusiva, dejando por ejemplo exentos del pago a la gente con rentas más bajas que no puede permitirse cambiar de coche o no tiene suficiente acceso al transporte público».

Román tiene coche, por cierto, y lo utiliza ocasionalmente para volver a su ciudad por motivos de trabajo (aunque teletrabaja al menos «3 de cada 5 días», como él mismo revindicó en una campaña tras la pandemia). «El coche sigue siendo un gran invento», sostiene. «Pero hay que armonizar su uso y fomentar las alternativas, aunque sin llegar a ser radical y convertirlo en el enemigo».

Su denuncia fue propiciada entre otras cosas por la violación «sistemática y continuada» de los niveles máximos de contaminación en la ciudad entre el 2010 y el 2018, según una sentencia de Tribunal de Justicia de Luxemburgo que incluía también a Madrid y al Baix Llobregat. Los confinamientos durante la pandemia supusieron un auténtico «stop» a la contaminación, pero Barcelona volvió a pisar el acelerador de los malos humos en el 2022.

El 2024 arrancó sin embargo con buenas noticias: la ciudad cumplió con la normativa europea y hasta el contaminado Eixample registró niveles de 35 microgramos de dióxido de nitrógeno (NO_2) por metro cúbico en 2023 (el tope legal anual son 40 microgramos por metro cúbico). La implantación de la Zona de Bajas Emisiones (que afecta sobre todo a los vehículos más contaminantes, como los diésel matriculados antes del año 2006 o de gasolina previos al año 2000) se interpreta como el factor principal.

El actual alcalde, el socialista Jaume Collboni, no podrá dormirse en los laureles, ya que en el 2030 los niveles máximos permitidos se reducirán a la mitad (20 microgramos de NO_2 por m^3), por encima aún los de los 10 microgramos recomendados por la Organización Mundial de la Salud (OMS).

Román Martín piensa llegar en cualquier caso hasta las últimas consecuencias con su batalla en los tribunales porque considera que estamos ante «un logro a medias» que no tiene en cuenta otros elementos contaminantes como las partículas en suspensión o el dióxido de azufre.

«A pesar de este progreso, hay muchas preguntas a las que el Ayuntamiento no ha respondido», advierte Román. «¿Cuál es el nivel de contaminación en las arterias más transitadas de la ciudad? ¿Por qué no se sitúan las estaciones en los puntos de mayor tráfico, como exige la legislación europea? Al no abordar estos puntos críticos, el Ayuntamiento no solo se engaña a sí mismo, sino que engaña a los ciudadanos de Barcelona».

El auténtico reto en los próximos años, en su opinión, será la «monitorización» y la «transparencia», facilitando el acceso de los ciudadanos a la información que garantice el cumplimiento de los estándares europeos: «Solo así Barcelona podrá celebrar un verdadero avance en su lucha por una aire limpio y seguro para todos sus habitantes».

Madrid inició por su parte el 2024 con la extensión de la Zona de Baja de Emisiones a sus 21 distritos y la noticia del cumplimiento con la normativa europea por segundo año consecutivo (y después de una década de «incumplimientos»). «Madrid tiene otro aire, más limpio y saludable», se jactó el alcalde José Luis Martínez-Almeida, del Partido Popular, que llegó al poder fustigando el «Madrid Central» impulsado por su predecesora Manuela Carmena.

Martínez-Almeida ha querido demostrar su conversión «verde» con su estrategia de sostenibilidad ambiental Madrid 360, pero lo cierto es que la capital ha quedado rezagada frente a muchas ciudades españolas y europeas en el capítulo de la movilidad activa.

Madrid sigue sin tener a estas alturas una auténtica red de carriles-bici en el centro de la ciudad (¿cuánto tiempo más habrá que esperar a un carril segregado en la Castellana?). El uso de la bicicleta eléctrica pública, Bicimad, cayó en desgracia en el 2023 por los fallos técnicos. No se han producido grandes avances en el tránsito peatonal y se dado incluso un retroceso en medidas de pacificación del tráfico alrededor de los centros escolares. Se siguen construyendo entre tanto nuevos aparcamientos de gestión privada que atraerán más tráfico urbano.

La notable mejora de los índices de contaminación alrededor de la Plaza de España, que sí ha experimentado una transformación peatonal acorde con los nuevos tiempos, debería marcar el horizonte. Madrid parte con la ventaja de una gran red de transporte público, pero el tráfico privado en insufrible en las «horas punta» y tiene aún el reto el desafiar el tópico de «No es ciudad para bicicletas» por su peculiar orografía.

La contaminación mata

Ella Kissi-Debrah tenía nueve años cuando falleció de «un agudo fallo respiratorio». La niña jovial y atlética contrajo el asma dos años antes de su muerte en el 2013 y pasó hasta 27 veces por el hospital. «Vivíamos en Lewisham, a 25 metros de la South Circular, una de las rutas más contaminadas de Londres», recuerda su madre, Rosamund. «Descubrimos que los niveles de dióxido de nitrógeno y de partículas en suspensión eran hasta 2,5 veces superiores a los límites recomendados por la OMS, y ese fue el aire que mi hija respiró en su corta vida».

En memoria de su hija, Rosamund inició una batalla legal sin precedentes que culminó en el 2020, cuando el juez Philip Barlow reconoció que su fallecimiento se debió «al asma causado por su excesiva exposición a la contaminación». Y así consta ahora en su certificado de defunción: la primera muerte en el mundo atribuida oficialmente a ese «asesino invisible» que campa a sus anchas en nuestras ciudades.

La contaminación contribuye todos los años a siete millones de muertes prematuras en todo el planeta, según la OMS. En Europa se estima que son 400.000 los fallecimientos anuales, y 30.000 en nuestro país. El 98% de los europeos vive en áreas donde se superan los límites recomendados, y el 49% de los españoles respira un aire contaminado dos veces por encima de esos niveles, según una investigación de The Guardian.

El 5% de los casos de cáncer registrados en la UE «pueden atribuirse al efecto de la contaminación», de acuerdo con los máximo expertos en oncología reunidos en el 2023 en Madrid. Y la situación es especialmente alarmante en las megaciudades de América Latina, África o el sureste asiático, tanto en el exterior como en el interior de los hogares (donde se sigue usando en muchos países el carbón). En Delhi, los límites de la OMS se superan hasta más de 20 veces y la esperanza media de vida se ve reducida en casi doce años.

Rosamund Adoo Kissi-Debra, la madre de la niña «muerta por contaminación» en Londres, creó la Fundación Ella Roberta para dar un sentido a la pérdida prematura de su hija. La OMS la distinguió como embajadora «BreatheLife» y en el 2024 ha visto culminado su empeño con la celebración de la segunda conferencia mundial de Contaminación del Aire y Salud en Ghana, de donde vienen sus ancestros.

Rosamund se ha convertido en compañera inseparable de la asturiana María Neira, directora del departamento de Salud Pública y Medio Ambiente de la OMS, a quien suele referirse cariñosamente como «mi jefa». «Rosamund está con nosotras para recordarnos la razón por la que hacemos todo esto», advierte la doctora Neira. «Es el momento de conectar la contaminación del aire con la salud real, y recordar la tragedia de las siete millones de muerte prematuras todos los años a las que tanto contribuyen la quema de combustibles fósiles».

Moms for Lungs en el Reino Unido, Moms Clean Air Force en Estados Unidos, Worrior Mums en India... El movimiento de las madres por un aire limpio va sumando miles de adeptos en todo el mundo, mientras se extienden los casos de padres que llevan a los tribunales a los Gobierno locales o nacionales por no adoptar medidas contra la contaminación.

«Tardaremos más o menos, pero esta lucha se va a ganar», asegura María Neira. «Cada vez está más claro el coste que la contaminación tiene en nuestros pulmones y en nuestros bolsillos. Los políticos no pueden seguir ignorándolo y alegar: "No lo sabíamos"».

La OMS considera la contaminación como «el tabaco del siglo XXI», y la española María Neira se ha convertido en la máxima referencia de la salud ambiental; siempre recuerda que con el 75% de los subsidios a los combustibles fósiles se cubriría el 75% de gasto sanitario mundial.

Neira no se cansa de resaltar la conexión que existe entre los dos grandes problemas ambientales: la contaminación del aire y el cambio climático... «Estamos hablando de dos tipos distintos de emisiones, pero la causa es la misma y las soluciones van también de la mano».

Teniendo en cuenta que el 70% de la población mundial vivirá en ciudades en el 2050, María Neira recalca lo importante que es la «planificación saludable de las zonas urbanas», la necesidad de poner coto al coche privado, de fomentar el transporte público y la movilidad activa, y de facilitar el acceso de la población a zonas verdes.

«Los ciudadanos acabarán apreciando los beneficios», alega ante los brotes de «resistencia» que se han producido en algunas localidades españolas. «Estamos ante un problema no solo ambiental, sino fundamentalmente de salud. La manera de ganar este debate es preguntando a la gente: «¿Usted prefiere respirar un aire contaminado o un aire no contaminado?».

A diferencia del tabaco, cuyos efectos nocivos se conocen desde hace décadas, el verdadero impacto de la contaminación y su contribución a enfermedades respiratorias, cardiovasculares, cerebrovasculares y cognitivas ha empezado a trascender en los últimos años. La contaminación mata, como mata el tabaco. El problema es que en las ciudades, de algún modo, todos somos «fumadores pasivos»...

La preocupación por los efectos múltiples de la contaminación —que puede contribuir a los infartos, a los ictus y a los cánceres de pulmón— ha crecido en paralelo al aumento de las partículas en suspensión (en especial, las de un diámetro de 2,5 micras o menos), del dióxido de nitrógeno (NO_2), del ozono troposférico y del dióxido de azufre (SO_2). Esos son los ingredientes principales del «cóctel tóxico» que envuelven como en una burbuja a nuestras ciudades y que tiene principalmente su origen en la quema de combustibles fósiles (con mención especial a los motores diésel).

La mala calidad del aire agrava las condiciones preexistentes o puede ser el detonante de afecciones en las vías respiratorias como el asma y agravar infecciones como la neumonía y la bronquiolitis. Cada vez hay más estudios que relacionan la contaminación con enfermedades neurológicas y con daños en el sistema reproductor de las mujeres.

Uno de los campos de investigación donde más se está avanzando es precisamente en los efectos de la contaminación sobre el embarazo, y las complicaciones que pueden surgir durante la gestación: desde problemas de crecimiento a trastornos neurológicos. Un estudio de la universidad de Pittsburgh, publicado por Science Daily, concluye que la exposición a altos niveles de partículas en suspensión por madres embarazadas y en los niños de dos años puede incrementar los riesgos de autismo.

Los efectos de la contaminación en la población infantil preocupan especialmente a los expertos. Se estima que más del 90% de los menores de 15 años (unos 1.800 millones de niños y niñas) respiran un aire contaminado que puede poner en riesgo su salud. Un equipo dirigido por Jordi Sunyer, del Centro de Investigación y Epidemiología Ambiental (CREAL), reveló que los alumnos de colegios cercanos a carreteras o calles con mucho tráfico tienen un desarrollo cognitivo más lento que los estudiantes que no están expuestos al mismo nivel de tránsito rodado.

«Ni un paso atrás»

Paradójicamente, la pandemia dio un respiro a nuestras ciudades. Bajaron las emisiones de todo tipo, el aire se hizo más limpio y se ganó espacio para bicicletas y peatones a golpe de «urbanismo táctico». Pasada la alerta sanitaria, decenas de ciudades decidieron sin embargo emprender el camino inverso e iniciar la «marcha atrás» de la movilidad sostenible. La consigna ha sido desde entonces levantar las restricciones al tráfico, demorar la implantación de «zonas de bajas emisiones» (ZBE) y convertir la acción ante la contaminación y el cambio climático en arma arrojadiza de la guerra cultural.

En Elche y Logroño se eliminaron varios carriles bus, en Valladolid se suprimieron carriles-bici, en Madrid y Barcelona se revisaron los programas de protección de los entornos escolares, en Murcia se renunció a amplios espacios peatonales, mientras que Gijón y Badalona se convirtieron en bastiones de la resistencia a las ZBE.

La «lista negra» se extendió a otras ciudades como Bilbao, Málaga, Castellón o Coslada, en un preocupante efecto dominó como contrapunto a los avances logrados por el «urbanismo táctico». El repunte de las emisiones de CO_2 vino acompañado de una especie de revancha de la cultura del coche, como si volviera a campar a sus anchas el viejo lema publicitario de «Contigo al fin del mundo»...

Medio centenar de asociaciones dieron la voz de alarma en el otoño del 2023 y convocaron manifestaciones en toda nuestra geografía bajo la consigna «Ni un paso atrás». La propia vicepresidenta tercera y ministra para la Transición Ecológica, Teresa Ribera, tuvo que llamar a capilla a los alcaldes renuentes y advertir que todas estas medidas —impulsadas principalmente por ayuntamientos de derechas— tienen un grave impacto en la calidad del aire y de la mitigación del cambio climático.

«Varios ayuntamientos han anunciado medidas que suponen un claro retroceso y existe el riesgo de una involución que estamos viendo también en otros lugares de Europa», recalca Cristian Quílez, responsable de políticas públicas y gobernanza climática de ECODES. «Pero la polarización y el uso partidista de la cuestión va en detrimento de todos. La calidad del aire, como el cambio climático, no puede entender de ideologías».

Quílez recuerda cómo ECODES ofreció a los 151 ayuntamientos en cuestión un folleto informativo sobre las Zonas de Bajas Emisiones para concienciar a los ciudadanos.... «Pero no les interesó comunicar la medida en ese momento. Y aunque se han producido avances, apenas hay campañas de sensibilización sobre los riesgos de las emisiones contaminantes, y menos aún sobre las ventajas y beneficios para todos que tienen las medidas que contribuyen a reducirlos».

«Si algo bueno tuvo la pandemia, fue que la población empezó a preocuparse más por la salud, y ahí entra la contaminación atmosférica», recuerda el portavoz de esta organización radicada en Zaragoza. «Las ciudades entendieron esa situación como una oportunidad para transformarse, auspiciadas en ese contexto por el horizonte de cambios impulsado por Europa».

«Sin embargo, ahora corremos el riesgo de perder todo lo ganado para dárselo de nuevo a los vehículos contaminantes», concluye Quílez, que recuerda cómo las mismas tensiones se están produciendo en otros lugares como el Reino Unido, con la campaña contra la Zona de Emisiones Ultrabajas (ULEZ) impulsada por el alcalde laborista Sadiq Khan y boicoteada por el Partido Conservador.

En Londres se celebró precisamente uno de los últimos encuentros Clean Cities, una alianza de 70 grupos de toda Europa, aunando esfuerzos para lograr la descarbonización del transporte urbano en el 2030. «El transporte es responsable de un tercio de las emisiones de gases invernadero, y en las ciudades ese porcentaje sube especialmente por el abuso del coche privado», advierte Carmen Duce, coordinadora de Clean Cities para España y de movilidad y transporte en Ecologistas en Acción.

«En España partimos de la ventaja de vivir en centros urbanos muy compactos que encajan en el molde de las "ciudades 15 minutos"», recuerda Carmen Duce. «La mayor parte de los trayectos diarios se hacen caminando, o combinando caminar con el transporte público. Sin embargo, el coche privado sigue ocupando el 68% del espacio público, y a esa ocupación se suma ahora la invasión de los SUV de 2.000 kilos que pasan el 90% del tiempo aparcados».

«Por eso no entendemos que haya ayuntamientos que, en vez de reducir el espacio para los coches y ampliar el espacio para los peatones o para las bicis, estén haciendo justamente lo contrario», asevera la coordinadora de Ecologistas en Acción, que anticipa una cascada de acciones legales y denuncias ante la Comisión Europea por el uso inadecuado de los fondos europeos de movilidad sostenible.

Una de esas «soluciones» —tanto para el cambio climático como para la contaminación— es precisamente la creación de las zonas de bajas emisiones. Un total 151 ciudades españolas de más de 50.000 habitantes (o más de 20.000 con mala calidad del aire) estaban obligadas a implantar las ZBE a lo largo del 2023 en cumplimiento de la Ley del Cambio Climático de 2021.

Un largo centenar de ellas seguían en trámite en el arranque del 2024 y algunas decidieron reducirlas al mínimo o demorar su implantación, alegando el impacto en el bolsillo de los ciudadanos (en plena «crisis del coste de la vida") o la falta de alternativas al coche privado. Las redes sociales han contribuido entre tanto a «ideologizar» lo que está ocurriendo como una «guerra contra los automovilistas» y como un ataque contra la libertad de movimientos (hasta el punto de equiparar el concepto de las «ciudades de 15 minutos» con los «confinamientos climáticos»).

Grupos como la Red de Ciudades que Caminan insisten sin embargo en que detrás de todas las medidas para calmar o restringir el tráfico no existe «una filosofía anti-coches", sino más bien un esfuerzo para recuperar el espacio público y hacer que las ciudades sean más vivibles, respirables y saludables.

«La propulsión del coche siempre produce contaminación, sea esta aérea, acústica o visual», advierten, en una crítica que incluye también la irrupción del coche eléctrico. «La contaminación del aire está suficientemente descrita y es evidente en los vehículos movidos gracias a los derivados del petróleo. Si bien en las pequeñas ciudades casi siempre se nota un poco menos, en las grandes provocan auténticas boinas asfixiantes, una polución que en definitiva convive con el ser humano y provoca desastres en la salud».

La Red de Ciudades que Caminan impulsa la así llamada «buena movilidad», con prioridad para los peatones y con «un nuevo estatus para el coche», en calidad no de «invasor» (como hasta ahora) sino de «invitado» a ese espacio público que es la calle y que nos pertenece a todos.

Pontevedra y Vitoria

El «metro» de Pontevedra es tal vez el más original del mundo. Se «inauguró» en el 2011, sin necesidad de abrir una sola zanja en el abigarrado centro de la ciudad gallega. Las «líneas» del Metrominuto, que así se llama, son en realidad paseos peatonales que parten de la Plaza de la Peregrina rumbo a la estación, a la Xunta Campolongo, al Club Naval o al Puente Santiago.

Apenas 25 minutos bastan para atravesar a pie la ciudad, siguiendo las líneas de colores que emulan a las del metro de una gran ciudad. Cualquier habitante o visitante de la ciudad no tiene más que seguir las rutas marcadas para calcular los minutos que se tarda en llegar a cualquier destino, a paso más o menos ligero, desgastando las suelas por el empedrado y sin tener que codearse con los coches.

«Metrominuto» nació en el laboratorio de ideas sobre la movilidad de Pontevedra, que recibió el Premio Hábitat de Naciones Unidas y ha servido de modelo a decenas de ciudades dentro y fuera de España, prestas emular esos mapas que miden los metros y los minutos y sirven de estímulo para eso que llaman la movilidad activa.

Tres de cada cuatro desplazamientos en Pontevedra son a pie o en bicicleta. Las emisiones de CO_2 han caído un 70% y la contaminación se ha reducido un 61%. El comercio local se ha recuperado y la ciudad ha ganado más de 12.000 habitantes (83.000 según el último censo). En quince años no ha registrado un solo accidente mortal de tráfico.

Pontevedra dio el «volantazo» hacia la movilidad sostenible en 1999, tras la elección como alcalde del médico y político Miguel Anxo Fernández Lores (del Bloque Nacionalista Gallego). Como Jaime Lerner en la ciudad brasileña de Curitiba, Fernández Lores impulsó la transformación de su ciudad por la vía rápida: en apenas un mes se peatonalizaron 300.000 metros cuadrados en el centro histórico.

Hubo brotes de resistencia entre la ciudadanía, y sobre todo entre los automovilistas, pero el cambio se fue imponiendo por sentido común y a la vista de los resultados (y el hecho de que Fernández Lores haya sido reelegido sucesivamente desde entonces es la mejor prueba).

El alcalde de Pontevedra despacha habitualmente con la prensa internacional, que acude a dar constancia de la silenciosa metamorfosis de la ciudad decadente y conservadora, a la eterna sombra de Vigo. Fernández Lores recuerda cómo bajo su ventana desfilaban hasta 14.000 coches todos los días, y cómo decidió convertir el espacio público para los residentes y recuperar las calles y las plazas en lugares de encuentro.

A Fernández Lores le gusta recordar que lo que los conductores consideran como un «derecho» (poder llegar con su coche a cualquier parte) es en realidad un «privilegio». El objetivo principal fue acabar sobre todo con el tráfico de paso y con la busca de aparcamiento. La peatonalización del centro llegó de hecho acompañada de la creación de plazas de aparcamiento de uso gratuito en la periferia, para incitar a sus paisanos a bajarse del coche.

Lo que le motiva al alcalde de Pontevedra no es tanto ver las cosas que están en marcha, sino «emprender y rematar cosas nuevas», y en eso anda precisamente, dando vueltas a cómo usar los fondos europeos

Next Generation para ampliar las sendas periurbanas, y recuperar el borde del río para los peatones, y cambiar el aislamiento térmico de los edificios, y caminar por la senda de la energías limpias.

La otra ciudad española que sigue convocando titulares en los medios internacionales es Vitoria, gracias al impulso que durante dos décadas le dio otro alcalde visionario, José Ángel Cuerda, del PNV. Entre 1979 y 1999, la capital del País Vasco se adelantó a la transición ecológica y se convirtió en modelo de ciudad habitable y a escala humana con sus 250.000 habitantes.

Vitoria fue pionera en la creación del «anillo verde», reconocida por la FAO como entre las 15 mejores iniciativas urbanas del mundo. La iniciativa surgió en los años noventa con el objetivo de restaurar, recuperar y conectar la periferia, con criterios ambientales y sociales, anticipándose también a la tendencia de la renaturalización y la recuperación de la biodiversidad en las ciudades.

En el 2012, Vitoria fue distinguida como capital verde europea, por delante de Barcelona, Malmö o Reikiavic. La ciudad vasca llevaba ya seis años abanderando la acción ante el cambio climático, con su Plan Estratégico de reducción de emisiones y el impulso a la movilidad sostenible, con sus tranvías futuristas, la red de carriles-bici y el celo especial en el tratamiento de los espacios públicos (los desplazamientos en coche se han reducido al 20%).

Con 50 metros cuadrados de espacios verdes por habitante, pocas ciudades pueden rivalizar con la segunda vasca, robando protagonismo a Bilbao (y con el permiso de San Sebastián). El aire que respiran sus vecinos está también entre los de mejor calidad de las ciudades europeas. La capital alavesa ha ido también por delante en la lucha contra la contaminación acústica, con la elaboración periódica de «mapas de ruido».

Vitoria se ha adherido a la «Declaración de Ciudades climáticamente neutras en el 2030», con una hoja de ruta para la descarbonización plasmada en el Plan de Acción de Transición Energética Integrada, que incluye una estrategia municipal de autoconsumo fotovoltaico. El barrio de Coronación se convirtió por sus parte en laboratorio de «rehabilitación energética» con el proyecto SmartEnCity. El Ayuntamiento ha embarcado en la transición ecológica a la iniciativa privada y a las empresas en la Comunidad Pacto Verde.

La ciudadanía ha recogido el testigo con iniciativas como la red de huertos urbanos de Zabalortu o la creación de Basalea, el centro de empresas locales agroecológicas y los incentivos al cultivo y venta de productos ecológicos de kilómetro cero.

Al cabo de cuatro décadas de transformación urbana, Vitoria sigue siendo un auténtico vivero de iniciativas innovadoras como Activa tu Barrio, para la creación de entornos amigables para los mayores, con una red de «itinerarios seguros» para fomentar la «movilidad activa» más allá de los sesenta, y contribuir de paso a un aire más limpio.

Vitoria y Pontevedra son de alguna manera nuestras propias versiones, a menor escala, de Amsterdam y Copenhague, las dos ciudades europeas que se adelantaron a los tiempos y pisaron el embrague para bajar de marcha y marcar el camino hacia la movilidad sin humos.

VII. LA REGIÓN DE BARCELONA SE ASOMA AL ABISMO CON SEQUÍAS REPETIDAS Y AMENAZANTES

Guillem Costa y Antonio Cerrillo

Los coches avanzan lentamente, uno tras otro, pacientes, y van trazando las curvas cerradas que conducen hasta el embalse de Sau (Vilanova de Sau, Osona, provincia de Barcelona). La carretera es angosta y la cantidad de vehículos que pretenden alcanzar el pantano es ingente. Cinco giros antes de llegar a la presa, ya se vislumbra la esbelta figura del campanario de Sant Romà de Sau, testigo del pequeño núcleo medieval que quedó sumergido bajo las aguas con la construcción de la infraestructura en 1962. No solo se observa la torre: se puede ver la vieja iglesia entera, de arriba a abajo y su espacios colindantes. El encuadre es poco habitual, puesto que normalmente, si las reservas se encuentran en una situación aceptable, solo se intuye la punta del campanario; el resto queda cubierto por el agua. Sin embargo, con el descenso de caudales del río Ter, esta triste postal se ha convertido en el nuevo paisaje habitual. A lo largo de los años 2023 y 2024, el turismo de sequía se ha consolidado en Cataluña.

¿Cómo debía de ser, décadas atrás, este pueblo rural antes de que fuera sumergido por las aguas del embalse? Bajo el silencio solitario, solo interrumpido de forma intermitente por el canto áspero del arrendajo, es posible imaginarlo. Ahora, en fin de semana, el ajetreo enturbia la paz que solía reinar en esta panorámica melancólica. Hay coches aparcados por todas partes. La gente pasea y se hace fotos. Algunos se atreven a acercarse a la iglesia en ruinas e incluso meten los pies en el agua. La Generalitat se ha visto obligada a regular el acceso al pantano con funcionarios y carteles que advierten del riesgo de quedar hundido en los fangos, como si se tratara de arenas movedizas. Pero este fin de semana, los visitantes colapsan este pantano que abre telediarios y ocupa portadas de periódicos.

La situación ha llegado a ser tan grave, con reservas al 2%, que las autoridades tuvieron que organizar un plan para capturar los peces y evitar que el agua perdiera calidad y se quedara sin oxígeno. Existía el temor de que, con el calor, la masa de agua se estratifique y los peces mueran y se pudran. La misión de los pescadores de agua salada contratados para la tarea era clara: debían zarpar, lanzar sus redes y eliminar todo lo que pesquen. Un ejército de especies invasoras coloniza Sau desde hace años, a causa de la pesca deportiva. Luciopercas, alburnos, carpas y los gigantescos siluros lideran este batallón peligroso para los ecosistemas fluviales que ahora, en plena sequía, pone en riesgo el buen estado del agua. Antonio Navarro, el pescador de Blanes responsable de la embarcación «Cigronet», nos detallaba las dificultades que tiene pescar en este pantano que agoniza: «El fondo está lleno de lodo y tiene poca profundidad. Usar las redes en estas condiciones es muy difícil. Hacemos lo que podemos, pero será complicado cumplir con las expectativas». Los marineros especializados en la pesca del sonso capturaron todas las toneladas de peces que podían. Entretanto, el agua de Sau, aún condiciones óptimas, se transferirá al embalse de Susqueda, aguas abajo del Ter, para salvar el recurso.

Sau y Susqueda, junto a los pantanos del río Llobregat, son la principal fuente de agua potable para la región de Barcelona, que lleva tres años sufriendo un episodio prolongado de escasez hídrica. Este fenómeno, en aumento por el cambio climático, se gestó a lo largo de 2022 y se agravó al iniciarse el año 2024. Hoy, Sau, transformado en atracción turística, es el reflejo evidente de la fragilidad del suministro en la gran ciudad.

En caída libre

Durante 2023, la Generalitat se vio obligada a activar el plan especial de sequía y comenzó a reducir paulatinamente las dotaciones de agua disponibles para los municipios. Primero se declaró la llamada fase de excepcionalidad, con restricciones sobre todo para los agricultores, los ganaderos y la industria y un límite de 230 litros por persona y día. Las limitaciones en el uso del agua afectaron en esta zona a 224 municipios de 15 comarcas y a 6 millones de personas.

A lo largo del año, los embalses del Ter y el Llobregat, claves para Barcelona, no pararon de descender. Y a principios del 2024, tras 40 meses sin apenas precipitaciones las reservas disminuyeron por debajo del 16%, y se decretó el estado de emergencia. Y con ella, las limitaciones en el uso del agua son todavía más restrictivas: un 80% menos de agua para el riego agrícola y un 25% menos para las industrias. Además, el consumo municipal medio por persona y día (incluye el gasto de comercios, hospitales, bibliotecas) baja hasta los 200 litros. El Govern urgió a los ayuntamientos a que prepararan planes municipales para afrontar la sequía y detallaran las medidas de ahorro y recortes domésticos que podrían aplicar para cumplir con los límites establecido. Varios municipios reclamaron a la Administración apoyo porque afirmaban no tener capacidad para regular el dispendio de algunos de sus ciudadanos.

Cortar el suministro

Llegados a este punto, algunos municipios de la provincia de Barcelona que se abastecen a través de sus propios pozos se vieron forzados a aplicar cortes de agua y a usar camiones cisterna para garantizar el suministro. El resto de ciudades, las que sí están conectadas a la red de suministro del sistema Ter-Llobregat se plantearon la posibilidad de cortar el agua para cumplir con las medidas impuestas. Pero la realidad es que las redes de tuberías no están preparadas para asumir cortes constantes. Podrían producirse escapes y averías importantes. Además, ante los cortes, la gente aprovecha para llenar lsa garrafas cuando hay agua disponible, por lo que el consumo puede acabar creciendo. En resumen, sería peor el remedio que la enfermedad.

Por esta razón, los técnicos valoraron la opción de gestionar la presión del agua, una solución menos lesiva que los cortes. El Área Metropolitana de Barcelona, la Administración responsable, preparó un plan para reducir la presión del suministro y aumentar el ahorro en los 36 municipipios del inmediato entorno de la capital catalana. El alto grado de digitalización del servicio en ciertas localidades del área metropolitana permitía aplicar este ajuste de esta presión en las conducciones y reducir el 7% el consumo para afectar así solo a los habitantes de los pisos más altos. En cambio, otros pequeños municipios, carentes de sistemas tan tecnificados, lo tenían más complicado para afrontar un escenario de emergencia.

Mientras los municipios aceleraban sus trámites para adaptarse a la grave sequía, algunos consistorios que rebasaban la dotación máxima permitida empezaron a recibir multas impuestas por la Generalitat, lo que ha generado múltiples litigios. El coste va en función de los daños causados. Varios alcaldes protestaron. Aseguraban que hacían todo lo posible para ahorrar, pero sus medios eran limitados. Exigían apoyo económico para reparar fugas de agua endémicas en sus viejas redes ineficientes. La Agència Catalana de l'Aigua (ACA), el órgano competente, prometió subvenciones y justificó las multas. «No hay afán recaudatorio. Se trata de exigir el cumplimiento del plan», afirmó Samuel Reyes, el director de la agencia.

Ríos con menos caudal

¿Y cómo se ha llegado a esta situación, a tanta tensión? Un problema estructural lo condiciona todo: las cuencas internas de Cataluña (las más orientales de España) padecen un déficit endémico de recursos.

Ríos pocos caudalosos abastecen las zonas donde se concentra la población (Barcelona, área metropolitana, Tarragona, Girona). Según el plan hidrológico de la ACA, la carencia de agua se cifra en 60 hm^3 y se estima que se habrá triplicado en 2045. Y la previsión es que los caudales disponibles se vean reducidos en torno al 18,3% hacia 2039-2045 con relación a la media climática (1971-2000), con mermas especialmente destacadas en el Ter (-18,4%), el Cardener (-20,7%) o el Muga (-20,9%).

Y cuál es la razón de estas mermas? Por una parte, la subida de la temperatura tendrá su incidencia. Por otro lado, influirá la irregularidad en las precipitaciones en las cabeceras de los ríos.

Las lluvias en verano han disminuido en Cataluña más de un 5% por decenio los últimos 70 años y los ríos llevan menos agua también porque se ha expandido una superficie forestal sedienta y carente de gestión, lo que hace que retenga el agua.

Históricamente, las sequías han servido para impulsar nuevos modelos de gestión del agua y replantear las propuestas. Los colegios de ingenieros y economistas plantean usar agua del río Ebro para suministrarla a Barcelona. A día de hoy, existe un «minitrasvase» que envía agua de la cuenca del Ebro a Tarragona, que forma parte de las cuencas internas. La idea de los ingenieros y economistas es usar el agua incluida en la actual concesión y que no se llega a aprovechar para trasladarla hasta la región de Barcelona a través de una gran cañería que iría en paralelo al recorrido de la autopista AP7. Sin embargo, el Govern de ERC (cuyo mandato acabó el 12 de mayo de 2024) ha rechazado esta propuesta. Las soluciones que se barajan en Cataluña descartan más interconexiones entre diferentes cuencas.

De hecho, en Barcelona se selló un acuerdo que va justo en la dirección contraria. Se pactó reducir año a año el actual trasvase del río Ter hacia Barcelona (un mecanismo que sirve para que el agua almacenada en Sau y Susqueda llegue a la capital catalana). En 2024, las administraciones competentes (es decir, la Generalitat de Cataluña y el Ministerio para la Transición Ecológica) coinciden en afirmar que los trasvases son un concepto antiguo, de cuando las cuencas eran excedentarias. Apuestan por una área de Barcelona resiliente y capaz de autoabastecerse. ¿Pero cómo se puede lograr, si el Llobregat y el Besòs, los ríos que desembocan en este territorio tan poblado, son ríos mediterráneos muy explotados y con caudales más bien decadentes, sostenidos por el agua de las depuradoras?

Desalinizar y regenerar las aguas residuales

La solución planificada que se abre camino pretende combinar los recursos convencionales (embalses y acuíferos) con los no convencionales (desalinización y regeneración de las aguas residuales). En el caso de las aguas subterráneas, cuando hay sequía su explotación aumenta, lo que también tiene riesgos para el medio natural. A esta receta, hay que añadirle dos ingredientes más: el ahorro y la eficiencia de la red. El reto es conseguir que la disponibilidad de agua sea menos dependiente de la meteorología sin degradar los hábitats húmedos, muy endebles y amenazados.

Joan Gaya, ingeniero industrial, experto en materia de aguas y defensor de su gestión pública, pronostica que en el futuro habrá más desalinizadoras y que se aprovecharán mejor las aguas residuales una vez depuradas y regeneradas. Esta debe ser, en su opinión, la gran apuesta que debe continuar llevándose a cabo. «Vamos hacia el mismo modelo que ya imperante en lugares que tienen una tradición árida, como Israel o California, donde no confían en el ciclo natural», sentencia.

Sin embargo, otros expertos en la materia, ponen encima de la mesa un error de base. «El modelo «crecentista» no ha tenido en cuenta el cambio climático en su planificación», dice Dante Maschio, portavoz de la plataforma Aigua és Vida. Él aboga por proteger los caudales de los ríos y los acuíferos. «Debemos gestionar la oferta y contener la demanda», propone. En la práctica, esto significa frenar la demanda de los grandes consumidores (industria, hoteles y urbanismo expansivo). En los últimos años, el consumo de agua medio por habitante y día en el área metropolitana se ha reducido. Supera por poco los 100 litros. «Los ciudadanos ya han hecho los deberes. Ahora es el momento de recortar el gasto de los que más agua gastan», insiste. La plataforma Aigua és Vida ve incoherencias entre querer cumplir con los acuerdos del Ter y reducir el agua trasvasada a Barcelona y a la vez pretender desarrollar planes urbanísticos faraónicos. Además, Maschio advierte del peligro de que el agua que permanezca en el Ter y no se traslade a Barcelona se acabe usando para la expansión turística de la Costa Brava, con lo cual el río seguiría siendo el gran damnificado.

Sobre la desalinización, tanto Maschio como Annelies Broekman, investigadora del CREAF experta en materia de agua y cambio global, ponen en duda la eficacia de la desalinización, puesto que consume una gran cantidad de energía. Broekman prefiere no jugárselo todo a una carta: «La mejor opción es diversificar fuentes, pero siempre para evitar la presión en los hábitats naturales, no para seguir dando cancha a más demanda». La investigadora sostiene que en la región de Barcelona se está produciendo «un desajuste insostenible entre la demanda y la disponibilidad» porque predomina la visión del agua como recurso a explotar, en vez de considerarlo como un sistema a preservar. «Cuando llevamos los ecosistemas al límite, en el fondo nos ponemos en riesgo a nosotros mismos. La contaminación de los ríos aumenta y el abastecimiento no está asegurado», advierte. Es cierto que la nueva cultura del agua promovida por sectores ambientalistas ha sido tenido en cuenta a la hora de planificar. Pero Broekman afirma que todavía queda un largo camino por recorrer.

Plantas a todo gas

Desde verano de 2022, la desalinizadora de El Prat de Llobregat tuvo que trabajar al máximo rendimiento para producir agua potable sin cesar. La planta de Blanes, en 2023, también subió una marcha y marcó su récord histórico de agua producida, unos meses antes de que acabara el año. Además, desde diciembre de 2022, se empezó a verter agua regenerada en el río Llobregat para que se potabilizara. Este proceso, pionero en España, se ideó tras la sequía de 2008 pero no se estrenó hasta este nuevo episodio de aridez. Las dos desalinizadoras son públicas. En cambio, el uso del agua regenerada para mezclarla con el caudal del río lo realiza la empresa Aigües de Barcelona.

De esta forma, las aguas regeneradas y desalinizadas se convirtieron en el grifo principal del entorno barcelonés, que ya no depende tanto del cielo para disponer de agua. La magnitud del cambio de paradigma se aprecia con los siguientes datos. En abril de 2021, el 97% del agua consumida en los hogares procedía de los ríos y los pozos. Solo el 3% era desalinizada. En cambio, en 2024, el agua que tenía su origen en el Ter y el Llobregat era menos de la mitad de la que se consumía en Barcelona y alrededores. El resto, más del 50%, era desalinizada o regenerada, algo que no había ocurrido jamás. La estación regeneradora de El Prat del Llobregat permitió dar un salto cuantitativo (y cualitativo) muy importante.

Un recurso nuevo

Vale la pena detenerse en las aguas regeneradas. ¿Qué es exactamente este recurso? Las aguas residuales recogidas por el sistema de alcantarillado se tratan en una depuradora. De este proceso, el agua sale con calidad suficiente para ser vertida de nuevo al medio natural (por ejemplo al mar). Sin embargo, la regeneración consiste en aplicar un tratamiento posterior (un terciario) a este recurso. De esta forma, el agua tiene una calidad todavía mejor, prepotable. Se puede usar para recargar acuíferos, para el riego agrícola o para la limpieza de calles.

Lo novedoso es que en la estación regeneradora de El Prat de Llobregat, la bombean hasta Molins de Rei, donde se vierte al río. Una vez mezclada con el caudal, un poco más abajo, se potabiliza en Sant Joan Despí. La proporción en la que se combina es aproximadamente de uno a uno, es decir, por cada metro cúbico de agua de río, se vierte un metro cúbico de agua regenerada. Este proceso, en definitiva, logra cerrar el ciclo del agua. En el futuro, se estima que la planta de El Prat de Llobregat podría regenerar hasta 1.900 litros por segundo para ser reutilizados. Así, se llegaría a dar ese tratamiento extra al 100% de las aguas residuales que recibe la depuradora. En esta estación regeneradora, además de bombear el agua río arriba, otra parte del recurso producido se inyecta en el subsuelo para proteger al acuífero del Llobregat de la intrusión de agua salada proveniente del mar. Luego, otra pequeña porción de agua se destina a los agricultores, sobre todo en el margen derecho del río.

El reto de beber agua del río Besòs

Para la mayoría de los responsables políticos, la regeneración será una de las salvaciones metropolitanas. Pero no bastará con instalar plantas en los alrededores del Llobregat. La sequía extrema obligó a buscar todo tipo de recursos. Después de estudiarlo durante mucho tiempo, se decidió poner el foco en el Besòs, un río poco caudaloso cuya calidad ha sido deficiente durante años, pese a haber mejorado tras varios proyectos de recuperación.

A finales de 1990, las aguas subterráneas del Besòs empezaron a potabilizarse gracias a las modernas tecnologías (membranas de ósmosis inversa) en la estación potabilizadora del Besòs. Pero ante la presión de la escasez, se planteó redoblar el aprovechamiento de las aguas del río y ampliar las instalaciones de tratamiento por membranas y la posterior remineralización para obtener una calidad óptima. En el futuro, Barcelona captará más aguas subterráneas del Besòs y recuperará otro recurso histórico que ha suministrado agua de forma ininterrumpida a Barcelona: el Rec Comtal. Esta obra hidráulica milenaria ha transportado aguas subterráneas durante siglos a la ciudad. El agua, procedente de un acuífero, se captará donde confluyen los ríos Besòs y Ripoll y se canalizará con una tubería de gran diámetro que circulará en paralelo al río.

Lo más novedoso del uso de las aguas del Besòs para el abastecimiento, sin embargo, no será la ampliación de la potabilizadora ni la recuperación del viejo Rec Comtal. El reto mayúsculo para la empresa Aigües de Barcelona, será potabilizar agua superficial del río. «Nunca en mi vida me había imaginado que potabilizaríamos agua de este río», admite José Mesa, director de producción de la compañía. «El Besòs es un río que se sustenta en el agua que vierten las depuradoras, pero aun así, el agua no tiene la calidad ideal para ser potabilizada», detalla Mesa. En el agua se encuentran contaminantes de todo tipo: amonio, nitratos, cloruros, plástico, manganeso, hierro o níquel. También se han detectado restos de antidepresivos, antibióticos, proteínas o drogas, además de microbios. Esto dificulta los procesos complejos que se deberán aplicar para que el agua del río se pueda beber. El recurso se someterá a varias fases: oxidación, microfiltración, ultrafiltración, ósmosis inversa y remineralización.

Otro capítulo en la utilización del agua del Besòs, no tan cercano, será aplicar la regeneración como se hace en el Llobregat. Es decir, regenerar aguas residuales, verterlas en el Besòs y luego potabilizarlas. Esto, aún está lejos de ser una realidad, pero las administraciones competentes coinciden en que debe ser clave para fortalecer el autoabastecimiento metropolitano. Por lo tanto, entre las aguas subterráneas, el Rec Comtal, el agua del río y la futura regeneración, el Besòs, junto al Llobregat, se convertirá en otro pilar (inesperado) para el suministro de agua potable a la ciudad.

Retrasos cíclicos

La crisis del agua en la región de Barcelona tiene que ver sobre todo con el escaso relieve que ha tenido este asunto en el debate político. El agua rara vez aparece en la agenda política en Cataluña. Y solo aflora cuando el nivel de los embalses baja tan dramáticamente y suenan las alarmas. La gran duda es saber si con los pantanos rebosantes, alguien se acordará de la sequía. ¿Seremos capaces de tener siempre presente la importancia de invertir en agua, o seguiremos confiando en que aparezca la lluvia?

La sequía siempre volverá. Al menos esto es lo que dibujan los expertos en la crisis climática, que vislumbran un futuro de sequías crónicas. Cuando a la falta de precipitaciones se suma la falta de agilidad administrativa y la escasa inversión (que ahora se pretende corregir) el escenario se recrudece. La historia de los retrasos en las obras hidráulicas da para un culebrón. La mayor parte de las infraestructuras que se han puesto sobre la mesa en 2023 como solución para afrontar la sequía en la región de Barcelona, zonas de Girona y la Costa Brava ya habían sido programadas ya habían sido programadas en la planificación hidrológica de 2009-2015 (la desalinizadora del Foix, una nueva desalinizadora de Blanes o el mayor aprovechamiento de las aguas subterráneas del Besòs son tres ejemplos inequívocos).

Sin embargo, todo eso quedó en el alero en el llamado decenio de la sequía inversora, un tiempo de embalses llenos. La Agència Catalana de l'Aigua (ACA) se obsesionó con no incrementar su deuda y la austeridad evitó inversiones, tanto en fuentes alternativas como en protección de los hábitats fluviales y en la eficiencia de las redes. Durante años, casi todos los ingresos que obtenía la ACA por el cobro del canon del agua se destinaron a saldar la deuda, de forma que prácticamente fueron los ciudadanos quienes la pagaron a través de recibo del agua. Desde el 2019, la ACA vuelve a tener músculo económico y el ente de abastecimiento Aigües Ter-Llobregat (ATL) vuelve a ser una empresa pública. Y en plena sequía, los proyectos que reposaban polvorientos dentro de cajones resurgen.

Una nueva mirada

¿Y qué pasará en el futuro? La plataforma Aigua és Vida tiene miedo de que persista la visión expansionista que haga repetir los errores. Ponen en duda mantener ciertos planes urbanísticos ante un paisaje más árido, donde el agua sea cada vez más escasa. Broekman menciona el nuevo informe de Naciones Unidas sobre derecho humano al agua y saneamiento, donde se remarca claramente que, «desde una perspectiva de derechos humanos, la degradación del medio implica una reducción de agua potable asequible y de calidad para la ciudadanía, vulnerando este derecho fundamental».

¿Será capaz, Cataluña, de descontaminar sus acuíferos? ¿Cuánta agua se seguirá usando para grandes explotaciones agrícolas intensivas o para proveer a las granjas de cerdos, que luego exportan sus productos? Broekman desconfía de que las mejoras de eficiencia puedan reducir por sí solas la cantidad total de agua consumida. No niega que la desalinización y la reutilización puedan ser útiles. «Pero son soluciones caras y con alto consumo energético», matiza. Su opción es replantear el modelo de consumo y tener el agua en cuenta siempre. «¿Cuando una nueva empresa se establece, cuando ampliamos hoteles o aprobamos ciertos proyectos, pensamos en el agua disponible?», se pregunta.

Narcís Prat, que ha sido catedrático de Ecología de la UB durante muchos años, coincide en muchos aspectos. Habla de la importancia del ahorro, el saneamiento y la regeneración y también el aprovechamiento de las aguas pluviales en los edificios. Propone una adecuación de las viviendas para que el agua de la ducha o el lavamanos se pueda usar (como aguas grises) para el váter, un modelo que ya se plantean algunos municipios metropolitanos y que evitaría desperdiciar agua potable en la cisterna. Maschio, de Aigua és vida, está de acuerdo y reivindica el impulso de nuevas ordenanzas municipales que vayan en esta línea. Sant Cugat del Vallès es una de las localidades que ya se ha lanzadao a ello.

Los sectores ecologistas (Aigua és Vida o Ecologistas en Acción) reclaman reforzar la gestión pública del servicio municipal del agua para fiscalizar la labor de las empresas privadas del sector. «Muchos municipios constatan al finalizar las concesiones que las empresas privadas no han hecho las inversiones en conducciones que se tenían que haber hecho por contrato», dice Maschio, partidario de remunicipalizar el servicio de abastecimiento agua.

Igualmente, considera necesario también una diversificación de las medidas para paliar la crisis hídrica para no centrarlo todo en la creación de grandes infraestructuras. «Es muy importante la democratización, romper con la verticalidad de la gestión del agua, empoderar la ciudadanía», señala Maschio. Abogan por crear un observatorio del agua para que se garanticen las inversiones sostenibles o la debida gobernanza del agua donde la ciudadanía tenga voz y capacidad de decisión.

Tanto Maschio, como Broekman, como Prat insisten en una idea. Todas las inversiones y proyectos deben ir condicionados a un dogma indiscutible: se debe preservar el medio natural. En los últimos años, el estado de los ecosistemas fluviales ha empeorado. Especies autóctonas han mostrado declives del 90%. Las zonas húmedas, espacios claves para la biodiversidad, están en riesgo de desaparecer. Y en muchos lugares, la explotación de los ríos y los acuíferos (los que quedan sin contaminar) debilita peligrosamente a los caudales. Por esta razón, estos tres expertos dan tanta importancia a la conservación del medio natural. «La naturaleza es realmente sabia. Si somos capaces de conservar una buena salud en los sistemas hidrológicos naturales, iremos bien. El reto es lograr el bienestar de la ciudadanía sin destrozar los ecosistemas. Si no lo hacemos, realmente el futuro del abastecimiento estará en riesgo», zanja Broekman.

VIII. LA VULNERABILIDAD DEL RÍO TAJO POR SU TRASVASE AL SUDESTE: CONTAMINACIÓN, CONFRONTACIÓN POLÍTICA Y FALTA DE CAUDALES ECOLÓGICOS

Valle Sánchez

Grandes riberas, lleno de vida y enérgico. Así era hace poco más de 50 años el río Tajo, el más largo de la Península ibérica, un lugar de baños, de disfrute, todo un símbolo de riqueza... Y ahora, sin embargo, en sus tramos medio y bajo, parece una cloaca a cielo abierto, con malos olores, grasas, espuma, sin vida, triste y agonizante; un río mermado, maltratado, contaminado y con sus riberas alteradas. La industrialización, las actividades económicas, la contaminación agrícola y ganadera y la suciedad aportada por los siete millones de habitantes que vierten sus aguas al Jarama y a otros afluentes han alterado por completo su esencia. Toda esta agua contaminada llega además a un río con unos caudales exiguos a causa del trasvase Tajo-Segura y las demandas de las numerosas actividades consumidoras de agua, mientras el río agoniza incapaz de diluir la enorme concentración de contaminantes.

El trasvase Tajo-Segura fue planteado en el Plan Nacional de Obras Hidráulicas de 1933 y, tras un paréntesis de varias décadas en el que cayó en el olvido, fue posteriormente retomado con un proyecto aprobado en 1967. Su construcción se inició unos años después y, finalmente, comenzó su explotación en 1979.

El acueducto Tajo-Segura conecta las cuencas del Tajo y del Segura, y atraviesa las del Guadiana y el Júcar para transportar las aguas de la cabecera del Tajo previamente reguladas en los embalses de Entrepeñas y Buendía.

Se estima que actualmente la cuenca del Alto Tajo ha reducido en un 40% los recursos hídricos disponibles debido a la reducción de precipitaciones y el incremento de la temperatura media. Es un fenómeno común en la Península. El agua disponible en las demarcaciones hidrográficas en España ha disminuido un 12% desde la década de 1980, según el Ministerio para la Transición Ecológica, y las previsiones indican que estas aportaciones seguirán a la baja (entre un 12% y un 14%) debido al cambio climático hasta 2050.

En su momento se creía que se podrían llegar a trasvasar 1.000 hm^3 al año a la cuenca receptora, pero nunca se han transferido más de 600 hm^3 (el volumen máximo que la Ley permite trasvasar, para abastecimiento y regadíos).

La transferencia de todos estos recursos han generado expectativas para atender unas demandas basadas en un modelo de regadío de producción industrial que nunca han parado de crecer, según ha documentado Alberto Fernández Lop, técnico del programa de agua en WWF España. Durante décadas se ha mantenido una altísima presión política para maximizar la cantidad de agua trasvasada, al tiempo que las reservas de aguas en los embalses de Entrepeñas y Buendía se situaban en niveles mínimos. El resultado es que se han comprometido los recursos aguas abajo de este gran río, hasta tal punto que no podían garantizarse los caudales ecológicos mínimos que el propio río Tajo necesitaba para sobrevivir.

El Reglamento de la Planificación Hidrológica obliga a las confederaciones hidrográficas a definir un régimen de caudales ecológicos que «permita mantener de forma sostenible la funcionalidad y estructura de los ecosistemas acuáticos y de los ecosistemas terrestres asociados» para que contribuyan «a alcanzar el buen estado o potencial ecológico en ríos o aguas de transición». Asimismo establece que los caudales ecológicos o demandas ambientales deben considerarse «como una restricción que se impone con carácter general a los sistemas de explotación».

Sin embargo, las administraciones han sido cicateras. En cierto momento definió en cierto momento un caudal ecológico mínimo de 6 m^3/segundo, medido en Aranjuez, que condicionaba las normas de explotación del trasvase. Pero este régimen de caudales no tenía variación temporal alguna, ni se ajustaba a la dinámica natural del río Tajo, indica el portavoz de WWF. Este régimen era claramente insuficiente e inadecuado para cubrir las necesidades del río Tajo. Así lo reconocía la evaluación del estado de las masas de agua en el Plan Hidrológico de la demarcación hidrográfica del Tajo.

Teniendo en cuenta estas circunstancias, y ante una demanda impuesta por organizaciones de la sociedad civil, en 2019 el Tribunal Supremo tomó la decisión de derogar, con cinco sentencias consecutivas, los artículos de dicho Plan Hidrológico que fijaban estos caudales ecológicos mínimos. Con ellas el Tribunal obligaba a la Confederación Hidrográfica del Tajo a fijar un nuevo régimen de caudales ecológicos basado en criterios científicos y que incluyera todos sus componentes que establece la ley para todas las masas de agua de la demarcación en la revisión de dicho plan para el periodo 2021-2027

Tras más de cuatro décadas de trasvases y presiones políticas, en enero de 2023, el Gobierno de España estableció finalmente, por primera vez, un régimen con verdaderos caudales ecológicos con el Plan Hidrológico del Tajo. Concretamente, el volumen de agua tendrá que elevarse a su paso por Aranjuez de 6 a 7 m^3/s ya en 2023, a 8 m^3/s en 2026 y a 8,65 m^3/s en 2027.

Se trata, pues, del único río que no tendrá caudales ecológicos desde el primer momento, como el resto de las cuencas hidrográficas, hecho que fue justificado por el Ministerio para la Transición Ecológica en la necesidad de «conciliar los requerimientos legislativos con el impacto social, económico y ambiental», y para dar tiempo a que se pongan en marcha inversiones en infraestructuras que compensaran esta merma en el Sudeste español. En paralelo, Transición Ecológica impulsará un amplio plan de desalinización en el área levantina implicada en el trasvase Tajo-Segura.

Sin embargo, la decisión abrió un nuevo capítulo en la llamada «guerra del agua», porque los nuevos caudales ecológicos supondrán, en la práctica, reducciones en la transferencia de agua del Tajo al Segura. Y hasta el propio gobierno de la Comunidad Valenciana (gobernado hasta el 2023 por los socialistas) anunció un recurso ante el Tribunal Supremo contra el decreto del Plan Hidrológico del Tajo.

Los defensores del trasvase hablan de los enormes beneficios que el trasvase comporta para las comunidades receptoras. Y desde los gobiernos de la Región de Murcia y de la Comunidad Valenciana argumentan que el trasvase genera cada año 110.000 empleos directos, principalmente en el sector agrícola, y alrededor de 30.000 más inducidos en el ámbito industrial y del transporte, en las provincias de Alicante, Murcia y una parte de Almería. También afirman que el sector aporta más de 3.000 millones de euros al PIB nacional y permite que el 71% de las hortalizas que salen a través de la exportación lo hagan desde Murcia, Valencia y Andalucía. Sin embargo, este estudio calcula el impacto económico que se genera en el sector primario (y actividades relacionadas) en las Zonas Regables del Trasvase (ZRT), pero dicho impacto no puede atribuirse al trasvase en exclusiva, puesto que en las ZRT se emplean también recursos que no proceden de dicho trasvase. Un estudio elaborado por el Colegio de Economistas de la Región de Murcia, a propuesta del Sindicato Central de Regantes del Acueducto Tajo-Segura (SCRATS), afirma que la reducción del trasvase conllevará la pérdida de 927,5 millones de euros al año y 22 255 empleos, de los 19 113 serán directos.

Mientras en el sureste de España algunos sectores, principalmente los beneficiarios del trasvase, temen que peligre su modo de vida, cada vez son más los técnicos y expertos que piden un debate sereno para poner límite al trasvase. La Fundación Nueva Cultura del Agua, una entidad que aboga por un cambio en la política de gestión y de aguas, para conseguir actuaciones más racionales, ha pedido iniciar un proceso de reflexión sereno «con una visión que abarque el corto y medio plazo, que se base en el mejor conocimiento científico y que cuente con una amplia participación de todas las partes interesadas y del conjunto de la ciudadanía». Y lo hacen desde el convencimiento de que el modelo de gestión desarrollado en el siglo pasado, con infraestructuras de almacenamiento y transporte de agua hacia en determinados territorios.

La doctora en Biología Julia Martínez, directora técnica de la Fundación Nueva Cultura del Agua, ve prioritario detener la acelerada pérdida de biodiversidad que sufren los ríos y especialmente el Tajo, donde hay distintas especies de peces en peligro de extinción debido a las fuertes presiones, como «la hipoteca» que supone el trasvase. Pero además inciden los «problemas causados por la insuficiente depuración de las aguas residuales, tanto en la zona de Madrid, como otras áreas de Castilla-La Mancha», a todo lo cual se suma el previsto incremento del regadío, según prevé el plan hidrológico actual...

Beatriz Larraz, directora de la Cátedra del Tajo, creada en la Universidad de Castilla-La Mancha y la Fundación Soliss para impulsar la recuperación integral y la mejora del estado ecológico del Tajo, sostiene además que el trasvase que sufre este río desde su cabecera impide a los municipios ribereños de los embalses de Entrepeñas y Buendía un mejor aprovechamiento de este recurso hídrico para su desarrollo socioeconómico, hasta el punto de que aguas abajo del trasvase se rompe la dinámica natural que tendría el Tajo.

En el tramo medio, a la falta de dinámica fluvial se le suma el alto grado de contaminación del caudal, que no le permite alcanzar de objetivo de un buen estado ecológico. En el tramo final del río en su demarcación española, la calidad del agua mejora gracias a los aportes de los afluentes de la margen derecha, la Sierra de Gredos, pero, «la concatenación de embalses de producción hidroeléctrica hasta Portugal hace que el río desaparezca como tal», dice Larraz. «Ya en Portugal, los problemas de calidad y de falta de caudal, propios y generados por España, han llevado a la desaparición de usos y costumbres tradicionales en torno al río y a un incremento de la cuña salina en la desembocadura, algo preocupante para el mantenimiento de especies autóctonas, entre otros problemas».

La degradación del Tajo, explica Beatriz Larraz, ha sido consecuencia de la apabullante prioridad dada a la dimensión económica sobre la ambiental y social a lo largo de la historia de este río, de forma más impactante y más extrema en los siglos XX y XXI. El Tajo, como todos los ríos del mundo, ha sido aprovechado siempre con fines económicos, pero en estas últimas décadas los ciudadanos de sus riberas han estado sufriendo las consecuencias del olvido de las dimensiones ambiental y social. La creciente necesidad de abastecimiento de agua potable para una población en aumento, la obligación de depurar sus aguas residuales urbanas e industriales y la derivación de su agua de cabecera al Levante español a través del trasvase Tajo-Segura, así como la generación hidroeléctrica en sus embalses, han creado el marco que explica su deterioro actual. Cada uno de estos factores, en sí mismos, ya es motivo suficiente para tener un río en mal estado, pero la interacción de todos ellos amplifica aún más el poder destructor de estos efectos. «A todo esto situación se ha llegado porque se ha olvidado u obviado la necesidad de preservar el buen estado ecológico del río para que pueda aportar a la ciudadanía los servicios ecosistémicos que les son propios: de abastecimiento, de regulación y culturales. Cada uno de ellos tiene que ver con las dimensiones económica, ambiental y social. En el equilibrio entre las tres se encuentra la solución a sus problemas», dice Larraz.

La bióloga Julia Martínez recuerda también que no se están tomando medidas para la adaptación al cambio climático, que comportará una merma de recursos disponibles. «Cada vez disponemos de menos recursos hídricos, sin embargo, la gestión agua y del río Tajo no se está adaptando a esta reducción de los recursos hídricos, y esto tiene que obligar a reelaborar el Plan Hidrológico del Tajo» y los de los demás planes hidrológicos. Todos ellos deben también adaptarse y «asumir que, dado que cada vez va a haber menos agua, es necesario reducir las demandas».

La directora técnica de la Fundación Nueva Cultura del Agua es partidaria de iniciar ya un proceso de negociación, con participación ciudadana, entre la cuenca del Tajo y la cuenca del Segura, «para ir planteando una desconexión progresiva entre ambas cuencas, algo, que por otra parte, se está produciendo debido al cambio climático». Será necesaria mucha capacidad de negociación, minimizar los costes socioeconómicos que ello puede implicar y plantear alternativas. Y avisa de que si eso no se hace, «las consecuencias serán mucho más duras, más drásticas y, además, serán más injustas», porque quien quedará fuera del mercado agrícola no van a ser las grandes empresas agrarias (que pueden mover la localización de las producciones), sino que quien más lo sufrirá serán los pequeños productores, que no tiene esa capacidad de mover producciones. Por ello, «es fundamental adelantarse y no permitir que sea el mercado quien asigne el agua o quien decida cómo hay que hacer esa adaptación al cambio climático», sino que esa reducción progresiva o esa desconexión paulatina «hay gobernarla desde el interés público y con criterios ambientales y sociales, no con criterios de mercado que es lo que ahora está pasando».

Julia Martínez sostiene también que «necesitamos mejorar de manera significativa la depuración de las aguas residuales», de tal manera que una vez que los caudales se devuelven al río Tajo no provoquen puntos de contaminación, sino zonas de mejora de los caudales circulantes. Las aguas residuales deben volver al río en buenas condiciones y eso, ahora mismo, no está ocurriendo porque, «a pesar de que existen depuradoras, sigue habiendo focos importantes de contaminación».

Y, finalmente, no se olvida del regadío: «Tenemos que ser conscientes de que el cambio climático impone, en todos los territorios, la necesidad no solo de no aumentar la superficie de regadío, sino, en muchos territorios, de reducir esa superficie de regadío. Sin embargo, en muchas comunidades, como en Castilla-La Mancha, se siguen apostando por incremento de regadíos y eso se contradice con las tendencias a una menor disponibilidad de agua».

La transición hídrica en el contexto de la nueva realidad del cambio climático y la necesidad de garantizar caudal y el buen estado del Tajo comportan obligaciones no solamente para las administraciones que son competentes directamente en la planificación del agua (en este caso la Confederación Hidrográfica del Tajo), sino también para las administraciones relacionadas con las políticas agrícolas, ganaderas o ambientales, que no solo dependen del Gobierno central sino que en gran medidas también dependen de las comunidades autónomas, empezando por la comunidad de Castilla-La Mancha.

La Cátedra del Tajo plantea también soluciones que pasan, igualmente, por tomar medidas para favorecer la desconexión progresiva del trasvase. Beatriz Larraz afirma que los propietarios de las centrales hidroeléctricas tienen que asumir la necesidad de incorporar los caudales ecológicos en su planificación, como parte de su responsabilidad social corporativa. «Si el agua que circula se encuentra en buen estado y presenta una buena dinámica fluvial, el ecosistema acuático y los hábitats ligados a él podrán ser respetados y proporcionar los servicios ecosistémicos que la ciudadanía del Tajo demanda».

Se trata en suma de equilibrar las oportunidades de desarrollo económico que proporciona ese recurso (agua para abastecimiento, agricultura, y desarrollo industrial y del sector terciario) y respetar a la vez las funciones de regulación (de autodepuración, de mantenimiento de la vida, de la fauna y de la flora que lleva asociadas) que el río haría por sí mismo en circunstancias de menor presión humana. Y todo ello combinado con la consideración de los valores y beneficios que aporta un río a la ciudadanía para recuperar el buen estado ecológico (bienestar, salud, calidad de vida, preservación de identidad, ocio y deporte o posibilidad de gozar de su paisaje y su entorno). Y para mejorar los esfuerzos en depuración en toda la cuenca, tanto en España como en Portugal, es necesario que las autorizaciones sobre vertidos (en industrias o estaciones de tratamiento) sean más estrictas, a fin de que el nivel de concentración de contaminantes del efluente de las depuradoras sea tan bajo que consiga que el agua receptora alcance el buen estado ecológico.

Quizá es hora de exigir que cada uno asuma sus responsabilidades. Las autoridades locales deben establecer mejoras en depuración, en el control de vertidos y en el mantenimiento de los bosques de riberas; las autoridades autonómicas deben mejorar también la depuración y el control de los vertidos y la gestión de los espacios protegidos; y la Confederación Hidrográfica del Tajo, organismo dependiente del Ministerio para Transición Ecológica, debe establecer autorizaciones de vertidos más estrictas, fijar caudales ecológicos que consigan su objetivo, incentivar la investigación y solicitar los cambios legislativos necesarios para poder disponer de todos los recursos. Finalmente, al Gobierno le corresponde promover los cambios legislativos, que tienen que ver con las reglas de explotación del trasvase para adecuarlas a los recursos disponibles y a la prioridad de la cuenca cedente, la legislación sobre contaminantes (conocidos y emergentes), el endurecimiento de la legislación de sanciones por delito ambiental manteniendo la proporcionalidad necesaria, y el diálogo con el resto de partidos políticos que conforman las cámaras de representantes.

A pesar de todo, Beatriz Larraz ve el Tajo como un río «que no está solo», ni en España ni en Portugal. «La ciudadanía pide, exige, protesta, investiga, recurre, no se resigna, colabora con espíritu constructivo con las administraciones públicas, con el objetivo de recuperar el buen estado ecológico. Y seguro que esta fuerza conjunta, ajena a intereses partidistas y económicos, conseguirá mejorar la situación». Y, por eso, se debería abrir ya ese debate sereno, constructivo y basado en el conocimiento disponible por el que aboga la Fundación Nueva Cultura del Agua. Quizá no sea un sueño que algún día las aguas del Tajo vuelvan a discurrir limpias y claras, como le ocurrió al río americano Cuyahoga, en Cleveland Ohio, un río que había sido un vertedero de residuos industriales y aguas residuales durante décadas, y cuyos deshechos flotantes en la superficie del agua provocaron el infame incendio que ocurrió el 22 de junio de 1969. Este evento marcó un punto de inflexión en la conciencia ambiental norteamericana. Hoy el río Cuyahoga ha experimentado una notable recuperación y se celebra como un símbolo del movimiento ambiental y los esfuerzos de restauración ecológica. Esperemos que no tengamos que esperar una catástrofe para que esa conciencia ecológica y ambiental se produzca en España y el Tajo pueda volver a vivir como la ley de la naturaleza exige.

IX. LA ESPAÑA VACÍA SE LLENA DE PARQUES EÓLICOS: CÓMO PASAR DE LOS IMPACTOS A LOS BENEFICIOS

Antonio Cerrillo

«Nosotros vivimos del paisaje, y de la agricultura, que es parte de ese paisaje. Es lo que busca la gente cuando viene a nuestra comarca. Quienes nos visitan dicen: "¡Si esto se llena de molinos, no vendremos!"», señala Marta Ferràs, presidenta de la Asociación de Empresarios del Matarraña, gerente del hotel rural La Torre del Visco (en Fuentespalda, en la comarca turolense de Matarraña).

«Tenemos una zona con un paisaje muy valioso que nos ha sido legado desde hace generaciones, y nos sentimos responsables de conservarlo», dice Juanjo Pérez, portavoz de Gent del Matarranya, entidad que se ha movilizado contra los parques eólicos en Teruel. Ferràs y Pérez dicen que no quieren ceder a nadie de afuera las riendas de la transformación de este territorio.

Estos testimonios sirven como ejemplos del malestar y el rechazo que han despertado los parques eólicos propuestos o previstos en la comarca del Matarranya en Teruel. Representan la mala acogida de estas instalaciones en muchos lugares de la geografía española, que vive un enorme impulso de esta modalidad de energía, catapultada por el Plan Nacional Integrado de Energía y Clima (Pniec), principal instrumento para cumplir el Acuerdo de París (2015) contra el cambio climático.

La política energética, destinada a descarbonizar la economía y a combatir el cambio climático, ha comportado en España una decidida apuesta por las fuentes renovables (sobre todo, eólica y fotovoltaica) para dar cumplimiento a los objetivos climáticos.

Según datos del operador eléctrico, España cuenta con más de 30 GW de potencia eólica instalada, 7 GW más que cuando llegó al poder el primer gobierno de coalición (repartidos en más de 1.200 parques eólicos y más de 1.000 municipios). Además existen más de 200 proyectos en distintas fase de tramitación, que suman 37 GW (datos de noviembre del 2023). Sin embargo, todo este proceso está siendo convulso y está causando tensiones sociales y territoriales, como muestran las discrepancias y litigios en torno a cómo se está desarrollando esta implantación. Una simple muestra de esa contestación se da en Matarraña, una comarca sobre la que gravitan seis proyectos de parques eólicos promovidos por Forestalia.

Debate intenso

El debate sobre las renovables está siendo intenso. «Las instalaciones de energía renovable son muchas veces más visibles que otras tecnologías de generación. Pero es una energía autóctona, limpia y nos ayuda no solo a luchar contra el cambio climático, sino también a evitar el pago de miles de millones de euros en importaciones energéticas», recalca Robert Navarro, presidente de la sección eólica de Asociación de Productores de Energías Renovables-APPA.

La eólica alcanzó en 2023 el 24% del mix eléctrico mientras que el conjunto de las renovables aportaron el 51% de la producción eléctrica.

«Hay que tener claro que o aumentamos muy significativamente la capacidad de generación con fuentes de energía renovable, con aerogeneradores donde hace viento e instalaciones fotovoltaicas ampliamente distribuidas, o seguiremos dependientes de las nucleares, de la quema de gas y de las importaciones de electricidad», dice Jaume Morron, consultor en materia de energía.

Son afirmaciones que contrastan con las de Javier Oquendo, portavoz de la Plataforma en Defensa de los Paisajes de Teruel: «Estamos de acuerdo en el cambio hacia las renovables y en abandonar los combustibles fósiles; pero no podemos convertir los enclaves naturales en zonas industriales. Proponemos un cambio de modelo centrado en el autoconsumo y la generación eléctrica distribuida», dice este educador ambiental.

Las posiciones a favor y en contra de los proyectos tiene un abundante argumentarlo. Robert Navarro sostiene que, con todos los vaivenes registrados, la eólica es una historia de éxito y el modelo español ha «resuelto la integración de renovables en el sistema eléctrico». «Debemos respetar toda la regulación medioambiental y las limitaciones que se imponen. Pero es fundamental que entendamos la eólica, como el resto de renovables, como una energía autóctona que genera empleo y riqueza», añade Robert Navarro, para reivindicar lo que aporta esta fuente de energía en términos de empleo y económicos.

«En el Maestrazgo, hay sobre la mesa 20 parques eólicos, de los que11 están en espacios de la Red Natura, con un total de 82 molinos con ubicación definida y dos por concretar, y todos ellos rodeando una zona de especial protección para las aves», explicaba en marzo de 2024 en diciembre de 2023 Oquendo, quien resalta el daño que se ocasiona a las aves o los murciélagos. Para el portavoz de la Plataforma, incluso, asumiendo los ingresos económicos y los empleos prometidos, la balanza se inclina en favor «de la conservación de la biodiversidad, las actividades tradicionales o el paisaje».

Tres factores condicionantes clave

La implantación de las instalaciones renovables en España (eólica y solar fotovoltaica) nace de la necesidad de hacer frente a la emergencia climática pero carece de una planificación territorial global. Eso hace que a priori sea casi imposible determinar con antelación qué proyectos pueden prosperar. Todo dependerá de las resoluciones que acompañan a las declaraciones de impacto ambiental que efectúan las administraciones en respuesta a las solicitudes de las empresas promotoras (un trámite bajo competencia del Ministerio para la Transición Ecológica si los proyectos son más de 50 MW y de las comunidades autónomas cuando son de menos de 50 MW).

El Ministerio para la Transición Ecológica elaboró una zonificación de la sensibilidad ambiental del territorio y en ella se señalan los lugares en donde no es recomendable ubicar los molinos y parques solares (al tratarse de suelos de máxima sensibilidad ambiental); pero ésta no es una normativa vinculante, algo que sí reclaman las oenegés. No obstante, hay un acuerdo tácito en que los parques eólicos y solares así como los tendidos no deben situarse en los espacios de máxima sensibilización ambiental, pues de lo contrario «la declaración de impacto ambiental será negativa», dice Pedro Fresco, ex director general de Energía de la Generalitat. Por su parte, las diversas comunidades autónomas tienen mapas de aceptación que siguen sus propios criterios.

Un segundo factor que está detrás del ritmo acelerado de los proyectos son los estrictos y reglados plazos temporales que existen para culminar toda la tramitación. Desde el momento en que los promotores tienen garantizado el derecho de acceso y conexión a la red que les permitirá volcar la electricidad —el primer paso que deben dar para promover estas instalaciones—, el reloj de la maquinaria administrativa inicia una cuenta atrás con un tiempo tasado y limitado para los sucesivos hitos burocráticos (obtención de la declaración de impacto ambiental y las posteriores autorizaciones administrativas y de construcción).

Y, además, en el marco de la normativa europea de crisis derivada de la guerra de Ucrania se aprobó un procedimiento de tramitación que ha servido para agilizar la tramitación de las declaraciones de impacto ambiental en zonas consideradas de poca sensibilidad ambiental. Se ha eliminado la fase de información pública y consultas a los organismos internos, salvo en el caso de los proyectos ubicados en espacios protegidos, incluida la Red Natura 2000, en el medio marino, así como las líneas de evacuación de voltaje igual o superior 220 kV con longitud superior a 15 km. La decisión que tome la Administración se basa, pues, en el estudio de impacto ambiental realizado por el promotor y en el informe que determina la afección ambiental que realiza el órgano ambiental a partir de dicho estudio.

Críticas al modelo energético

Los argumentos que se dan en contra de los proyectos esbozados o presentados son muy diversos, y pivotan en gran medida en torno a la idea de que se sigue un modelo de implantación energética muy centralizado, visible en la escasa participación ciudadana tanto en la toma de decisiones como en ausencia de una verdadera implicación económica de los pueblos y comarcas afectados.

«Podemos llegar a un entendimiento con los promotores de los parques eólicos, pero a los alcaldes no podemos hablarles de tú a tú. No puede ser que estos parques se impongan a los municipios. Y eso nos pasó, con la connivencia de la Administración, en los año 90», dice Manuel Requeijo, alcalde del concello de Muras (Lugo), que acoge 20 parques y 380 molinos. «Estamos ¡copados de parques», se sincera antes de explicar cómo es vivir siempre con su ruido de fondo («run-run-run-run» de los aerogeneradores, algunos de los cuales quedan a 250 metros de las casas en su pueblo).

Esa imagen de imposición, a juicio de Requeijo, hace que «la gente se sienta desplazada y rehúya la participación», dice. Cuando en los años 90 del siglo pasado los promotores acudían a Muras les decían a los lugareños: «¡esas piedras que tenéis ahí en el monte no sirven para nada, venderlas y sacar unas pesetas!». Y las compraron (entre 30 y 100 pesetas el metro cuadrados). Hoy un molino genera entre 80.000 y 90.000 euros al año. «Y si no aceptabas, te expropiaban. ¿Qué diálogo es ese?», se lamenta Requeijo. No obstante, el municipio recibe ahora 1,5 millones de euros al año de ingresos (IBI, actividades económicas y canon de la Xunta), lo que permite pagar la luz a los vecinos con menos recursos.

El fomento de la energía eólica surgió en España en iniciativas de jóvenes ingenieros (por ejemplo, Ecotècnia) deseosos de cambiar el modelo energético protagonizado por las grandes corporaciones, con el ánimo de hacerlo limpio y descentralizado. Pero poco a poco las grandes compañías eléctricas han dado un paso adelante, a favor de las energías limpias, aunque el modelo sigue siendo altamente centralizado y poco democrático.

Además, el hecho de que algunas de las grandes compañías eléctricas, petroleras y gasistas se hayan apuntado de manera fervorosa a la energía limpia, cuando muchas de ellas rechazaron durante años esta opción e, incluso, la combatieron jaleando los recortes o la supresión de las primas que concedía el sistema eléctrico —invocando el llamado déficit de tarifa— resta credibilidad a esta apuesta ante los ojos de mucha opositoras a los parques eólicos. Por eso, esas voces críticas arremeten contra esta «hipocresía», convencidas de que los promotores actúan movidos por el ansia de obtener ganancias (con el riesgo de alimentar una nueva burbuja especulativa) y no por preocupaciones ambientales y climáticas sinceras

En las zonas donde se implantan, muchos proyectos son percibidos como algo ajeno a los intereses y preocupaciones de los municipios donde se asientan los molinos y sus trazados. Con frecuencia las iniciativas gravitan zonas despobladas, castigadas y con un arraigado sentimiento de abandono, de manera que cuando los promotores invocan la promesa de prosperidad la respuesta popular suele ser una mezcla de la incredulidad y de desconfianza, sobre todo en zonas que ya han pasado situaciones traumáticas (el recuerdo que dejó la guerra, despoblación) o han vivido otras expectativas de desarrollo frustrada, según documenta el antropólogo Jaume Franquesa en su libro *Molinos y gigantes*. Los proyectos suelen ser declarados de utilidad pública (de manera que se arriendan las tierras donde se implantan las instalaciones y se paga una compensaciones por la franja de terreno por donde discurre los tendidos de evacuación), lo que es percibido por propietarios, lugareños y afectados como una imposición; o a veces se crean agravios entre los beneficiarios y los que sienten que no sacan provecho de no de estas compensaciones, dice Franquesa, que ha analizado los parques en La Fatarella.

«Nos decían que las parques traerían prosperidad. Pero nuestra población se ha reducido estos años de 1.900 habitantes a 640. El 60% tiene más de 60 años. Solo han creado cinco puestos de trabajo», dice el alcalde Requeijo.

Efectos ambientales negativos

Los proyectos eólicos presentados están comportando importantes impactos ambientales, por lo que muchas iniciativas no prosperan.

De hecho, la mitad de los expedientes de grandes proyectos de parques eólicos con más de 50 MW (tramitados por la Administración central) se resuelven con una declaración de impacto ambiental negativa o son archivados, según datos del Ministerio para la Transición Ecológica.

Los datos son elocuentes. De los 39 proyectos analizados por la Administración central en la tanda de resoluciones que acabó el 25 de enero de 2023, solo 20 de ellos (el 51%) lograron una declaración de impacto ambiental positiva (el requisito imprescindible para lograr la autorización administrativa); en cambio, 13 de ellos (el 33,5%) tuvieron una resolución negativa y seis (15,5%) fueron archivados. En términos de potencia, salieron adelante expedientes que suman el 57% de los megavatios en juego y el resto se resolvió negativamente o se archivó.

Y si se considera en el balance total los proyectos bajo tutela autonómica (los de menos de 50 MW), entonces el 27% de los expedientes resueltos no obtuvieron la preceptiva declaración de impacto ambiental o fueron archivados (el 32% en términos de potencia en megavatios), según la Asociación Empresarial Eólica (AEE), que ha analizado 557 expedientes desde el 2018.

Los principales motivos de estos fracasos son la insuficiente información proporcionada, el impacto ecológico severo que se podría causar o la insuficiencia de las medidas correctoras para evitar el daño ecológico.

La Sociedad Española de Ornitología (SEO/BirdLife) asume que cada vez hay menos riesgo de electrocución de las aves en los tendidos nuevos, pero aún se dan muchas colisiones y, por otro lado, la expansión con nuevos miles de kilómetros de tendidos aumenta también ese riesgo exponencialmente, según explica Ana Carricondo, coordinadora del departamento de Conservación de esta organización.

Los proyectos que se presentan tienden en general a sortear los espacios protegidos de la Red Natura 2000, pero los promotores no ven inconveniente en situarlos en sus bordes, al lado mismo de la raya de estos espacios naturales, con lo cual, en la práctica, la afectación sobre las aves puede ser la mism», considera Carricondo.

En gran medida se evita colocar los molinos en espacios de la Red Natura; pero en cambio suelen resultar afectadas las áreas importantes para la conservación de las aves (IBA, por sus siglas en inglés), un ámbito de protección más amplio; así, pues, los tendidos sí atraviesan a veces zonas protegidas.

Del centenar de proyectos eólicos considerados más preocupantes por SEO/BordLife (una selección de los que han sido objeto de alegaciones entre 2019 y 2022), el 20% están a menos de un kilómetro de un espacio de la Red Natura 2000 o dentro de él (los menos). Y, además, un 30% se sitúa en un espacio calificado como área importante para la conservación de las aves (IBA).

«Todo esto demuestra que la manera como se están haciendo las cosas no permite tener plenas garantías de que no habrá afección a espacios de valor natural o legalmente protegidos», dice Ana Carricondo, quien reclama una prohibición vinculante para las zonas de máxima sensibilidad ambiental.

Los impactos más graves se producen muchas veces porque los parques se sitúan unos muy cerca de otros. «Hablamos de cientos de aerogeneradores juntos, lo que provoca la destrucción y degradación completa de los hábitats de las aves, hasta el punto de que deja de ser viable para ellas», añade SEO/BirdLife. Parques eólicos relativamente pequeños ya construidos están teniendo una importante mortalidad de buitres y algunas águilas, denuncia. Lo que más inquieta a los grupos ecologistas son los macroparques. «Nos encontramos con una sucesión de parques, unos al lado de otro, hasta crear un territorio volcado en el monocultivo eólico, en Teruel por ejemplo, lo que, además del impacto ambiental, impide una desarrollo socioeconómico equilibrado».

El riesgo que suponen los parques eólicos ha comportado que la Fundación para la Conservación del Quebrantahuesos (FCQ) haya decidido suspender de forma cautelar la puesta en libertad de ejemplares de esta especie amenazada en la comarca del Maestrazgo (Teruel) hasta que se aclare la dimensión definitiva del macroparque Clúster Eólico Maestrazgo, que obtuvo la luz verde ambiental en diciembre del 2022. «El alto riesgo de colisión y muerte al que se expondría esta especie hace inasumible que podamos continuar con el plan de reintroducción del quebrantahuesos», asegura Gerardo Báguena, vicepresidente de la Fundación. Éste el primer caso en España en el que se decide parar un proyecto de reintroducción de una especie amenazada por incompatibilidad con un campo de aerogeneradores.

Modificaciones y cambios en los trazados

«Antes de ser resuelta una declaración de impacto ambiental, el 75% de los proyectos sufre modificaciones que implican reducciones de la superficie de ocupación o del volumen de equipos a instalar», dicen fuentes del Ministerio para la Transición Ecológica al explicar su tarea para prevenir los daños ecológicos.

Las declaraciones de impacto ambiental que aprueban las administraciones imponen frecuentemente a los promotores modificaciones sustanciales del proyecto, con medidas correctoras o compensatorias para salvaguardar especies amenazadas (para grandes rapaces, como el águila perdicera, el busardo ratonero o el aguilucho cenizo) y demás. Por esta razón, se están exigiendo cambios en el diseño de las líneas de evacuación, soterramiento de líneas, eliminación de algunos de estos aerogeneradores o se imponen cambios de emplazamiento de estas máquinas.

En las declaraciones de impacto la Administración se suele exigir ya incluso la incorporación de modernas tecnologías para la detección de las aves, con el fin de prevenir colisiones con los molinos, dotadas de sensores que permiten parar las máquinas si se da ese acercamiento, según recuerda Juan Virgilio Márquez, director de la Asociación Empresarial Eólica (AEE).

El resultado de algunas de estas correcciones o condiciones es que las empresas deben «recalcularlo todo y hacer un nuevo proyecto» con la máxima urgencia para llegar a tiempo al nuevo hito y obtener la autorización de construcción.

En el caso del soterramiento de líneas, los costes se pueden multiplicar por más de cuatro con relación a una línea aérea. Es muy habitual que la Administración imponga el soterramiento de una línea y eso haga que el proyecto sea inviable, porque soterrar una línea obliga a recalcularlo todo, y eso hace que sea mucho más cara, dice Márquez.

Al tener que aumentar la inversión, los proyectos pueden topar luego con problemas de financiación. El resultado de todos estos obstáculos numerosos casos de proyectos rechazados por las administraciones, entre los que se incluyen los parques de Pisuerga, Rubagón (Palencia) o Cabeza Grande (Salamanca). Y frecuentemente se actúa así para evitar daños sobre la fauna (buitre negro, águila imperial o águila perdicera).

Declaraciones de impacto ambiental positivas condicionadas: prisas

Forzada por la necesidad de cumplir la planificación energética así como los estrictos plazos legales para resolver los expedientes, el Ministerio para la Transición Ecológica está aprobando, por otra parte, declaraciones de impacto ambiental positivas condicionadas a la presentación de posteriores informes sobre biodiversidad (a veces bajo competencia autonómica) para evaluar mejor las medidas correctoras que se deben aplicar.

El problema es que las prisas pueden debilitar la calidad de las evaluaciones ambientales, que se subestimen los impactos o que se tienda a considerarlos poco relevantes a la hora de autorizar los proyectos. Las medidas correctoras exigidas van a depender del seguimiento posterior, sin que haya un sistema público «para hacer este seguimiento de manera eficaz», argumenta la portavoz de SEO/BirLife. Ante esta acusación, la réplica es contundente por parte del Ministerio: «Los procedimientos ambientales en España son garantistas y en ningún caso dan carta blanca para hacer cualquier proyecto de renovables en cualquier sitio. Para nosotros es fundamental impulsar las renovables y reducir lo más rápido posible el consumo de combustibles fósiles, pero no estamos dispuestos a hacerlo a cualquier precio», señala.

El Ministerio recuerda además que «todos los proyectos disponen de un programa de vigilancia ambiental que vela por la buena ejecución», por lo que se podrá realizar comprobaciones y recabar información para verificar el cumplimiento de estas condiciones». Las declaraciones de impacto ambiental suelen incorporar planes de vigilancia de los trabajos (con reuniones periódicas e información que la Administración debe revisar) y, así, en teoría, si se detectan impactos y muertes de la avifauna, se podría ordenar al promotor que pare los molinos

Hasta finales de 2023, y pese a las abundantes alegaciones, recursos y denuncias a los jueces, las organizaciones ecologistas no han presentado quejas a la Comisión Europea para cuestionar las deficiencias de la evaluación ambiental de estos proyectos en España. La Comisión Europea pide que se agoten las vías administrativas y judiciales nacionales, y existe la convicción entre los interesados de que las instancias europeas difícilmente van a contradecir el procedimiento y la tramitación ambiental españolas (que es garantista) salvo casos muy flagrantes.

La estrategia que siguen es presentar alegaciones en la fase de tramitación administrativa de los proyectos (y el número de casos empieza a ser desbordante); y si se considera que alguna declaración de impacto ambiental favorable es «claramente injustificable», se presenta recurso de alzada claramente (para ir posteriormente al contencioso).

Un examen de lo realizado

¿Pero se están cumpliendo los planes de este despliegue eólico? El Ministerio estima que el actual ritmo le permitirá cumplir la planificación para el desarrollo eólico. El primer plan (Pniec) se marcó como objetivo alcanzar los 50MW de generación eólica al final de esta década, y el plan revisado eleva esa meta a 62 GW a finales de la década.

Por su parte, la fotovoltaica debe pasar de los previstos 39 GW en 2030 a 72 GW. El objetivo final de todo ello es lograr que el 81% de la electricidad sea de origen renovable en 2030. La planificación también persigue un recorte del 32% las emisiones de gases invernadero (respecto a 1990) y alcanzar un 45% de consumo final con renovables para recortar la dependencia de los combustibles fósiles, principales responsables del cambio climático. «Esos 62 GW es un objetivo realista; además, España puede fabricar el 90% de los componentes de los aerogeneradores», dicen fuentes de la Secretaria de Estados de Energía.

«Tenemos una de las normativas más restrictivas; pero está claro que estamos alineados con el objetivo del 2030», añade el Ministerio.

Por su parte, Pedro Fresco, ex director general de Energía de la Generalitat Valenciana, defiende los nuevos objetivos del Pniec, muchos más ambiciosos que los anteriores, son necesarios, pues «para descarbonizar la economía necesitamos una cantidad de energía renovable brutal». Para Pedro Fresco, el impacto ambiental derivado de toda esta planificación es tal, que «es imposible que todo ello se pueda materializar sin conflictos», aunque propone «normalizar» esa conflictividad como algo «consustancial a la democracia y la convivencia». El impacto cero, dice, no existe y el conflicto puede ayudar a mejorar los procesos de instalación. No obstante, admite que se puede llegar un punto en el que estos conflictos puedan poner en cuestión la aceptación de todo el proceso de aceptación de la transición energética y de las energías renovables.

Conflictos de intereses y paisaje

Pero más allá de los impactos sociales y ambientales (daños en la fauna, afectación de caminos y suelos y demás) mucha oposición se debe a la existencia de conflictos de intereses, pues los proyectos de parques eólicos o solares entran en colisión con actividades preexistentes, como la agricultura o el turismo rural, y en ocasiones se perciben como propuestas contradictorias respecto a las expectativas de desarrollo futuro y son mal acogidas por el temor a que se pueda restar visitantes o degradar el territorio. «Nos preocupan estos proyectos porque no se tienen en cuentas las actividades preexistentes. El 70% de nuestros asociados son pequeños empresarios y autónomos que han invertido dinero y han decido quedarse aquí», dice Marta Ferràs, la presidenta de la Asociación de Empresarios del Matarraña. Ferràs alega que los 80 socios han invertido más de 50 millones y han creado 350 empleos directos. Teme que se vaya al garete la imagen de turismo de naturaleza y tranquilidad que han promovido y conformado.

Muchas críticas se dirigen al impacto paisajístico o la alteración de la identidad que se ocasiona. «Nadie va a querer venir a una Matarraña llena de molinos porque afean el territorio», nos explica Esperanza Miravete, de Valjunquera, profesora de instituto. En cambio, Pedro Fresco cree observar un alto componente subjetivo en esta «idealización del paisaje»

De hecho hay quien cree ver en ciertas ocasiones una cierta patrimonialización del paisaje. «Es como si dijeran: «todo lo que está a la vista es mío». Pero el paisaje es de todos», dice Pedro Fresco. Para otros sectores, el paisaje es el principal valor de estos territorios, un capital natural que puede quedarse en los «huesos» si a determinadas zonas despobladas se les despoja de esta identidad, por lo cual todo este conflicto lo viven como un desprecio, o como una pérdida que acentúa su baja estima. Al igual que ocurre con el turismo de playa, para algunos de estos sectores —por ejemplo, los bodegueros o el turismo de naturaleza rural— el paisaje forma parte de la esencia de la identidad de su actividad económica, y cuando esta se altera lo consideran ataque a su propio negocio.

Mucha de las plataformas en contra de las renovables proceden de círculos próximos a la izquierda, para lo que Fresco tiene una explicación: «los grupos a la izquierda del Partido Socialista son muy permeables a los movimientos locales», resalta. «El ecologismo ha estado luchando durante décadas en favor de las renovables y contra la energía fósil; y ahora, cuando la ciencia muestra de manera avasalladora lo justificado de esta apuesta, y hasta las grandes compañías petroleras se suman a ella, en lugar de capitalizar esta victoria política, estos grupos dicen que si en estos proyectos también participa el oligopolio eléctrico, la gestión que se hará no será buena», se lamenta Pedro Fresco. El ecologismo pierde aquí su oportunidad de presentarse como el gran partido verde europeo, cree Fresco.

Cataluña y su soberanía energética

Capítulo aparte merece la situación de Cataluña, que acumula un gran retraso en el desarrollo de la eólica, y donde las dificultades administrativas, los requisitos exigidos en la tramitación y los cambios de normativa han impedido el impulso de esta fuente energía. Cataluña cuenta solo con 1.300 MW eólicos (2022), cuando su propio plan de energía preveía 3.500 MW para el 2015.

El decreto de implantación de la eólica promovido por el gobierno tripartito en 2009 se saldó con un rotundo fracaso, pues a lo largo de un decenio solo se levantó un molino de 2,35 MW, que corresponde al proyecto «Viure de l'aire del Cel» que entró en funcionamiento en marzo de 2018 en Pujalt (Anoia). Las trabas burocráticas y los largos periodos de tramitación han contribuido más a este sombrío panorama que la progresiva eliminación de las primas que dejaron de estimular al sector, según exponen Ramon Tremosa y Jaume Morron en el libro *Energia Soberana* (Pòrtic).

El resultado es que las fuentes renovables en Cataluña han venido cubriendo entre el 15,5% (2010) y 17,4% (2021) de la demanda eléctrica, cuando en la España peninsular estas ratios han alcanzado ya el 40% y el 55,6% en estos años respectivamente.

Los reactores nucleares siguen siendo ampliamente la opción mayoritaria; en 2021 aportaron casi 9 veces más electricidad que los parques eólicos y más de 62 veces la aportación de la energía solar fotovoltaica.

Se han sucedido las regulaciones (la última, promovida por el gobierno de ERC en 2021, que sirvió para derogar la aprobada dos años antes), pero, a juicio de los promotores, se siguen introduciendo más requisitos y aplicando criterios hiperrestrictivos. La Generalitat utiliza (en sus declaraciones de impacto ambiental) una metodología de protección del hábitat de las grandes aves (rapaces...) que cubre gran parte del espacio potencial donde es viable la explotación del recurso eólico. «La industria se adaptará, pero no es suficiente. El éxito de la transición energética requiere un liderazgo institucional que, de momento, no es tan decidido como la situación requiere», sentencia Morron.

El programado fin de actividad de las tres centrales nucleares de Tarragona (la última de la cuales debe cerrar en el 2035) y las dificultades con que tropieza la construcción de nuevas plantas para la generación con fuentes renovables dibujan un escenario lleno de incertidumbres para la producción eléctrica generada en Cataluña en el futuro. Las tres nucleares tarraconenses aportan ahora el 55% de la demanda eléctrica, lo que explica la urgencia en anticipar la respuesta a las nuevas necesidades. La solución en marcha son los proyectos de tres grandes líneas privadas de alta tensión para transportar energía verde desde Aragón hacia la región de Barcelona, lo que ha generado fuerte contestación social en las zonas afectadas por sus trazados.

Buscar la participación, clave para la aceptación

La mayor parte de sectores sociales coinciden en que es necesario prescindir de la energía fósil, por los fuertes problemas sociales y ambientales que ocasiona (emisiones y calentamiento, contaminación, daños a los seres vivos y los ecosistemas) y por los conflictos bélicos que la envuelven o por las situaciones de abuso de los monopolios. Pero, de la misma manera se asume que el modelo que se deriva de las renovables comporta una importante ocupación del territorio. Las áreas urbanas y metropolitanas necesariamente van a depender de la energía generada en las zonas que dispongan de este recurso (frecuentemente, áreas despobladas), pero esto no debería impedir que también las grandes ciudades aprovechara al máximo las fuentes renovables.

Pedro Fresco, ex director general de Energía de la Comunidad Valenciana, avala el decreto del gobierno catalán de 2021 que obliga a los promotores de parques eólicos a ofertar a los municipios donde se sitúan los parques un 20% de la participación económica (con lo que obtendrían una retribución por la comercialización de la electricidad vendida). Es la primera vez que se reconoce que los territorios deben recibir algún tipo de beneficio más allá del que obtienen los propietarios del terreno.

Esta es una fórmula está pensada para motivar motivar e incentivar a la ciudadanía para que acepte estos proyectos y los perciba como suyos. Pero esta fórmula no está dando suficientes resultados, por la desconfianza de los ciudadanos hacia los promotores, que en la mayoría de los casos son desconocidos. De hecho, en España no existe una tradición de este tipo de implicación (a diferencia del movimiento cooperativo que hizo emerger esta solución en Dinamarca en los años 80). «La realidad ha demostrado hasta ahora que cuando la empresas ofrecen esa participación económica no se ha atendido esta demanda», dice Pedro Fresco. No hay esa cultura ni esa tradición. Y la solución será, pues, crearla.

Una valoración extendida es que la aceptación de la energía eólica requiere promover medidas para favorecer la participación, con fórmulas como las cooperativas y las comunidades energéticas potentes (con estímulos crediticios y económicos atractivos) para evitar las situaciones de rechazo y bloqueo hacia las renovables. Así lo indicaron los expertos que intervinieron en unas jornadas de debate celebradas el 30 de octubre del 2023 en Barcelona, organizadas por Oikia y el Clúster de l'Energia Eficient de Catalunya (CEEC).

Hubo consenso en que el despliegue de las fuentes limpias requiere la participación ssocial para ofrecer nuevas oportunidades económicas.

Una de las propuestas centrales es regular el derecho de acceso de los promotores a la red de transporte (para verter la electricidad) mediante concursos, en los que salgan vencedores aquellos proyectos que presenten una concertación con el territorio, incluyan mejoras en la biodiversidad y compensen la zona donde se enclavaran con criterios detallados. «Esto es lo justo porque, si el Pniec quiere que se produzca más generación de energía, y es lo que debe haber efectivamente, ha de ser fruto de la concertación social. Y para que haya más concertación social, el acceso a la red no debe darse al primero que llegue, sino que debe concederse en función del que elabora el mejor proyecto», dice Joan Herrera, promotor de Oikia.

Estos expertos propusieron también el establecimiento de la figura de «proyectos de prioridad energética» catalogando como tales a aquellos que incorporen un compromiso con el territorio.Esta consideración les daría ventajas en la tramitación (para acelerar la compatibilidad urbanística o exención en el tope del espacio de ocupación). No tiene sentido tramitar todos los proyectos con el mismo criterio, obviando la concertación, dicen. Para fijar la prioridad se establecería una escala de varemos dando preferencia a los que tengan la carta de apoyo del ayuntamiento, estén situados en zona de baja sensibilidad ambiental o dispongan de un certificado de excelencia. Otros criterios serían tener especialmente en cuenta a los municipios que no tienen cubierto su consumo de electricidad, demostrar que suponen una mejora para la biodiversidad o incorporar otras actividades productivas y lugares de trabajo.

Oikia y CEC son partidarios de crear fondos de mediación en el territorio, dotados de recursos y mecanismos para facilitar este diálogo entre promotores y el territorio que acojan estos equipamientos contando con profesionales neutrales y comprometido en del desarrollo de la energía limpia.

«No tengo nada contra la energía eólica; al contrario creo que puede ser un elemento de generación de dinamismo económico en la Galicia vaciada, siempre que las personas que viven en el territorio sean partícipes de los beneficios», dice el alcalde Requeijo.

X. EL IMPACTO DEL BOOM DE LAS MACROGRANJAS DE CERDOS

Raúl Rejón

En el pueblo de Castilléjar, en Granada, viven muchos más cerdos que humanos. En este pequeño municipio de 1.300 habitantes funciona un complejo porcino que contiene unos 26.000 cerdos. Allí se producen cada año más de medio millón de lechones. Toda esa población porcina habita en una finca de 1.800 hectáreas. Apenas un 1,3% de la superficie del municipio, así que puede decirse que los cerdos se concentran en siete granjas de más de 3.000 animales cada una. Se trata de toda una macrogranja porcina. De hecho, es la que más contamina el aire su alrededor en España, según los registros del Gobierno: unas 790 toneladas anuales entre metano, amoniaco y oxido nitroso. Los tres son compuestos tóxicos liberados a la atmósfera.

Parecidas a la fábrica de Castilléjar hay más de 2.300 en España. Porque en este país se ha dado un curioso fenómeno: a más cerdos, menos granjas, pero mucho más grandes. Mientras España se iba convirtiendo en la fábrica de cerdos de Europa y el número de animales criados y sacrificados no paraba de crecer, la cantidad de granjas no dejaba de menguar. Cada vez más cerdos, cada vez menos explotaciones.

La ecuación es obvia: las granjas albergan más y más ejemplares. De hecho, a medida que desaparecían explotaciones de pequeño o mediano tamaño, las granjas más grandes no paraban de aumentar. Se inauguraba en España, la era de las macrogranjas.

«¿Quién va a querer venir a vivir aquí si no puedes ni abrir la ventana?» Son las palabras de Inmaculada Lozano, agricultora que vive en Peñas de San Pedro en Albacete. Lozano es una de las voces más conocidas de la lucha para evitar la expansión del modelo de grandes granjas de cerdos. En su pedanía frenaron un macroproyecto en 2017, pero lidian con otro plan que pretende albergar 85.000 ejemplares de cerdo en la población. Ella afirma que, tras visitar explotaciones en distintas localidades, «he visto que la gente no puede sentarse fuera —reflexiona—. La gente huye».

El incremento de grandes explotaciones, del número de cerdos y su concentración ha servido para disparar un sector industrial, el porcino intensivo, que ha tocado cotas de nivel mundial. A cambio, acarrea una batería de daños ambientales en el aire y el agua que son ya palpables al tiempo que han contribuido, a miles de kilómetros de aquí, a la deforestación del bosque tropial del Amazonas. Y, todo ello, sin taponar efectivamente el éxodo rural de la llamada España vaciada.

Pero, antes de adentrarnos en esta historia hay que intentar saber qué es una macrogranja. Ese término no tiene una defininción oficial y a eso se ha agarrado la patronal agraria Asaja en repetidas ocasiones para zafarse de la polémica. «El concepto macrogranja no existe —según ha insistido su presidente Pedro Barato— habrá granjas grandes, medianas o pequeñas».

Sin embargo, el Observatorio Dehesa de la Junta Extremadura sí ha traducido a números más entendibles las categorías oficiales: a la categoría del grupo I le corresponden de 6 a 50 reproductoras y/o hasta 350 animales de cebo. Para las explotaciones del grupo II, le asignan de 51 a 200 reproductoras y/o hasta 2.000 animales de cebo. Para las del grupo grupo III, la horquilla va de 201 a 750 reproductoras y/o hasta 5.500 animales de cebo. Además, la ley les permite a las comunidades autónomas extender esos límites un 15% a la hora de autorizar las explotaciones. Esas son cifras comprensibles.

Con ese guía en la mano se entiende mejor la evolución que han experimentado —o sufrido— los pueblos españoles: De 2007 a 2022 ese Grupo III ha pasado de contabilizar 1.425 explotaciones a las 2.357 un 65% más. De las de tipo II (que pueden estar cebando hasta 2.000 cerdos) se ha saltado de las 7.476 a las 10.062 (un incremento de 2.586 o un 34%). El total del sector porcino ha pasado de 99.500 a 85.500 granjas. Las granjas de tamaño más reducido han caído a la mitad.

Aun así, Pedro Barato, de Asaja, se ha preguntado: «¿El grande es malo y el pequeño bueno? Pues no. Una macrogranja no está tipificado. Es un concepto con el que se quiere confundir al personal».

Para centrar el tiro. Todas las granjas de porcino con más de 2.000 plazas de cerdos de cebo de más 30 kilos o con más de 750 plazas para cerdas reproductoras tienen la obligación legal de enviar sus emisiones al Registro Estatal de Emisiones y Fuentes Contaminantes y de disponer de una Autorización Ambiental Integrada positiva. Se debe hacer esto porque su tamaño, su dimensión, las convierte en una fuente de contaminación. En 2022, había activas 2.465 granjas de cebo de más de 2.000 cabezas y 834 de cerdas reproductoras con más de 750 plazas.

Las zonas de España donde se han concentrado más explotaciones de gran tamaño son Aragón y Cataluña. La primera tiene registradas más de 700 granjas porcinas del grupo III. A eso se le suman otras 2.400 del grupo II. En Cataluña superan las 550 explotaciones del mayor tamaño y las 2.300 del segundo nivel. Aunque las explotaciones más grandes están en la provincia de Granada, la concentración en la zona de la zona de Zaragoza y Lleida conforma una especie de cordón del boom del porcino.

Además se añaden áreas en las que los proyectos para instalar granjas de cerdos de gran tamaño se han multiplicando sin llegar a las cifras absolutas aragonesas o catalanas, pero que han incrementado la carga en zonas específicas de Castilla-La Mancha o la Región de Murcia.

Así que no, no se puede rastrear un documento oficial que establezca qué es una macrogranja, pero con los datos en la mano, es intuitivamente sencillo saber de qué hablamos.

A lomos de esa evolución industrial, España se ha convertido en los últimos 15 años en la principal potencia porcina de Europa y una de las más importantes del mundo. Solo está por detrás de China y EEUU y ya ha superado a Alemania dentro de la Unión Europea. Si en diciembre de 2005 se contaban 24,8 millones de cabezas, 2022 se cerró con 34 millones. Uno de cada cuatro cerdos que se crían en la Unión Europea, nace, engorda, excreta y muere en España.

Si en 2004 se sacrificaron unos 38 millones de cerdos para el sector de carne porcina, en 2021 se alcanzó el último récord en la producción española con 58 millones de animales sacrificados y más de cinco millones de toneladas de carne para el mercado.

Por si fuera poco, en 2018, China, el mayor productor y consumidor de cerdos del mundo, detectó casos de peste porcina en sus explotaciones. Su cabaña fue diezmada para intentar contener la pandemia.

España se puso a cubrir ese hueco: si las exportaciones a China en 2008 fueron unas 390 toneladas de carne de cerdo, en 2015 fueron 161.000 toneladas. Al año siguiente, en solo doce meses, se pasó a 339.000 toneladas en 2016. En 2019, ya con la enfermedad esquilmando las granjas chinas, se doblaron las exportaciones a este país. Ese año se le vendieron 635.000 toneladas. Y un curso después, en 2020, las ventas ya se dispararon definitivamente hasta los 1,3 millones de toneladas. Las tres cuartas partes de lo que exportaban las granjas de cerdos españolas iban a venderse a China.

En 2008 se vendía a China por valor de 389.000 de euros y en 2020, cuando se rebasó el millón de toneladas de carne exportadas, se superaron los 3.000 millones euros.

Aunque el director general de la interprofesional Interporc dijo durante la conferencia del clima de la ONU de Madrid (COP19) que la COP servía de escaparate para «los avances en materia de sostenibilidad de nuestro sector y dar la réplica a aquellos que tratan de confundir a la opinión pública con argumentos falaces sobre la ganadería y su impacto en el cambio climático», lo cierto es que la Organización de la Naciones Unidas para la Alimentación (FAO) no para de alertar sobre cómo crece el impacto que la ganadería industrial tiene en la crisis climática. La producción ganadera es responsable de un 12% de las emisiones de gases de efecto invernadero.

Aire contaminado, agua imbebible

Mientras el director general de Interporc, Alberto Herranz, llamaba durante la celebración de la COP19 de Madrid «falacias» a las informaciones sobre los daños ambientales causados por la producción industrial intensiva de carne de cerdo, España ya tenía abierto un expediente sancionador de la Comisión Europea en el que exigía a las autoridades que tomaran medidas para «evitar la contaminación» de las aguas subterráneas preocedente de la agricultura y la ganadería.

Porque, al final, para tener una cabaña ingente de cerdos y, en la mayoría de casos, concentrados en instalaciones se ha tenido que pagar un alto peaje medioambiental en España. La acumulación de animales se ha traducido en contaminación del aire y del agua. Una contaminación en forma de gases tóxicos a la atmósfera y vertido de residuos a cursos de agua y acuíferos más allá de los niveles permitidos.

Los daños ecológicos de las macrogranjas son un asunto sucio y maloliente. Para entender cómo estas explotaciones se han convertido en una fábrica de gases contaminantes, hay que hablar de excrementos porcinos. Unos 60 millones de metros cúbicos al año de desechos mezclados con agua que se denominan purines. Cada cerdo genera entre cuatro y seis litros al día.

Los purines son, pues, el estiércol y el agua utilizada para limpiar las instalaciones junto con otros residuos como los de los piensos. Un producto licuado y pastoso cargado de nitrato que lo convierten en un producto de difícil manejo y que precisa de un tratamiento para convertirlo en fertilizante útil. Además, al descomponerse sin aire, produce metano que es un gas con una fortísima potencia de efecto invernadero.

Este producto es un foco de amoniaco, un gas tóxico que se libera al aire. Gran parte de las emisiones españolas provienen de la gestión de la gigantesca cantidad de estiércol que elimina la cabaña porcina.

Aunque en principio ese purín podría reutilizarse como fertilizante, está resultando una fuente tóxica. Al aplicarse al suelo se oxida y se transforma en nitrato. Ese compuesto está terminando por filtrarse a los cursos de agua y los acuíferos subterráneos. No es una mera reacción química en una pizarra. Hay ciudadanos que en diciembre de 2023 ven comprometido el suministro de agua potable por este tipo de contaminación.

A España las emisiones de amoniaco —en buena medida cebadas por el auge porcino— le han creado un problema desde hace años: encadenó más de una década incumpliendo los límites de liberación de gas diseñados en la Unión Europea. Desde 2010 a 2019, se rebasó el tope establecido en las 353.000 toneladas anuales de amoniaco.

Y año tras año, el análisis del Ministerio de Transición Ecológica repetía el mismo diagnóstico: «Desde 2013 se observa un paulatino aumento de las emisiones, vinculado al incremento de la cabaña ganadera y un repunte en el uso de fertilizantes orgánicos (estiércol) e inorgánicos». El problema estaba bastante identificado.

Sin embargo, a esos análisis se les añadía regularmente una queja: el Gobierno español insistía en que ese límite estaba mal calculado. Que era demasiado bajo y que debería revisarse la normativa. «Desde el año 2017 se solicitó un ajuste de las emisiones de amoniaco para evaluar el cumplimiento adecuadamente, pero fue rechazado por la Comisión Europea».

Pero, finalmente, la Unión Europea modificó los criterios de manera que, de golpe, los límites máximos se convirtieron en más permisivos. Para 2020, el primer curso en el que se aplicaba la nueva normativa, el tope había crecido hasta las 482.000 toneladas de amoniaco lanzadas al aire. Les habían concedido un margen un 36% más ancho. A pesar de esto, aquel año, España volvió a incumplir su nuevo límite.

No se quedaron ahí los retoques. Más adelante, el Ministerio de Transición Ecológica revisó todas las emisiones de amoniaco de los años anteriores. Entre otras cosas se añadió la información sobre la gestión de estiércoles —el gran problema porcino— que se aportó desde el Ministerio de Agricultura. ¿El resultado? España cumplía al fin los máximos europeos de emisión de amoniaco tras diez años fuera de la normativa.

Si el amoniaco contamina el aire, la otra pata de los problemas medioambientales está en el agua.

¿Cómo ocurre esto? «Al generar una cantidad ingente de excrementos, las macrogranjas convierten los campos agrícolas colindantes en auténticos vertederos de residuos», explica la organización Greenpeace. La cuestión es que los excrementos pueden actuar como un excelente abono para cultivar vegetales. Sin embargo, insiste en sus explicaciones la ONG, «en grandes cantidades se convierten en un veneno».

La materia orgánica que hace las veces de fertilizante lleva nitrógeno. La acumulación en el suelo satura el terreno con este elemento que está filtrándose hasta las aguas subterráneas. El 22% de las aguas bajo tierra en España están contaminadas de esta manera, según los datos oficiales. Es un fenómeno bien conocido ya que la Comisión Europea considera que la ganadería es responsable del 80% del nitrógeno que se filtran a los acuíferos de la UE.

«España tiene un problema sistémico para gestionar la contaminación por nutrientes procedentes de la agricultura», describía la Comisión Europea en un informe específico dirigido al Consejo y el

Parlamento Europeos en octubre de 2021. En el mismo documento se afirmaba que España estaba dentro del grupo de países que debían «adoptar con urgencia medidas adicionales para alcanzar los objetivos de la Directiva sobre nitratos». Se subrayaba que nuestro país estaba entre los «más alejados de estos objetivos».

Una vez cubiertos los plazos de advertencia y sin haber conseguido que España corrigiera el rumbo, Bruselas lanzó un comunicado el 2 de diciembre de 2021: «La Comisión decide llevar a España ante el Tribunal de Justicia de la Unión Europea por no haber tomado medidas suficientes contra la contaminación por nitratos».

Finalmente, el Tribunal de Justicia Europeo condenó a España por este asunto. Mientras tanto, tener agua scontaminadas no es ninguna situación teórica o judicial en muchos puntos del país.

Si se mira de manera general, el 40% de los acuíferos españoles están en mal estado ya sea por sobrexplotación o mala calidad del agua. Y la principal causa de la mala calidad es el exceso de nitratos que se filtran hasta las aguas subterráneas por la utilización masiva de fertilizantes y los ya mencionados estiércoles ganaderos.

El Instituto Geológico y Minero de España (IGME) lo certifica así: «Las prácticas agrarias son el factor principal de alteración de la calidad de las aguas subterráneas». Y, según el análisis del IGME, «el gran volumen de estiércol líquido, sobre todo el de porcino, generada en zonas de agricultura intensiva está dando problemas importantes de contaminación por nitratos de las aguas subterránea». A pesar de que las granjas deben cumplir unas normas más estrictas desde 2020, gran parte del daño hecho al agua ya está ahi.

Si se centra el foco sobre el terreno, los efectos se aprecian sin escarbar demasiado. Quizá uno de los casos más rocambolescos es el de las comarcas de Los Pedroches y el Guadiato en el norte de la provincia de Córdoba. Allí la sequía agotó los recursos de agua del embalse de Sierra Boyera que abastecía a 80.000 ciudadanos. Ante este problemón, las administraciones pusieron en marcha un bombeo de agua desde otro pantano, el de La Colada, para que esas poblaciones tuvieran qué beber.

Sin embargo, cuando empezó a llegar el líquido en abril de 2023 y se analizó, afloró la verdad: el agua de La Colada estaba contaminada y los humanos no podían beberla. El líquido mostraba altos índices de arsénico y cianobacterias provenientes, sobre todo, de residuos ganaderos y urbanos. La Confederación Hidrográfica del Guadalquivir había abierto nueve expedientes sancionadores por vertidos al embalse desde 2019.

Como resultado, esas 80.000 personas deben comprar garrafas de agua o acudir en horario prefijado a rellenar recipientes desde unos camiones cisterna. El Defensor del Pueblo abrió una investigación en octubre de 2023 por toda esta situación.

Estas comarcas no son casos únicos. También pueden hablar los 4.000 vecinos de Polán (Toledo) donde se crían miles cerdos al año cuando el Ayuntamiento tuvo que cortar el grifo en febrero de 2022. En Castilla-La Mancha se han certificado cortes de agua en Villarejo Seco (una pedanía de Villar de Olaya), Barchín del Hoyo y Alberca del Záncara (Cuenca) además de los casos de Hoya-Gonzalo y Pozuelo (Albacete). Incluso una sentencia del Tribunal Superior de Justicia de Castilla-La Mancha de 2018 confirmó que las aguas de consumo público de Torrejoncillo del Rey (Cuenca) estaban «contaminadas por nitratos procedentes de las granjas».

Durante 2023, España ha atravesado una severa sequía. En muchas zonas del país se han visto niveles bajísimos en los embalses porque, al no llegar lluvias, las reservas exprimidas por un consumo intensivo (en este caso sobre todo para la agricultura de regadío) no pudieron reponerse. Sin embargo, el otoño dejó una cantidad apreciable de precipitaciones; no en todos los sitios, desde luego. Y, sobre todo, no en Cataluña, precisamente una de las cunas del porcino a macrogranja.

La comunidad autónoma catalana experimenta a finales de 2023 la peor sequía de su historia. Las declaraciones de emergencia se vieron seguidas de restricciones de agua para diversos usos y zonas. Las desaladoras se pusieron a trabajar al 100% de su capacidad. Nada bastó.

Así que, ante este panorama, se fue a buscar el agua subterránea para solventar la emergencia. Y, una vez más, se destapó la realidad: 17 de las 37 masas de aguas subterráneas de Cataluña están en mal estado químico. Un 46%. Los purines de las granjas porcinas están, en buena parte, detrás de ello.

El Mar Menor

En medio del boom de los cerdos el Ministerio para Transición Ecológica avisaba al Gobierno de la Región de Murcia de que había una «alta concentración» de cabezas de porcino en unos pocos municipios de esa comunidad autónoma. La multiplicación de cerdos se centraba en el Campo de Cartagena. La corona que rodea el Mar Menor.

El informe del Ministerio también afirmaba que el 90% de las balsas de purines «no cumplen con las normas estipuladas de construcción (principalmente en lo concerniente a la impermeabilización)», lo que generaba un «gran riesgo» de «infiltración, lixiviación y escorrentía». Eso quiere decir peligro de que los excrementos mezclados con agua se filtren al suelo, alcancen los cursos de agua y, en último extremo, lleguen a un Mar Menor que ya estaba entonces en la UCI.

Quizá lo más llamativo es que el propio Gobierno regional de Murcia que dirigía Fernando López Miras (Partido Popular) sabía lo delicado de la situación. Su Dirección General de Producción Agrícola del Gobierno de Murcia alertó en un informe de 2019 del deficiente control de los nitratos de las explotaciones ganaderas y que la inspección para atajar este problema andaba bajo mínimos: solo dos personas para toda la comunidad autónoma.

El informe también constataba que, cuando se detectaban incumplimientos, ningún funcionario visitaba la explotación para levantar acta oficial y que esta sirviera como documento probatorio para iniciar un expediente sancionador.

Evidentemente, el colapso ecológico del Mar Menor tiene diferentes fuentes desde la minería hasta la agricultura intensiva. Pero las macrogranajas y su escalada también juegan su parte en el desastre.

Arde un árbol en la Amazonía para que coma un cerdo de macrogranja

Sacrificar 50 millones de cerdos al año obliga, lógicamente, a criar millones de animales. Y esos millones de organismos necesitan comer cada día. ¿Y qué comen los cerdos de las explotaciones industriales? No es posible que esa cabaña millonaria paste o busque bellotas en las dehesas —esa imagen casi bucólica—. De hecho, las explotaciones porcinas en régimen extensivo, que podría asimilarse a cerdos moviéndose por esas dehesas, son un quinto de las que funcionan en España.

Así que en las granjas intensivas, a los cerdos se le da pienso para comer. Y en las macrogranjas, lógicamente, se da mucho pienso. Y aquí comienza a construirse una cadena que termina, o más bien comienza, en los incendios que asolan la Amazonia, El Cerrado o el bosque húmedo argentino al otro lado del Atlántico (sobre todo en Brasil y Argentina). Puede afirmarse que arde un árbol en la Amazonia para que coma un cerdo de macrogranja en España que, en muchas ocaciones, será consumido en China. Un viaje destructivo planetario.

El ciclo se explica porque los piensos que comen los cerdos están hechos, en gran medida, de soja. Una soja que se produce en grandes cantidades en Suramérica, pero a costa de hacerle sitio a base de destruir bosque.

En España, los productores españoles, han tenido que comprar gran cantidad de piensos para alimentar la cabaña porcino que crecía y crecía. Eso ha hecho que las importaciones de soja sumen más de cinco millones toneladas al año.

Porque casi toda la soja que entra en España se usa para fabricar piensos para animales, no para comida o bebida humana. «Son la base proteica de la alimentación ganadera», explican los documentos de evaluación del Ministerio de Agricultura. Sin esos piensos, sin esa soja con la se fabrica no habría incremento de cabaña. Ni de animales sacrificados ni de producción de carne ni, por supuesto, de exportaciones record.

Más de cuatro millones de toneladas de soja se utilizan todos los años para obtener alimentación animal. La producción total de piensos en España superó los 37 millones toneladas en 2020 por los 31 millones toneladas de 2015. El 96% es para ganado o aves, «animales de abasto» en terminología agropecuaria.

Y, como se aclaraba un poco antes, más de la mitad de toda esa producción de pienso en España es comida para cerdos destinados al matadero, según refleja la recopilación de datos de fabricantes que realiza el Ministerio de Agricultura.

«España se ha convertido en una maquila cárnica», ha analizado Isabel Fernández Cruz, activista de Ecologistas en Acción. La maquila es un sistema de producción en el que las piezas de cualquier producto se ensamblan y montan en países con mano de obra barata para luego destinar esos productos a terceros países, normalmente en estados más ricos. En el caso de las macrogranajas, se recibe materia prima barata, la soja que viene de América para transformarse en algo de mayor valor, la carne de cerdo, que terminan muchas veces exportada a otros paises.

El cultivo industrial de soja está detrás de gran parte de la deforestación del Amazonas. ¿Por qué? Porque se queman grandes extensiones de este bosque tropical para clarear el terreno, es decir, eliminar árboles, y convertirlo en una planicie donde puedan plantarse miles y miles de hectáreas de soja.

Las cifras, en ocasiones, parecen difíciles de creer, pero son así: entre 2006 y 2017 se plantaron allí cada año entre 60.000 y 1,9 millones de hectáreas de soja en terreno deforestado. En El Cerrado brasileño, que es una especie de sabana, la mitad de ese ecosistema se ha transformado ya en tierra de cultivo de soja. La mitad.

El ritmo de deforestación en Brasil desde 2012 a 2022 experimentó una aceleración sostenida pasando de una superficie de 4.500 a más de 13.000 kilómetros cuadrados de árboles perdidos. El mandato del ultraderechista brasileño Jair Bolsonaro como presidente del país se tradujo en un incremento de la pérdida de bosque. Abrió la mano, redujo las regulaciones y dejó de investigar y perseguir incendiarios, según han relatado desde allí numerosas organizaciones ambientalistas. Las cifras de desolación boscosa les daban la razón.

Para comprender la relevancia de la destrucción de bosque en Brasil sirve de ilustración el dato de que la principal fuente de emisiones de gases de efecto invernadero del gigante suramericano es la deforestación: hasta un 47% de sus emisiones provienen de la desaparición de árboles que liberan el carbono que almacenaron durante décadas. Y el segundo puesto se lo lleva la cabaña ganadera que supone un 25%-27%.

El engranaje en el que funciona la deforestación salvaje y la producción de carne porcina en Europa y España es tan evidente que la Unión Europea terminó por aprobar en diciembre de 2022 un reglamento para intentar cortar esta relación perversa. «La UE es un gran consumidor de materias primas asociadas a la deforestación y la degradación forestal», admitía el preámbulo de esa normativa. La lógica que ese reglamento aplica es que «dado que la Unión Europea es una importante economía y consumidora de estos productos básicos, este paso ayudará a detener una parte significativa de la deforestación y la degradación forestal a nivel mundial».

La verdad es que entre el reglamento y el cambio político vivido en 2023 en Brasil, con la reentrada de Luiz Inácio Lula Dasilva como presidente, en los primeros 10 meses de ese año, la deforestación del Amazonas cayó un 50%. Sin embargo, los activistas han alertado que la industria está buscando recovecos para no ceder terreno: han girado su foco deforestador a El Cerrado.

Solo en septiembre de 2023, la destrucción en ese ecosistema creció un 60% respecto al año anterior. Se devastaron 83.000 hectáreas frente a las 32.000 de doce meses antes. El grupo Alianza Cero Deforesatación pidió a la Unión Europea que extienda esa norma a otras tierras boscosas como el mencionado El Cerrado.

¿Antidoto contra la despoblación?

La expansión de los proyectos de macrogranjas ha contado con bastante oposición en muchos municipios donde estas factorías porcinas no eran vistas como un maná económico sino, más bien, como un lastre con poco beneficios para la mayoría, muchos beneficios para una minoría y un buen puñado de desventajas: desde las más obvias sobre el desagradable aroma que se extiende y rodea las megagranjas hasta los daños al aire y el agua.

Pero, las patronales y la industria insisten en que gracias a que se desarrollan proyectos como los de las explotaciones ganaderas intensivas se mantienen un tejido empresarial y empleo y, en definitiva, se frena la despoblación de la llamada España vaciada. Así lo describe la sectorial Interporc: «El sector porcino español es un ejemplo de vertebración del territorio y de generación de oportunidades en miles de municipios de nuestra España más rural».

Según sus cálculos, 3,5 de cada 10 puestos de trabajo directos del sector porcino están en esas pequeñas localidades de menos de 5.000 habitantes.

Ese mensaje se ha extendido y generalizado, aunque una mirada más detallada ofrece otros contrastes sobre la expansión de las macrogranjas porcinas por España.

La organización Ecologistas en Acción ha hecho ese esfuerzo. De su trabajo se ha deducido que tres cuartas partes de municipios con «alta carga porcina, es decir, con un sector intensivo de cerdos relevante, han perdido población o ganado menos que «aquellos que no tenían esa cabaña fuerte». Los pueblos que analizaron eran, precisamente, los de 5.000 habitantes o menos. Luego cruzaban a esas localidades los censos ganaderos porcinos de las comunidades autónomas.

De esta manera, en las dos décadas que van desde 2000 a 2020 el 74% de los municipios porcinos estudiados en Aragón, Castilla-La Mancha, Castilla y León, Cataluña, Galicia, la provincia de Granada, la Comunitat Valenciana y la Región de Murcia, han padecido más que disfrutado desde el punto de vista demográfico la instalación de muchas cabezas de cerdo. «Una evolución en función de la presencia o no de la ganadería industrial, la economía local y la oferta laboral», explica el trabajo de la organización.

La conclusión que ofrece este estudio es que «no hay ningún indicio» de que estas explotaciones sean una herramienta relevante contra la despoblación rural.

«Nos gusta la morcilla y el jamón, pero también poder beber agua del grifo y un pueblo con futuro», es el resumen de Inmaculada Lozano.

XI. LOS INTENTOS DE UNIR ESTACIONES DE ESQUÍ A TRAVÉS DE UN VALLE VIRGEN DEL PIRINEO ARAGONÉS: CANAL ROYA

Ismael Arana

La pancarta que luce en el escaparate de la tienda no deja espacio a la interpretación. «¡Salvemos Canal Roya!», se lee bajo el dibujo de una vaca ceñuda que en primer plano mastica con fruición un telesilla. Unos metros más adelante, el biólogo Víctor Ezquerra cuenta que, al principio, «daba cosa» decir algo en contra de la unión de estaciones, porque parecía que la mayoría de gente de la zona iba a estar a favor del proyecto. «Pero en poco tiempo se vio que invertir una millonada en cargarse un valle virgen para ampliar el dominio esquiable, cuando cada vez hay menos nieve, es un despropósito. Gracias a la movilización ciudadana, al final lo paramos», resume.

Ezquerra habla desde una cafetería situada frente a la imponente estación internacional de Canfranc (Huesca), de donde es natural. A escasos 8 kilómetros de la frontera con Francia, en pleno Pirineo aragonés, este edificio de aires clasicistas inaugurado en 1928 por Alfonso XIII y el general Primo de Rivera ha sido recientemente reconvertido con dinero público en un hotel de lujo ahora gestionado por la cadena Barceló. Desde sus coquetas habitaciones, por algo más de 200 euros la noche, uno puede atisbar la ruta que conduce a las inmediaciones de Canal Roya. Otro monumento, en este caso natural, que en 2023 vio amenazada su integridad por un proyecto que pretendía crear el dominio esquiable más grande de España a costa de tender por sus entrañas una telecabina que uniera las estaciones alpinas de Astún y Formigal.

Aberración. Destrozo. Barbaridad. Son algunos de los epítetos que le dedicaron a la iniciativa desde un inicio ecologistas, montañeros, organizaciones sociales y partidos como IU, Podemos o Chunta Aragonesista, estos dos últimos por entonces parte del Ejecutivo autonómico. «A cualquiera que conozca Canal Roya se le ponen los pelos de punta al pensar que por ahí querían meter una telecabina, tendidos eléctricos, carreteras, edificios…», cuenta Paco Iturbe, divulgador ambiental y portavoz de la Plataforma en Defensa de las Montañas de Aragón (PDMA).

Otra crítica recurrente era que para su financiación se destinaban 26,4 de los 33 millones de euros de los fondos de recuperación europeos para la sostenibilidad y adaptación al cambio climático (los famosos fondos Next Generation) captados por Aragón. «Un dinero que debe utilizarse para fomentar el turismo sostenible y mantener la biodiversidad se destinaba a destruir un paraje natural para nuevas infraestructuras de esquí, cuando encima lo que falta es nieve por el calentamiento global. No tenía ningún sentido», apostilla Iturbe.

Todo el mundo coincide en que Canal Roya, que hace frontera con el Parque Nacional de los Pirineos en Francia, es un lugar emblemático. De origen glaciar, el valle tiene forma de canal en U y por su fondo discurre el río con el mismo nombre, que se nutre hasta desembocar en el cercano río Aragón de las docenas de arroyos de aguas salvajes que surcan sus laderas.

El valle, que discurre de este a oeste, tiene un alto valor paisajístico, cultural y natural, y sirve de corredor ecológico para que algunas especies migren a otros territorios. Como explica Ezquerra, en sus tierras se da una mezcla del mundo húmedo calizo propio del Pirineo Occidental con el mundo impermeable del silicio del Pirineo Central, una combinación «relativamente rara» que se traduce en una gran variedad de flora y fauna de alta montaña (sarrios, marmotas, perdiz nival o quebrantahuesos, entre muchos otros). A nivel geológico, también resulta llamativa la mezcla con restos volcánicos del cercano monte Anayet (2.545 metros) y las formaciones de pizarras y areniscas rojas.

Pero no solo eso. «También tiene parte de lugar sagrado», señala Iturbe, un pasado que atestiguan los túmulos y dólmenes erigidos por las poblaciones ganaderas que habitaron la zona hace más de 2.000 años. Una rica historia que también registró episodios singulares en tiempos oscuros no tan lejanos, como cuando refugiados europeos de la Segunda Guerra Mundial, muchos de ellos judíos, cruzaban la linde francesa rumbo al sur para escapar de las garras de las tropas de Hitler. «Muchas veces bastaba con enfilar a los fugitivos hacia Canal

Roya y señalarles dónde estaba el ferrocarril para concluir la tarea. Los fugados habían oído hablar de Canfranc y sabían que esa era su esperanza para acabar el largo viaje que habían emprendido, los más desde Polonia o Hungría», recoge el periodista aragonés Ramón J. Campo en su magnífica obra «Canfranc. El oro y los nazis».

Apenas dos décadas más tarde, al mismo tiempo que se desarrollaban los centros deportivos, ya se pergeñó en los años setenta la idea de la unión de las estaciones de esquí del valle del Aragón (Candanchú y Astún) con las de Tena (Formigal y Panticosa). Tras algún arreón que no cuajó, fue durante el gobierno de la comunidad del PP encabezado por Luisa Fernández Rudi (2011-2015) cuando se puso negro sobre blanco la iniciativa, por entonces financiado con dinero privado. Sin embargo, la inviabilidad del plan y el cambio de gobierno acabó con el texto enterrado en el cajón de los proyectos olvidados, de dónde lo rescató ocho años después el Ejecutivo liderado por el socialista Javier Lambán al albur del maná de los fondos europeos.

«Más que un objetivo, es un sueño» fueron las palabras escogidas por el presidente aragonés aquel 14 de febrero de 2023 tras la firma del convenio de colaboración con el que echaba a andar la postergada unión. En su rúbrica, escenificada en la sede del Gobierno aragonés con todos los honores, también participaron la consejera de Economía y presidenta de Aramón (grupo empresarial del sector de la nieve participado a medias por Ibercaja y el Gobierno de Aragón), Marta Gastón; el vicepresidente y entonces líder del Partido Aragonés, Arturo Aliaga; el presidente de la Diputación Provincial de Huesca, el socialista Miguel Gracia; y el presidente de Astún, Jesús Santacruz.

Las grandes cifras fueron desde el principio uno de los arietes esgrimidos para convencer de sus bondades. Con un presupuesto total de 38 millones de euros (de los que el 70% provenían de fondos europeos), el plan contemplaba la construcción de una telecabina de 8,8 kilómetros entre ida y vuelta que debería conectar las estaciones de Astún con la de Formigal a través de Canal Roya antes de que finalizara el 2025. Esta infraestructura, sumada a otra similar en camino —y sin tanto revuelo— entre las estaciones de Candanchú y Astún, iban a dar forma al mayor dominio esquiable del Pirineo: unos 300 kilómetros que pondrían a Aragón en el puesto número 11 del ranking de las estaciones más grandes del mundo.

«El mundo del esquí tiende a la creación de grandes espacios esquiables», corrobora Jesús Pellejero, presidente de la Asociación de Empresarios del Valle de Tena, cuyos miembros votaron de forma unánime a favor del proyecto. El empresario cita como ejemplo los casos de Andorra, Cataluña o Sierra Nevada, donde las estaciones llevan años invirtiendo cifras millonarias en seguir aumentando sus kilómetros de descenso. La ampliación aragonesa, argumentan sus defensores, les permitiría competir con las estaciones rivales, sobre todo para poder llenar entre semana y captar clientes en el mercado extranjero. «Con solo un remonte, llegaríamos a esos 300 kilómetros y podríamos competir con otras comunidades, que lo están consiguiendo a base de ocupar monte e intervenir en la naturaleza de forma mucho más invasiva. Por supuesto que sacrifican recursos naturales, muchos más que nosotros, pero creen que es imprescindible», añade Pellejero.

Sobre el papel, el proyecto básico no escatimaba en ventajas. Con una duración por trayecto inferior a 15 minutos, la previsión oficial una vez en marcha la infraestructura hablaba de 2.400 usuarios por hora y un aumento del 9% del número de visitantes, hasta alcanzar los 125.000 al año. Además, pronosticaba un impacto económico total de 50 millones anuales en sus tres primeros ejercicios (2026-2028) y la creación de unos 575 puestos de trabajo, directos e indirectos. Más allá de las cifras, sus valedores subrayan entre sus «ventajas innumerables» el apoyo masivo «y sin fisuras» de la gente del territorio, incluidos ayuntamientos de la zona, agentes sociales, empresarios o comerciantes, que se mostraron a favor de la unión.

En el plano técnico, el proyecto recogía que el trazado se adaptaba a la orografía de Canal Roya, aunque hacía falta acometer un desmonte en el collado de Astún para que las cabinas pudieran superar la pendiente. En total, había tres estaciones por las que circularían 115 cabinas: una en Astún, otra en Formigal y otra intermedia en la propia Canal Roya, que permitiría a los usuarios tener un acceso «rápido y directo» a este valle virgen «para el fomento de las actividades en la temporada estival».

Los 8.672 metros de cable, de 50 milímetros de diámetro, se sustentaban en 37 pilonas tubulares de sección variable o troncocónicas, con una altura que oscila entre los 6 y los 17 metros de altura y para cuyo montaje se utilizarían principalmente helicópteros y excavadoras arañas. Para minimizar su impacto, se incluía el soterramiento parcial de las estaciones. Aún así, la conexión dejaba «una importante alteración del paisaje de la zona» que sería visible desde el 8% del total de área estudiada en un radio de 10 km, según recogía el Estudio de Impacto Ambiental recogido en el Proyecto de Interés General de Aragón (PIGA).

El proyecto desencadenó de inmediato un fuerte rechazo social. Hubo importantes protestas y manifestaciones de denuncia, a las que se sumaron las cinco grandes organizaciones ecologistas nacionales, lo que contribuyó a darle al conflicto una dimensión más amplia. Por redes, pronto circularon numerosos manifiestos y escritos en contra de deportistas, académicos, artistas y otras personas de renombre, y el asunto saltó a las páginas de algunos periódicos extranjeros e incluso llegó a las autoridades de Bruselas.

Daniel Gómez, del Instituto Pirenaico de Ecología (IPE), rubricó junto a un centenar de compañeros científicos un texto en el que tachaban de «poco racional» este proyecto, con intervenciones «irreversibles» que podían culminar en «tan solo una amarga cicatriz» en pocas décadas. El investigador puntualiza que la nieve es un recurso económico de gran valor para la región, pero insiste en que los escenarios aparejados al cambio climático —reducción de las precipitaciones de nieve y temporadas de esquí más cortas— son un argumento con suficiente peso como para poner en tela de juicio esa apuesta por ampliar la superficie esquiable, una «batalla perdida con los Alpes y otras grandes cordilleras». Por eso, apuesta por que la explotación vaya encaminada a «la calidad en lugar de la cantidad». «Un medio natural bien conservado es un potencial que gana enteros con el tiempo porque cada vez hay menos. En el futuro va a cobrar más valor la naturaleza sin tocar que la transformada», añade.

Aunque el efecto del calentamiento en la reducción de las precipitaciones medias anuales es incierto, sí que es científicamente incontestable que, si siguen las emisiones, aumentarán las temperaturas, algo que en los Pirineos lo harán de forma más acusada, tal y como refrendan científicos del Grupo Intergubernamental de Expertos sobre el Cambio Climático (IPCC), el Observatorio Pirenaico de Cambio Climático (OPCC), el IPE o la Fundación para la Investigación del Clima.

Según el OPCC, entidad científica de cooperación entre España, Francia y Andorra perteneciente al consorcio público de la Comunidad de Trabajo de los Pirineos (CTP), eso se traducirá en que parte de las precipitaciones pasen de caer en forma de nieve a hacerlo como lluvia, mientras que las primeras nevadas llegarán más tarde y el deshielo se producirá antes. En este sentido, los modelos climáticos más optimistas que han creado para estas montañas apuntan a que en el año 2050 habrá un espesor de nieve un 50% menor al actual en cotas de 1.800 a 2.200 metros, franja que ocupan la mayoría de las estaciones. Y eso teniendo en cuenta un escenario intermedio de gases efecto invernadero (RCP 4.5), en el que las emisiones alcanzarían su punto máximo en torno a 2040 para luego disminuir progresivamente. Si el escenario fuera el más pesimista (sin reducción de emisiones), la disminución del espesor de la nieve podría llegar al 70% y ser aún mayor en las cotas bajas.

«En nuestras proyecciones, comparamos el espesor de la capa de nieve con la media del periodo 1981-2010», explica Juan Terrádez, investigador climático del OPCC. A su juicio, cada vez va a ser más difícil la producción de nieve y que el manto blanco aguante en el suelo lo suficiente, y recalca que los datos ya muestran cómo se va retrasando el arranque de la temporada de esquí y se adelanta también el deshielo. «Hay que aprovechar mientras dure. Pero ojo con las inversiones, porque infraestructuras como esta de la unión son «pan para hoy y hambre para mañana». A mí me encanta el esquí, y voy a esquiar hasta que se pueda, pero igual merece la pena más bien diversificar la oferta turística», explica.

Diversificar y desestacionalizar son dos de las palabras que más se repiten a la hora de abordar el futuro de estas instalaciones. Se habla de convertir las estaciones «de esquí» en estaciones «de montaña». De explorar nuevas vías, para que su actividad económica no se concentre solo en los meses invernales, con diferentes propuestas como habilitar nuevas rutas para el esquí de travesía en las cotas más altas, facilitar el descenso y exploración en bicicleta de montaña o la creación de nuevos circuitos para excursionistas interesados en la flora y la fauna. «Siguen demasiado enfocadas en el invierno, y creo que se están equivocando», apunta el alcalde de Canfranc, Fernando Sánchez, que desde hace tiempo trabaja en la reconversión del valle con rutas naturales, competiciones deportivas, tours relacionados con el ferrocarril o talleres. «La nieve seguirá siendo un motor muy importante de la zona durante años, pero trabajamos por ofrecer otros atractivos para que venga gente, caiga nieve o no».

Sin embargo, no todos lo tienen tan claro. Sin discutir el cambio climático, gente del sector confía en que la tecnología les permitirá suplir esa ausencia de nieve natural. «La producción de nieve ha avanzado mucho en los últimos tiempos. Hace 20 años, tenía que haber 0 grados para innivar, pero ahora los cañones incluso producen sobre 0», asegura Pellejero. El empresario considera que la nieve es el único recurso con potencial suficiente para generar riqueza en los valles y fijar población. «Si comparas parques naturales como Ordesa o Aigüestortes con los de dominios esquiables, la diferencia de ingresos económicos o de asentamiento de población es increíble», asegura. «No somos los productores del cambio climático, somos víctimas, y tenemos que seguir tomando todas las medidas posibles para tratar de minimizarlo», incide.

Este toma y daca tan polarizante hizo que el «sueño» de Lambán pronto se tornara pesadilla y durara apenas 12 semanas. En este tiempo, la contestación en la calle fue «in crescendo», con concentraciones en Jaca o Zaragoza. También quedaron en evidencia las desavenencias entre el PSOE de Huesca y el de Zaragoza, mientras que los socios de gobierno de izquierdas de Lambán (Podemos y Chunta Aragonesista) mostraron abiertamente su desacuerdo, con palabras y con hechos. Al proyecto tampoco le sentó nada bien la cercanía de las elecciones municipales y autonómicas del 28 de mayo, ni en la capital aragonesa ni en el Pirineo, donde los alcaldes que en un principio respaldaron abiertamente el plan viraron sus posiciones por temor a sus efectos en las urnas.

El principio del fin llegó a finales de abril, cuando el ayuntamiento de Jaca, uno de sus principales valedores iniciales, manifestó en pleno su rechazo a las obras por Canal Roya para pedir alternativas con mayor consenso. Los socialistas, sin embargo, introdujeron una enmienda en la que dejan claro que no están en contra de la conexión de ambos valles, sino del actual proyecto porque no existen suficientes estudios ni participación ciudadana.

Algo similar sostiene el actual alcalde de Canfranc. «Los ayuntamientos estábamos de acuerdo en la posibilidad de unir las estaciones de esquí, pero no con el proyecto que presentaron ni con las prisas que tenían». Sí que había un movimiento en contra, asegura, pero también es cierto que hablaban mucho y los que estaban a favor lo hacían poco. «Lo que peor sentó es que el proyecto se impusiera sin consensuar y que no se había estudiado», añade.

Además, Amigos de la Tierra, Ecologistas en Acción, Greenpeace, SEO/BirdLife y WWF viajaron a Europa para exponer los problemas ambientales del proyecto de Canal Roya. «Está constatado que causará estragos en el valle, que incumple el principio de transparencia y consulta y que no colabora en la lucha contra el cambio climático por el uso inmoderado de energía para fabricar nieve», expusieron. Tras la visita, la Comisión Europea se dirigió al Ministerio de Industria Comercio y Turismo para requerir información sobre el proyecto.

Con la marea ya en contra, el clavo en el ataúd lo puso el presidente de la DPH, Miguel Gracia, cuando a principios de mayo renunció «con pena» a la ejecución de los 26,4 millones de euros europeos bajo el argumento de que era imposible cumplir con los plazos que esos fondos exigen y cargó contra la supuesta falta de colaboración del Ejecutivo de Lambán. El presidente regional, con las elecciones en ciernes, no quiso entrar en polémicas, aunque reconoció que no contaba con la reacción en contra de parte del Pirineo. «Si las gentes de la montaña no tienen claro la unión de las estaciones, el proyecto se queda aparcado y, si apuestan por ello, lo apoyaremos. Ya se verá lo que pasa en el futuro».

La noticia fue recibida con gran alborozo por sus opositores. «Fue una gran victoria de la sociedad aragonesa. Salvamos Canal Roya y demostramos que, si nos organizamos y protestamos, se pueden conseguir cosas», asegura Iturbe.

Aún así, no se fían. El nuevo gobierno del PP-Vox salido de las urnas el 28-M ha declarado en varias ocasiones que no renuncia a la unión de estaciones, aunque sin entrar en más detalles de cómo piensa hacerlo. También piden su resurrección los centros invernales, que en sus intervenciones públicas lo siguen retratando como «crucial para la supervivencia y sostenibilidad» del Pirineo y de las estaciones en un entorno cada vez más competitivo.

Por eso, sus opositores exigen que Canal Roya sea declarado espacio protegido mediante la creación del Parque Natural Anayet-Partacua propuesto hace más de 15 años, que integraría el corredor biológico del valle de Canal Roya y garantizaría su protección real a futuro. Para ello, siguen organizando charlas, conciertos de apoyo o concentraciones populares, como la que en vísperas del Día Internacional de las Montañas (11 de diciembre) reunió en Zaragoza a cientos de personas para formar una cadena humana con la que exigir su aprobación.

«Nuestro Pirineo, nuestras montañas, no son un parque temático o un solar para especular con proyectos basados en negar el cambio climático, sino un valioso patrimonio de todas que debemos preservar y del que sentir orgullo. Por eso es necesaria la protección de espacios como Canal Roya mediante el Parque Natural Anayet», sentenció Iturbe en un acto paralelo.

XII. CÓMO REINVENTAR EL PAISAJE RURAL PARA SOBREPONERSE A LOS FUEGOS

Pedro Cáceres

«Cuando un monte se quema, algo suyo se quema. ¡Hay que evitar los incendios! Recuerde, sólo usted puede evitar el incendio en el monte». Con mensajes como estos, pronunciados por un simpático conejo guardabosques llamado Fidel, puso en marcha la Dirección General de Montes en 1962 una campaña publicitaria de prevención de incendios forestales que, posiblemente, ningún ciudadano de entonces dejó de ver.

Se pretendía concienciar a la población sobre lo que empezaba a ser un problema emergente. Han pasado 60 años y los incendios siguen siendo una condena que afecta a buena parte del despoblado medio rural español, la llamada España vacía. Décadas de educación y de inversiones millonarias en medios de extinción no han servido para evitar que las llamas se hayan convertido en una de las pesadillas ambientales de nuestro país. Desde 1961, han ardido en España 8,6 millones de hectáreas, es decir 86.000 kilómetros cuadrados o la superficie equivalente a Andalucía. Supone afirmar que, desde 1961, el 17% de la superficie del país ha sido calcinada por un incendio forestal. A menudo, arde sobre quemado. Los incendios forestales son recurrentes y algunas comarcas han visto sus montes arder, recuperarse tímidamente y, de nuevo, volver a prender. Los fuegos son una maldición de muchos lugares que este artículo trata de explicar.

Podemos tomar como ejemplo el reciente 2022, un año especialmente luctuoso en la serie reciente. Según el Sistema Europeo de Información sobre Incendios Forestales (EFFIS), éstos afectaron a 310.000 hectáreas, una superficie mayor que la de Álava. Murieron cuatro personas y hubo que desalojar de sus viviendas a más de 30.000. La provincia más afectada fue Zamora, donde ardieron 64.000 hectáreas en tan solo dos incendios en la sierra de La Culebra, el 6% de la provincia.

Como reacción, en 2023 se elevó un 25% el presupuesto destinado a la extinción. El gasto de las administraciones públicas ascendió a 1.100 millones de euros, aportados por las comunidades autónomas y el Ministerio para la Transición Ecológica (MITECO), que añadió 161 millones del total. El número de personas embarcadas en la campaña fue de 25.000. Los 1.100 millones destinados por todas las administraciones a apagar incendios —solo apagarlos, no prevenirlos— equivalen al 10% del presupuesto del MITECO para todo 2023. Y esa inversión no impidió que de nuevo asistiéramos a incendios que devoraron cada uno más de 10.000 hectáreas.

Los incendios forestales son un género propio dentro del campo comunicativo del desastre ambiental, con sus códigos y esquemas expresivos estereotipados: cifras sobre hectáreas afectadas y/o perímetro del fuego; medios humanos y materiales movilizados; declaraciones de los gestores de la emergencia; imágenes impactantes de llamas y montes convertidos en cenizas y testimonios emotivos de paisanos que han visto su patrimonio y paisaje devastados.

Son noticias de urgencia que sirven para conmover y rellenar el espacio de los informativos, pero no ayudan a entender la problemática ni a alumbrar soluciones. Ni siquiera explican, muy a menudo, qué tipo de vegetación está ardiendo: si es un pinar o un encinar; si es un bosque maduro o uno reciente; si es un hábitat natural o una plantación de árboles con fines productivos. Algo así como informar de que arde un edificio en París y no aclarar si es la catedral de Notre Dame o un bloque de viviendas.

Como corolario de esta dinámica, y a la vista de las incesantes informaciones sobre incendios forestales que nos asaltan desde los telediarios, cualquiera podría pensar que cada vez hay más fuegos y que nos estamos quedando sin montes debido a tanto incendio. Pero si ahondamos en los datos descubriremos algunas realidades paradójicas y hasta contraintuitivas.

Por ejemplo, a pesar del continuo castigo del fuego, España no ha dejado de ganar masa forestal en las últimas décadas. Otra curiosa evidencia que arrojan las estadísticas es que el número de incendios no está en aumento. Se producen menos siniestros que en décadas pasadas. De hecho, hemos invertido tanto en la capacidad de detectar y atajar incendios que la mayor parte no pasa de su fase inicial, lo que en la jerga técnica se conoce como conato, es decir aquellos que afectan a menos de una hectárea o un campo de fútbol. Lo que sí está cambiando es el tipo de fuegos. Están aumentando los grandes incendios forestales, es decir, aquellos que superan las 500 hectáreas de extensión y que son difíciles de atajar por su gran extensión y la enorme energía que liberan.

Como reto ambiental, los incendios forestales son refractarios a la generalización y las conclusiones únicas. Afectan a un inmenso territorio y tienen una casuística tan variada como lo son la geografía, la sociedad y los ecosistemas ibéricos. Además, el panorama ha ido cambiando en las últimas décadas a medida que se transformaba el país, de modo que es más difícil si cabe la generalización.

Es un asunto complejo. Pero la comunidad implicada en la gestión del territorio coincide en el diagnóstico: hay que hablar de prevención (y no solo de extinción), lo que supone entender cómo han evolucionado en las últimas décadas el paisaje español, la población y la economía rural.

Tenemos una gran superficie de territorio poco habitado donde, desde mediados del siglo XX, se han abandonado los usos tradicionales de agricultura, ganadería y extracción de madera. De este modo, la superficie cubierta por matorral o árboles jóvenes se ha triplicado desde mediados del siglo XX, hasta crear masas continuas de vegetación. Sobre terrenos de este tipo las llamas tienen más capacidad de iniciarse y de extenderse. Y a ello hay que sumar el cambio climático, que aumenta las temperaturas y el estrés hídrico en la vegetación, con lo que se generan montes más debilitados e inflamables. De hecho, el cambio climático acorta la primavera y dilata la llegada del otoño, con lo que las condiciones de sequedad propias del verano ibérico se alargan cada vez más.

«Cada vez con más frecuencia se dan las condiciones perfectas para que se produzcan oleadas de incendios muy agresivos, simultáneos, extremadamente rápidos y con un comportamiento explosivo. Son incendios que los dispositivos de extinción no son capaces de apagar, por más medios terrestres y aéreos que se sumen a los operativos, y que suponen un riesgo real para la vida de las personas. Esta peligrosidad extrema de los incendios se debe en gran medida a la crisis climática, pero también a la intensa transformación del paisaje sufrida desde la segunda mitad del siglo pasado como consecuencia del abandono de usos y aprovechamientos en el medio rural». Lo explica el informe «Incendios extremos e inapagables. Propuestas para favorecer paisajes vivos, diversos, resistentes y resilientes», publicado por WWF España en 2023.

Cada vez hay más bosque

Para entender qué pasa con los incendios en España interesa estudiar algunas paradojas estadísticas. Las cifras señalan que cada vez hay una mayor extensión de bosques arbolados. Según la Estrategia Forestal Española (MITECO, 2023) los terrenos potencialmente forestales representan más de la mitad de la superficie del país. Dentro de esa superficie potencialmente forestal, más de 18,7 millones de hectáreas se encuentran arboladas, lo que representa cerca del 37% del territorio español. De hecho, afirma el MITECO, las cifras de ocupación forestal sitúan a España en una posición muy destacada dentro del contexto de la UE: en tercer lugar en cuanto a extensión arbolada tras Suecia y Finlandia.

Se entiende por superficie forestal arbolada los terrenos cubiertos por árboles o arbustos donde la sombra de los árboles ocupe al menos un 10% de la cobertura del terreno. No se trata por tanto necesariamente de bosques de postal, sino de tierras cubiertas de vegetación con cierto porte de altura y densidad por hectárea. Y en nuestro caso son muchas veces matorrales adornados por algún árbol o por ingentes cantidades de renuevos de pinos que tras un incendio rebrotan por miles... alimentando un nuevo terreno para incendios posteriores.

Llama la atención la progresión constante del llamado monte arbolado en España. El primer Inventario Forestal Nacional (IFN), iniciado en 1964, cifraba en 11,7 millones las hectáreas arboladas. El segundo IFN, realizado entre 1986 y 1996, estimaba unas 14,2 millones de hectáreas; y el tercer IFN, y último disponible completo, que data de 1997–2007, habla ya de 18,6 millones de hectáreas. La superficie forestal se ha triplicado en España desde los años 30 del siglo XX. «En 1930, había unas siete millones de hectáreas de bosque en España; en 1970, unas 12 y, ahora, unos 19 millones de hectáreas», afirma Eduardo Rojas Briales, decano del Colegio de Ingenieros de Montes.

Muchas fotos anteriores a la Guerra Civil muestran terrenos pelados debido a siglos de pastoreo, extracción de leña y economía de subsistencia en un medio rural muy habitado. Un paisaje además tejido en mosaico, con zonas entremezcladas de pastos, cultivos y pequeñas áreas arboladas, lo que dificultaba la expansión de los incendios al actuar esa trama dispersa de usos y terrenos como un cortafuegos natural. Pero eso cambió desde mediados del siglo XX con la emigración a las ciudades, la despoblación rural y la modernización agrícola, que dejó de lado los terrenos menos productivos e intensificó las labores en los más propicios. Muchas tierras fueron abandonadas y el matorral o los jóvenes árboles fueron ocupándolas. En España se está produciendo una sucesión ecológica que no ha creado aún masas maduras de monte, pero sí matorrales, bosques jóvenes pioneros o rodales monoespecíficos fruto de las repoblaciones forestales. «El cese de actividades tradicionales ha contribuido al aumento de la superficie forestal y a la pérdida del paisaje en mosaico. La superficie forestal en España ha aumentado [...], pero esto no se traduce en un aumento de bosques sanos, estables y diversos», afirma WWF.

Entre las razones que han procurado el aumento de la superficie forestal arbolada en España, señala el MITECO, se encuentran las repoblaciones forestales, en torno a cuatro millones de hectáreas entre 1940-1999 y 430.579 hectáreas entre 2000 y 2020 y la forestación de tierras agrarias favorecida por la Política Agraria Común de la Unión Europea (un total de 298.482 hectáreas desde 2000 hasta 2020). Son unos cinco millones de hectáreas plantadas a propósito, pero muchas veces sin uso comercial ni gestión. A ellas se añade «la regeneración natural de arbolado y matorral a costa de cultivos y pastos o eriales marginales abandonados al compás de la despoblación rural».

El número, el origen, las causas

Más paradojas estadísticas: en la última década, desde 2013 hasta ahora, el número de siniestros ha disminuido un 39 % respecto a la anterior, siguiendo una tónica descendente iniciada en los años previos. ¿Las causas? Entre ellas podría estar la creación de la Fiscalía de Medio Ambiente, en 2007, que ha permitido que las sentencias condenatorias hayan aumentado considerablemente. Gracias al esfuerzo apagafuegos, la mayor parte se ataja antes de que prosperen. Es un fenómeno llamado «paradoja de la extinción» por los gestores de incendios. A base de apagar conatos de fuego, lo que ocurre es que cada vez hay más madera y más hectáreas ininterrumpidas listas para arder cuando uno de ellos supere la capacidad de atajarlo a tiempo.

La causa del 95% de los fuegos iniciados en España tiene un origen humano. En el imaginario popular esto representa al pirómano, aquel que prende la mecha a propósito por oscuros motivos, como el loco afán de llamar la atención, dañar a otros o, favorecer intereses urbanísticos. Sin embargo, estos casos son los menos. En realidad, ese 95% de fuegos iniciados por el ser humano responde a causas involuntarias, descuidos y errores, ya sea una colilla abandonada, las chispas de una máquina o de un tendido eléctrico o el uso del fuego como forma tradicional de gestión del terreno por parte de agricultores y ganaderos, que en la situación actual de los montes siempre se se puede convertir en el inicio de un gran siniestro.

Más madera y megaincendios en tiempos de cambio climático

Como consecuencia de la dinámica de las últimas décadas, en España hay más material combustible que nunca. Crecen cada año unos 46 millones de metros cúbicos de madera o biomasa, de los que únicamente se aprovechan 14 millones, asegura el MITECO. Todos los años se van acumulando 32 millones de metros cúbicos de material vegetal porque no existe una actividad socioeconómica que justifique su gestión y aprovechamiento, afirma WWF. A esta escasa utilización forestal se le suma la poca planificación espacial y de usos: en España, más del 85% de los espacios forestales carecen de planes de ordenación que garanticen la preservación del monte y sus servicios ecosistémicos.

Apagamos los fuegos pequeños, pero los grandes se nos van de las manos. Los grandes incendios, aquellos que mayores impactos generan, no ha parado de crecer. En España, entre 2013 y 2022, la proporción de grandes incendios forestales —en los que arden 500 hectáreas o más— se ha incrementado en más de un 21% respecto a la década anterior. Apenas suponen el 0,22% del total, pero en ellos arde cerca del 40% de la superficie total afectada. De media, en el último decenio se produjeron en España 21 GIF; en 2022 esta cifra ascendió a 61.

El cambio climático añade una dosis extrema de peligro a los montes españoles. El aumento global de temperaturas y los cambios en los patrones meteorológicos alimentan los fuegos. Los efectos son más calor, mayor evaporación y sequedad de suelos y vegetación, periodos de sequía más extremos y habituales, extensión en el tiempo de los periodos de estrés hídrico, es decir, primaveras más cortas, y otoños que tardan más en llegar. Conclusión, un verano más largo y más sequedad ambiental. Terreno abonado para las llamas.

«La estrechísima relación entre condiciones meteorológicas extremas e incendios descomunales es más que evidente. Y los escenarios confirmados de cambio climático auguran para todo el Mediterráneo cada vez con más frecuencia situaciones de emergencia: más olas de calor intensas y duraderas, sequías prolongadas y humedades relativas muy bajas. Los períodos de máximo riesgo de incendio son cada vez más amplios y ya no se ciñen exclusivamente a los meses de verano. La sociedad debe asumir que estas condiciones que ahora consideramos extremas serán normales en el futuro», afirma WWF.

En esa tesitura, ha surgido recientemente un término para definir los incendios que se producen. Son calificados como de «sexta generación». Son aquellos que modifican las condiciones meteorológicas de la zona, produciendo pirocúmulos o nubes de ceniza cargadas de energía de miles de metros de altura que pueden derivar en tormentas de fuego y que tienen un comportamiento tan impredecible que imposibilitan su extinción. Este tipo de incendios no depende solo de las condiciones ambientales, sino que genera las suyas propias y se alimenta de grandes masas de combustible dispuestas a arder. El concepto de incendio de sexta generación es muy novedoso y está en discusión, pero sí es cierto que se han visto algunos en nuestro país que se salían de todo lo observado: fuegos que liberan energías descomunales, capaces de convertirse en incendios extremos, imposibles de apagar.

El monte se cruza con el urbanismo

En California, región de clima similar al español que sufre grandes y parecidos incendios, califican como «zona estúpida» a lo que aquí llamamos de forma más educada como «interfaz forestal-urbana». Es decir, los terrenos donde el monte se cruza con el urbanismo. Son dos olas que colisionan. Por un lado, el monte se ha extendido; por el otro, las casas se han acercado al monte. Ya sean urbanizaciones de recreo o extensiones de los pueblos, ambas olas han chocado; y mucha gente es feliz de tener un domicilio rodeado de árboles. El problema es que, cuando prenden las llamas, lo más expuesto son esos domicilios. Los servicios de extinción cumplen a rajatabla una norma similar a la ética robótica: primero proteger a las personas y los inmuebles. En caso de grandes deflagraciones, los recursos se derivan a evitar que ardan las casas; y por tanto se deja que el fuego se extienda al monte mientras se atiende la urgencia inmobiliaria. Como dicen los americanos, esta zona estúpida (que lo es, puesto que no debería existir) aumenta la destrucción forestal.

«Cuando se mezcla el fuego con el cambio climático, montes llenos de combustible, y zonas forestales habitadas, el resultado es lo más parecido a un infierno para los medios de extinción. El riesgo de que coincida un gran incendio con zonas de interfaz es sencillamente demasiado grande», afirma Enrique Segovia, director de Conservación y responsable del Programa de Bosques de WWF.

Romper las masas continuas con mosaicos en las Hurdes

A raíz del año crítico de 2022 se generó una notable alarma social y una movilización de actores implicados en la gestión de montes e incendios en España. Fruto de ello se celebró en marzo de 2023 el Foro de debate y propuestas de acción para la gestión de grandes incendios forestales en España organizado por la Fundación Pau Costa. Participaron 60 entidades de sectores como la investigación, administración pública, empresa privada, ONG, extinción, gestión del territorio y comunicación, que consensuaron una declaración pública. «Los servicios de extinción no pueden hacer frente ellos solos a los grandes incendios forestales que, frecuentemente, se sitúan fuera de capacidad de extinción [...] la falta de gestión del paisaje lleva a escenarios indefendibles ante situaciones de grandes y simultáneos incendios forestales», afirma una de sus conclusiones.

«Es fundamental potenciar un mundo rural vivo, con un sector primario medioambientalmente sostenible, fomentando el consumo de productos locales y la puesta en valor de los productos forestales madereros y no madereros», añade la declaración.

Si queremos ver un ejemplo destacado de soluciones que responden a esas demandas hay que viajar a las comarcas de montaña de las Hurdes y Gata, al norte de Cáceres, donde desde 2015 se lleva a cabo un proyecto paradigmático sobre formas de intervenir en el territorio: se llama Proyecto Mosaico, actúa en 24 municipios y 200.000 hectáreas de esas comarcas extremeñas y emplaza a la Universidad, la administración local, actores del territorio y propietarios y vecinos en una misma intención: recuperar un paisaje que sea resiliente a los fuegos, que sea productivo y que fije población.

En Hurdes y Gata se intenta recuperar el paisaje adaptado a los fuegos que se perdió a mitad del siglo XX. Al Norte de Extremadura, como en muchas áreas similares, coincidieron dos procesos. Por una parte, la población empezó a emigrar. Por otra, los planes de reforestación del régimen franquista tras la Guerra Civil cambiaron el territorio y sus usos. Se alteró la vegetación natural mediterránea y su producción de externalidades como leña, corcho y pastoreo por plantaciones protegidas de pinos resineros (*Pinus pinaster*), con la idea de crear una industria maderera y de trementina natural que los vaivenes del mercado hicieron imposible. Como consecuencia, desde hace 60 años hay plantaciones infinitas de pino que apenas ofrecen rendimiento y que no permiten invertir en su mantenimiento. Hay una extensión continua de árboles que, a ojos del urbanita, parecen un paraíso natural y que, a vista del gestor de incendios, son el preámbulo de un desastre anunciado. Porque ese tipo de montes artificiales y sin conexión con el paisaje y el paisanaje arden sistemáticamente desde hace décadas y son un punto caliente en el mapa de incendios de España.

En el municipio de Pinofranqueado, en el corazón de las Hurdes, llueve y hace frío a finales de diciembre de 2023. Me desplazo hasta allí junto a Fernando Pulido, impulsor del Proyecto Mosaico, profesor de Biología y de Conservación y Mejora Forestal en la Universidad de Extremadura y director del Instituto de Investigación de la Dehesa.

Sobre las cumbres de pizarra y cuarcitas se acunan las nieblas, dejando entrever sierras torturadas, parches de pinares verdes, zonas recién quemadas y áreas donde la vegetación original intenta rebrotar. Pulido me señala zonas afectadas por el fuego, zonas que arderán tarde o temprano y zonas donde han actuado en los últimos años para evitar que eso ocurra.

Las Hurdes representan en el imaginario español el epítome de región pobre y atrasada, y esto suele invitar a pensar en imágenes de desierto y sequedad. Pero es justo lo contrario. Es una tierra de sierras elevadas y sin apenas parcelas llanas y cultivables, cubierta en el pasado de encinas, alcornoques y robles, acompañados de una cohorte de matorral de jaras, brezos, madroños y arbustos adaptados al paso del fuego. Si las Hurdes fueron históricamente pobres no era por falta de verde, sino por lo contrario. Como ocurre en tantos sitios de España, el segundo país más montañoso de Europa, nuestras zonas atrasadas, justo las que llevan ardiendo décadas, lo son porque no son llanuras cultivables, sino montes fragosos donde resulta difícil la producción agrícola y la fijación de población.

Pulido lleva años impulsando junto a vecinos y ayuntamientos cortafuegos naturales que rompan esa continuidad de montes de pinos que son una condena para la comarca. Por una parte, se intenta fragmentar el monocultivo de pinos infrautilizados para impedir que los fuegos se extiendan; también se protegen los núcleos de población, creando cinturones o franjas despejadas como protección que rompan esa interfaz forestal-urbana, esa zona estúpida que ha obligado recientemente a evacuar los pueblos en caso de incendio.

En 2015, un gran siniestro asoló 8.000 hectáreas en seis municipios de Gata y estimuló el nacimiento del proyecto Mosaico. Tras décadas de padecer fuego tras fuego y de que nada cambiara, surgió la decisión de actuar con un nuevo enfoque. Desde entonces, «el proyecto ha gestionado 280 iniciativas en Gata-Hurdes, de las cuales 102 están ejecutadas y cubren más de 6.000 hectáreas de cortafuegos productivos mantenidos por agricultores, ganaderos, silvicultores y resineros», afirma Pulido. Se han creado áreas de pasto dedicadas a la ganadería ecológica de caprino, que ha triplicado el precio que el productor percibe por la leche; se han plantado castañares, cultivos de aromáticas, frutos rojos y de madroño, olivares y terrenos nuevos que rompen la continuidad de los montes y generan tejido socio-económico nuevo. Se trata de aprovechar «zonas estratégicas», por las que pasarían potenciales incendios, para crear grandes superficies ignífugas que cumplen una doble función: la estrictamente preventiva frente al fuego y la de generar recursos para los emprendedores y los ayuntamientos de la zona, afirma el gestor.

El desafío es al menos triple: el monte y los fuegos; las personas que deben velar por su territorio; las leyes, la administración y los burócratas. De esas tres patas, quizá la más compleja es la última. Por eso, Mosaico acompaña a los propietarios de terrenos en el diseño y ejecución de proyectos y les ayuda a pasar trámites legales y obtener fondos extra. Cada euro de inversión ha generado otros dos de ayudas.

Mosaico es seguido dentro y fuera de España como un ejemplo de prevención contra fuegos y de dinamización rural. Apenas acaba de empezar, pero el profesor Pulido afirma: «Hemos estimado que las actuaciones han reducido un 10% el tamaño potencial de los incendios». Queda mucho por recorrer, pero ya empieza a dar sus frutos.

Una gestión ordenada y aprovechamiento en Tierra de Pinares

Por eso, conviene dar un salto hasta otro punto de España, donde hace ya más de 100 años que se puso en marcha un modo inteligente de gestionar los bosques. Se trata de la mayor extensión de monte arbolado que existe en la UE. Y no es otra que la Tierra de Pinares, localizada entre Soria y Burgos.

Es curioso, pero en ese territorio el último incendio de grandes dimensiones ocurrió hace 20 años. Y el anterior databa de un siglo atrás. ¿Por qué no arde la mayor extensión continua de pinares de Europa? La respuesta es la gestión ordenada y racional de un monte productivo donde existe población implicada que obtiene recursos del lugar donde habita.

A finales del siglo XIX, en estas frías tierras castellanas se puso en marcha una ordenación de montes para compatibilizar los usos, entre ellos el de los ganaderos, que querían pastos y no árboles. Desde entonces hay una rotación de espacio y de tiempo que evita los conflictos de intereses. En Tierra de Pinares se producen grandes cantidades de madera de gran calidad y valor añadido extraídas mayormente del pino silvestre (*Pinus sylvestris*). El monte está perfectamente ordenado sobre el mapa en tramos y subsecciones y el turno de corta de cada uno es de 100 años, lo que significa que la parte que se explota hoy fue seleccionada para ello hace un siglo. Y cerca está el área que la sustituirá, de edad similar. Hay un fragmento de bosque de cada edad, desde los 0 hasta los 100 años y todo está anotado, planificado y gestionado. De esta forma, siempre hay un abanico de paisajes y posibilidades de uso, desde el área recién cortada al bosque maduro, pasando por distintas etapas de sucesión. Impresiona ver el imponente aspecto de bosque maduro e inalterado que tienen algunas zonas, que no hacen pensar que en ellas se lleva produciendo madera desde siempre. También está regulada la explotación de la caza y estudiado el aprovechamiento de las setas, que varía en tipo de hongos y en cantidad según la edad de cada tramo del bosque.

La población está implicada, puesto que el usufructo de las tierras es vecinal, puramente vecinal y no municipal, debido a privilegios de poblamiento concedidos por la Corona desde el siglo XIII. Es decir, las rentas del monte se convierten en euros que cada vecino empadronado recibe al cabo del año, y no el consistorio. A partir de 1940, el gobierno de Franco transmutó la secular propiedad vecinal en propiedad municipal en toda España, y el retorno que el vecino obtenía de la tierra pasó a disfrutarlo el ayuntamiento, lo que no supone lo mismo en términos de implicación. Pero en estas tierras se han mantenido los derechos y deberes vecinales, como antaño. Lo explica María Pascual, vecina de Navaleno (Soria), mientras visitamos la zona: «Hay una relación directa, por la cercanía física al bosque, por los ingresos que genera y por el resto de servicios, como los turísticos, que produce. El monte forma parte de nuestra forma de ser. Respetarlo se inculca en la comarca desde la infancia».

Aprovechar, gestionar o explotar el monte es algo que hay que hacer si no queremos que el monte arda. Pensar lo contrario es no darse cuenta de que en España no queda ni un solo centímetro cuadrado de bosque virgen. España no es Alaska sino un territorio mediterráneo habitado desde hace milenios y donde todo lo que vemos es fruto de la intervención humana. En él no hay paisajes naturales sino paisajes agro-silvo-pastorales creados durante milenios, que han sido abandonados en unas décadas, señala el geógrafo Jaime Izquierdo Vallina. Hemos creado en los últimos tiempos una España vacía donde los montes han iniciado una sucesión ecológica expuesta ahora a la yesca del cambio climático. Por eso, todos los expertos abogan por actuar sobre el territorio y cambiar esta dinámica.

El reto es cómo realizar ahora la gestión que millones de personas del medio rural, que ya no existen, realizaban antes por su propio interés, es decir, de forma gratuita, sin inversión estatal. «Solo reduciendo la vulnerabilidad del paisaje a la propagación de las llamas evitaremos los grandes incendios forestales. Necesitamos un plan estructural de planificación del territorio. El modelo de los años 90, basado en medidas de extinción, ya no sirve. La política actual, que lo fía todo a aumentar los medios de extinción, no solucionará el problema. Los grandes incendios no se apagan con agua, sino con gestión forestal y planificación territorial», afirma Enrique Segovia, de WWF. «Los incendios no empiezan con el fuego: la mecha es el abandono, la falta de prevención y el escaso interés por promover un modelo distinto», defiende su organización.

En esa línea, Marc Palahí, que fue director del European Forest Institute (EFI), afirmaba en una entrevista en La Vanguardia en 2020: «Es crucial un sector forestal sustentable, que sea líder en el campo de la bioeconomía. Sería deseable que en España la madera se empleara en la construcción, en la fabricación de biotextiles y que se adoptaran políticas que lleven el dinamismo y la innovación en el mundo rural. A veces se piensa: «mejor no tocar los bosques», pero los bosques se acaban quemando. Hay que gestionar los bosques para que actúen como sumidero de CO_2 y como recurso renovable».

Lo asume también la Estrategia Forestal Española 2005, donde se señala que «hay que fomentar, mediante la gestión forestal, la prevención en la lucha contra los incendios forestales». El documento añade: «La inversión dedicada a la extinción de incendios forestales no puede superar el 15% del total de la inversión forestal en 2050». Si tenemos en cuenta que actualmente dedicamos 1.100 millones de euros a la extinción, cabe imaginar cuánto más habrá que destinar hasta 2050 en prevención. Una cifra multimillonaria que actualmente no existe.

Esta Estrategia sugiere más objetivos: «Incrementar, de manera ordenada, el aprovechamiento maderable en los montes» o «alcanzar una tasa de extracción, respecto al crecimiento anual, no inferior al 50%» (pues actualmente estamos en el 33%).

La inversión en políticas es otra demanda asumida en ese documento. Habría que incrementar la inversión forestal, para superar los 100 euros por hectárea forestal y año, integrando todas las inversiones públicas y privadas. No parece mucho, pero si multiplicamos por las 19 millones de hectáreas forestales arboladas que tenemos ahora mismo, eso supone 1.900 millones de euros al año, un 20% del presupuesto actual del MITECO. Mucho más oneroso resulta el cálculo del foro de debate sectorial impulsado por la Fundación Pau Costa en 2023, que anima a invertir 1.000 euros por hectárea y año en prevención. Esto supondría 19.000 millones/año, casi el doble que todo el presupuesto anual del MITECO, sólo y exclusivamente dedicado a evitar incendios, no a apagarlos.

«La única alternativa viable consiste en una verdadera acción colectiva y preventiva, adaptando el territorio a paisajes vivos, diversos, resistentes y resilientes. Es decir, paisajes agroforestales planificados y gestionados, en los que urge impulsar sistemas de producción ecológica, ganadería extensiva y una silvicultura sostenible», afirma WWF. Es decir, lo mismo que se hace en la tierra de Pinares desde hace un siglo o en Hurdes y Gata desde hace unos años. Lo difícil es cómo extender estos casos a una España vacía y a un medio rural en decadencia que tiene al lado un Estado que carece de presupuesto para tareas de largo plazo como la prevención y destina lo que tiene a regar la manguera apaga-incendios y no a sembrar prevención y ordenación territorial para el futuro.

Quizá la clave, si es que la hay, está en las pequeñas realidades territoriales. Cuando le pregunto a Fernando Pulido, el profesor que cuida el norte de Extremadura junto a sus vecinos, me ofrece una respuesta lacónica y esperanzadora: «Si hay alguna solución, esta es la de muchos proyectos Mosaico por todo el territorio; y últimamente se han empezado a mover muchas cosas parecidas en muchos sitios».

Llueve sobre las Hurdes esta mañana de diciembre; todo está bañado de verde monte, blanco de nieblas y gris de pizarra húmeda; en verano será distinto y habrá que confiar en los cortafuegos productivos que los paisanos extremeños están recuperando.

XIII. OBRAS COSTERAS FUERA DE NORMA EN UN TERRITORIO VULNERABLE: LA «BULIMIA» TURÍSTICA DEVORA EL LITORAL

Marta Montojo

Desde los arenales del noreste de Fuerteventura, el hotel Riu Palace Tres Islas aparece a lo lejos como un barco varado en la costa. Un gran buque de seis pisos que emerge sobre la arena, similar a aquellos grandes cruceros que rondan los puertos españoles y que a intervalos inundan con hordas de turistas los paseos marítimos. De noche, iluminado a toda potencia, destaca en la oscuridad del desierto como los pesqueros que faenan con brillantes luces para atraer a los calamares del negro océano.

Pero el Riu Palace Tres Islas no es un barco. Es un hotel que lleva ocupando el paisaje majorero desde la década de 1970. Este edificio, junto con el del hotel Riu Oliva Beach Resort —en manos también de una de las mayores fortunas de España, Luis y Carmen Riu—, ha protagonizado durante casi quince años toda una polémica en torno a sus irregularidades. El Gobierno central lleva varios años pidiendo su demolición. Derribo que, sin embargo, no parece estar cerca. Ambos hoteles siguen a pleno funcionamiento sobre las Dunas de Corralejo, espacio considerado dominio público marítimo-terrestre.

El conflicto con el Hotel Palace Tres Islas surgió, principalmente, a partir de la vulneración de las condiciones de la concesión con la que contó el inmueble para reformarse en 2007. La cadena hotelera se hizo entonces con los permisos de obra para rehabilitar y mantener el edificio, que le fueron concedidos con la condición de que no sumara volumen a la construcción existente. Sin embargo, en abril de 2008 la empresa construyó una nueva planta con habitaciones de uso comercial, así como un solarium, jacuzzis, varias piscinas y una desalinizadora, entre otras instalaciones para las que no tenían permiso.

Ese mismo año se resolvió un expediente sancionador que instaba a la empresa a recuperar su estado anterior y a pagar una multa por el incumplimiento. La hotelera abonó la multa pero desoyó la orden de demoler lo ilegalmente construido. En 2020, se le avisó de nuevo de que las obras no eran legalizables, y se le dio un plazo de dos meses para volver a su estado anterior. Pero, de nuevo, Riu siguió sin ejecutar esa orden.

Los grupos ecologistas de la región reivindican el valor de este sistema dunar vivo sobre el que se asientan los hoteles Riu, un paraje considerado Parque Natural que cuenta además con otras tres figuras de protección: Lugar de Importancia Comunitaria (LIC) perteneciente a la red Natura 2000, Zona de Especial Protección de las Aves (ZEPA) y Zona Especial de Conservación (ZEC).

Sofía Menéndez se reconoce entre estos ecologistas. Además, es periodista ambiental. Fue de la generación de reporteros españoles enviados a Río de Janeiro para cubrir la emblemática Cumbre de la Tierra en 1992, donde nacieron tres importantes procesos para la cooperación internacional ambiental: la Convención Marco de la ONU sobre Cambio Climático (que dio lugar a las llamadas cumbres del clima), la Convención de Diversidad Biológica y la Convención para Combatir la Desertificación.

Nació en Madrid, pero Fuerteventura ha sido su casa en los últimos 30 años. A lo largo de estas décadas se ha dedicado a seguir de cerca las luchas locales con la especulación urbanística para el turismo, luchas en las que se ha terminado involucrando también como ciudadana.

Es diciembre de 2023, temporada alta para la isla de Fuerteventura, que cuenta con un tiempo primaveral durante casi todo el año. Sofía llega a la playa de Corralejo visiblemente afectada por lo que se encuentra a cada paso. Se para a contemplar, manosear y oler los impactos de los hoteles: los cables que atraviesan las dunas, el tubo que han construido para derivar sus aguas residuales, el parque infantil y el jardín regado con esas aguas que, denuncian los ecologistas, están en parte sin tratar. Sofía hace fotos, graba, publica vídeos en redes sociales. Durante años, lleva expresando esas mismas denuncias de distintos modos, tanto en la prensa como desde su militancia en Ben Magec-Ecologistas en Acción.

—Estoy hasta las tetas del turismo, hablando en plata— confía ahora sin tapujos.

Frente al hotel Palace Tres Islas está el hotel Oliva Beach Resort, que tiene su propio expediente sancionador, abierto en el año 2022 tras detectar «incumplimientos de la concesión como obras ilegales y privatización de espacios que debían ser de uso público», detalla el Ministerio para la Transición Ecológica (Miteco). Tras un dictamen del Consejo de Estado, en febrero de 2024, el Ministerio declaró la caducidad de la concesión del hotel Oliva Beach otorgada en 2003 así como del complejo de apartamentos turísticos que gestion la misma empresa, decisión que la empresa calificó de «arbitraria».

La lucha contra ambos hoteles se ha prolongado a lo largo del tiempo con un sinfín de idas y venidas entre administraciones nacionales y locales, que ahora se disputan las competencias. En su larga cruzada contra los hoteles ilegales, y en general contra la turistificación de los territorios, Sofía ha tenido que cultivar la paciencia. Ahora, mientras pasea por las dunas de Corralejo y preocupada por este frágil ecosistema, señala las plantas endémicas, como la lechuga de mar. Sofía confiesa estar en «modelo duna».

—Un grano de arena hace duna, pues un grano choca con otro, ese con el siguiente, y así miles de millones hasta formar una duna.

Este paraje natural comporta en total 2.600 hectáreas de arenales, que se extienden a través de 10 kilómetros a lo largo de la costa. A un lado, el paisaje parece un desierto equiparable al del Salvaje Oeste americano. Al otro, los colores turquesas de un mar plagado de surfistas bañan la playa. El cielo, totalmente despejado en estos últimos días del año, se va poblando de cometas según avanza la mañana.

Con el coraje de una periodista acostumbrada a abordar a desconocidos, Sofía pregunta al socorrista, al conductor de la excavadora aparcada en plena playa para transportar los materiales con los que poner en marcha un nuevo bar sobre la arena, a Brian, el empleado del chiringuito al que le acaba de salir competencia a escasos metros de su puesto.

—¿Y a ti qué te parece que este hotel esté en pie? ¿No notas el olor a mierda?— pregunta Sofía, refiriéndose al olor de las aguas residuales del hotel con que, asegura, riegan los jardines que rodean el inmueble.

Brian, un chico de unos treinta y pocos años natural de este municipio, contesta que a él no le afecta, pero que tiene amigos que trabajan en el hotel y temen que la demolición les deje tirados.

Señalando las dunas, Sofía le indica que este lugar es suyo, de Brian, como si quisiera aclarar que sí le afecta, que le debería importar. Ante el silencio del camarero, añade acentuando cada sílaba: «dominio público marítimo-terrestre». O sea, de todos.

Estas palabras son la clave en la protección de la costa española. El país, con casi 8.000 kilómetros de costa —y cerca de un 36,5% de la línea de playa, urbanizada—, cuenta con una Ley de Costas que establece que el litoral es de acceso público, y protege el dominio público marítimo-terrestre (playas, dunas...), así como la servidumbre de protección, categoría que se refiere a los 100 metros desde la línea del mar en las zonas que no son urbanizables, y a los 20 metros en las urbanizables. Pero a lo largo de toda la geografía española hay en activo decenas de litigios por construcciones sobre ese espacio que es de todos.

En el caso de los Riu de Fuerteventura, uno de los principales impedimentos para que se resuelva la demolición de los hoteles es la disputa por las competencias: el gobierno de Canarias insiste en que las competencias son suyas, mientras que el Ministerio para la Transición Ecológica defiende que la gestión de estas concesiones ligada a la práctica de deslinde «es competencia del Estado como titular del dominio público» y «no se ha traspasado a ninguna de las comunidades autónomas que han asumido funciones relacionadas con los títulos de ocupación del dominio público marítimo-terrestre».

La cadena, por su parte, recalca que seguirá luchando por ambos hoteles a través de todas las vías administrativas y judiciales, y niega que haya habido ningún incumplimiento.

Los hoteles siguen operando a pleno rendimiento y el verano de 2023 alcanzaron cifras de ocupación del 90%.

—Desde el principio el Ministerio ha actuado con un objetivo finalista y con la inequívoca voluntad de hacer desaparecer los dos establecimientos de Riu ubicados en el norte de Fuerteventura; desplegando, para ello, toda una batería de acciones, inspecciones, procedimientos y expedientes instrumentalizados; lo que está siendo objeto de estudio en vía penal—, dice un portavoz de la empresa.

Los trabajadores, que se han mostrado inquietos ante todo el lío jurídico, rechazan hablar en este punto. En esta parte de Fuerteventura parece reinar una cultura del silencio en torno a la polémica. Muchos tienen amigos o familiares que trabajan para los hoteles, y otros temen que el asunto salpique a sus propios negocios si se inmiscuyen.

Fuerte presión sobre el territorio en Canarias

La activista Aceysele Chacón no tiene ningún reparo en compartir su visión con la prensa, y de hecho lo siente como una responsabilidad. Lamenta la complicidad de algunos trabajadores con la cadena, pero reconoce que están sujetos a mucha presión.

—El sindicato debería estar peleando por sus derechos, y no batallando para que no derriben el hotel. La empresa tiene que hacerse cargo de indemnizar a los trabajadores. Muchos llevan ahí 30 años trabajando—, señala en una cafetería de Corralejo, uno de los muchos establecimientos de este pueblo con nombre en inglés y clientela en su mayoría extranjera.

Movilizada contra el modelo turístico que está arrasando con las costas de su isla natal, Aceysele se involucró en Proyecto Drago, la plataforma impulsada a finales de 2022 por Alberto Rodríguez, ex secretario de Organización de Podemos, en Canarias.

Desde esta formación encargaron un informe para analizar el alquiler vacacional en Canarias. De las regiones que estudia el análisis, basado en datos de Eurostat, Canarias ocupa el segundo lugar en cuanto a presión sobre el territorio, medido en el número de pernoctaciones en alquiler vacacional por kilómetro cuadrado. Sólo Malta supera el dato, con 1.920 pernoctaciones (respecto a las 1.264 del archipiélago canario). «El resto de países europeos no superan la 100 pernoctaciones por kilómetro cuadrado», detallan.

—Fuerteventura es una isla larga donde no se puede cultivar prácticamente nada, entonces es como un bombón para especuladores, para la gente que tiene pasta—, dice Aceysele.

Según las estadísticas del Consejo General del Notariado, en Canarias más de la mitad de las viviendas se compran a «tocateja», sin recurrir a una hipoteca. Sin embargo, es de las comunidades autónomas con menor PIB per cápita. Esta comunidad autónoma fue la tercera que más compraventas inmobiliarias registró en el tercer trimestre del 2023, con un 28,1%. Sólo superaron esa cifra Baleares y la Comunidad Valenciana. De las compraventas realizadas en España por extranjeros, las provincias canarias (Santa Cruz de Tenerife y Las Palmas) están entre las que contaron con mayor proporción de inversión extranjera.

A la vez, dentro del archipiélago, Fuerteventura y Lanzarote, las islas más turistificadas —según el último informe sobre la sostenibilidad del turismo elaborado por el gobierno canario—, son las que tienen menor renta per cápita.

Más allá del conflicto que han suscitado los hoteles de Corralejo, Fuerteventura concentra todo un catálogo de polémicas urbanísticas en sus costas, ligadas también al turismo. Hay varios nombres que se repiten en todas las conversaciones sobre el asunto en el municipio de La Oliva: los hoteles Riu, la urbanización ilegal Origo Mare en Majanicho, y el hotel Bahía Real.

Algunos ciudadanos recuerdan aún consternados la explosión con dinamita que en 2011 llevó a cabo este hotel en la costa para ganar espacio al mar, volando por los aires las rocas de una playa que quedó semiprivatizada.

«Rodeado de aguas turquesas, junto a las suaves dunas y espectaculares playas de fina arena blanca del Parque Natural de las Dunas de Corralejo se encuentra el secreto mejor guardado de las Islas Canarias, el Gran Hotel Atlantis Bahía Real. Viva la naturaleza en estado puro. Venga a la eterna primavera», reza el anuncio del hotel en su página web.

El Cotillo es otro pueblo turistificado de la zona. Es el pueblo de Aceysele Chacón. Su padre, que se dedicó siempre a la pesca artesanal de atún, nació allí. Su abuelo también. Pero la localidad ha cambiado mucho desde esa época, y aunque mantiene un cierto aire a pueblo pesquero, se pueden ver «coworkings» para nómadas digitales, restaurantes con menús en inglés, italiano o alemán, y multitud de escuelas y tiendas de surf. Ahora en El Cotillo hay más viviendas vacacionales que gente censada.

—Ya está claro que vivimos en una reserva turística—, sentencia Aceysele.

El agua es un tema que le preocupa especialmente. Se trata de una isla desértica que no ha contado con desaladoras hasta la década de 1970. La red de impulsión general de la isla tiene averías que interrumpen el suministro de agua potable a la población. Cansados de los recurrentes cortes de agua, medio millar de personas salieron a la calle en octubre de 2023 para protestar por el desabastecimiento hídrico, alertando de que la isla entera «está muerta de sed».

—Ahora bien, los hoteles Riu tienen su propia desaladora. Es que yo quiero ser turista en Fuerteventura—, abunda Aceysele.

Barcos sobre la arena, piscinas en el mar

Como los Riu de Corralejo, muchos otros hoteles costeros se perciben desde lejos como barcos. Quizá, porque no nos resulta natural que un edificio esté tan cerca del mar. Tanto, que a una cierta distancia fácilmente se confunden con buques. En Calvià, Mallorca, hay un edificio que incluso se conoce como «el barco», porque además de su localización, a escasos metros del agua, tiene forma de navío. Está construido pegado a un acantilado, de forma que desde un lado del inmueble la entrada se encuentra en una de las plantas más altas.

Calvià, donde se ubica uno de los focos del balconing, el salvaje pueblo-discoteca Magaluf, es el segundo municipio de las islas con mayor porcentaje de costa artificial, con el 63% de la superficie costera urbanizada.

En Mallorca, y en Baleares en general, las historias de conflictos urbanísticos en la costa son incontables. Los medios locales llevan casi dos décadas cubriendo una historia que ya forma parte de la cultura popular de Mallorca: la batalla contra la piscina de Pedro J. Ramírez, el fundador y ex director del periódico El Mundo y actual director de El Español.

En 2004, un grupo de ciudadanos —entre ellos, representantes de ERC y el activista del Lobby per la Independència Jaume Sastre— se coló en la piscina que compartían Pedro J. Ramírez y su entonces pareja Ágatha Ruiz de la Prada en su chalet de la Costa de los Pinos. Reivindicaban que la pileta ocupaba una zona pública de paso y que, por tanto, esas aguas eran de todos. Los activistas fueron tachados de «terroristas» o «batasunos violentos», pero la justicia terminó dándoles la razón. En los años siguientes a la protesta se fueron sucediendo sentencias en favor del argumento de los ciudadanos, al considerar que la piscina, el embarcadero y la terraza de Pedro J. Ramírez invadían 350 metros cuadrados de la zona litoral pública. En 2021, la Audiencia Nacional anuló las dos órdenes del Ministerio de Agricultura, Alimentación y Medio Ambiente de 2014 y 2016 que otorgaron la prórroga de 60 años a la concesión de ocupación de dominio público marítimo-terrestre que el periodista tenía desde 2001.

Sastre rememora aquellas primeras protestas y el periplo judicial en el que se ha involucrado durante las últimas dos décadas. En el momento en que se escriben estas líneas (principios del 2024) el último fleco que queda es decidir quién debe pagar la demolición, una pelea que está liderando el actual titular de la concesión, el hijo de Pedro J. Ramírez y Ágatha Ruiz de la Prada.

—Pedro J. tenía el tejado de cristal, porque tenía una piscina en zona de dominio público marítimo-terrestre. Cuando lo descubrimos, lo utilizamos para dar un toque de atención. Porque si un pequeño propietario tiene una piscina ilegal y la administración sólo se mete con los pequeños... Eso provocó la lucha popular.

Sastre enfatiza que si los implicados hubieran actuado con más discreción nadie se habrían enterado. Lo supieron por un reportaje de la revista Telva, en el que Ágatha Ruiz de la Prada aparecía en su piscina sobre el mar. Decidieron tomar cartas en el asunto.

Ruiz de la Prada ha explicado en entrevistas que compró la casa a la viuda de Joaquín Calvo Sotelo (tío del que fuera presidente del gobierno Leopoldo Calvo Sotelo) y que la mantuvo tal cual sin pensar que le causaría ningún problema.

—Yo fui primero con un notario, para que levantase acta notarial de que no me dejaban pasar por los espacios marítimo-terrestres. El notario de Son Servera hizo el acta, poniendo por escrito que no me dejaban ejercer el derecho de paso y con esto fui a poner una denuncia a costas. Ante el silencio de Costas, pusimos un contencioso que llegó hasta el Tribunal Supremo. Y en el 2013 el Supremo nos dio la razón teórica, moral, pero no entró en el fondo de la cuestión, que era que la concesión había caducado. Allí quedó. No ordenó la demolición.

Ocurrió ese mismo año que el gobierno de Mariano Rajoy modificó la Ley de Costas de 1988, una reforma muy controvertida que impulsó el entonces ministro de medio ambiente Miguel Arias Cañete, y que amplió el plazo de las prórrogas a títulos concesionales en la costa a 75 años.

Así, las órdenes de 2014 y 2016 del ministerio de medio ambiente otorgaron al periodista madrileño una prórroga que le permitiría tener la concesión en vigor hasta el año 2074.

—Cañete hizo una reforma de la Ley de Costas para sus amigos—, asevera María José Caballero, responsable de campañas de Greenpeace.

Esta organización llevó a cabo una investigación en la que apuntaron que la «Ley Cañete» había beneficiado, entre ellos, al Grupo Matutes, con intereses hoteleros y proyectos de golf cerca de salinas en Ibiza.

Otro de los beneficiados en el momento fue Pedro J. Pero la batalla legal por su piscina continuó y, en 2021, la Audiencia Nacional estableció que en el caso de prórrogas de concesiones de ocupaciones del dominio público debe justificarse que esas instalaciones no pueden ubicarse en otro lugar, y que no era el caso.

—Lo que establece la Ley de Costas es que la costa es pública, y esto es una auténtica maravilla porque indica que está para disfrute de todos los ciudadanos—, sostiene Caballero.

Pese a ello, la portavoz de Greenpeace lamenta la «urbanización desenfrenada» que ha experimentado el país entre el 2000 y el 2010, coincidiendo con la burbuja inmobiliaria, un periodo de «construcción desmedida» en el que «no se tiene en cuenta para nada lo que va a pasar con el cambio climático, con la subida del nivel del mar, con la dinámica natural de la costa», denuncia.

SOS Costa Brava

En Cataluña, la federación de grupos ecologistas SOS Costa Brava lleva cinco años exigiendo la recalificación de terrenos urbanizables, para pasar a considerarlos «no urbanizables» y revertir la presión turística en la zona.

Cataluña es la comunidad autónoma con un mayor porcentaje de su costa urbanizada (un 26,4%), según los datos recabados por Greenpeace en 2018 para su informe «A toda costa». Allí, más de un centenar de entidades se unieron para componer SOS Costa Brava y frenar la construcción en el litoral catalán a fin de evitar su destrucción.

Demandan cambiar la política urbanística, con un plan director que se imponga en los planeamientos de los 22 municipios del litoral catalán y que desclasifique masivamente los suelos urbanizables. La idea, por tanto, es impedir la edificación de viviendas turísticas en pleno «tsunami urbanístico» que la región está experimentando.

En este primer lustro han conseguido algunas moratorias urbanísticas en sectores con alto valor ambiental, paisajístico y forestal, y han logrado un plan director que ha impedido la construcción de 15.000 viviendas vacacionales en Girona de las que estaban previstas en el planeamiento. Pero aún queda un potencial de 40.000 más.

—Fue una solución a medias—, lamenta el portavoz de SOS Costa Brava Eduard de Ribot, abogado especializado en derecho administrativo y en materias de urbanismo y medioambiente.

De Ribot juzga que aquel triunfo supuso entonces un cambio de la política urbanística general en la medida en que nunca se habían desclasificado tantos suelos, pero recuerda que el potencial urbanístico de la Costa Brava y de la costa catalana en general «era estratosférico».

—La costa catalana es el Titanic que va directo a su destrucción si no se modifica absolutamente el planeamiento urbanístico—, indice.

Desde SOS Costa Brava defienden el «crecimiento cero» en esa costa, empezando por paralizar las construcciones y siguiendo con el decrecimiento.

—Hemos superado la capacidad de carga del territorio y en el agua. Es un criterio que es evidente. Los acuíferos no tienen la capacidad ya de ser renovados en función del consumo anual y no se puede desperdiciar agua. No se puede dar para usos absurdos como son las segundas residencias—, aduce De Ribot.

Su plataforma reclama además un organismo público que se constituya con presupuesto específico propio procedente de la tasa turística y que se destine ese presupuesto a comprar territorio para salvarlo frente a la urbanización. Copiaría el modelo del Conservatorio del Litoral francés, que ha adquirido más del 15% de la costa francesa y de ultramar para preservarlo.

—Sólo la mitad de la recaudación de la tasa turística de la Costa Brava serviría para dotar con 15 millones de euros anuales al organismo público que pudiera comprar esos 80 pinares que tenemos detectados, suelos urbanos forestales en primera línea de mar que van cayendo uno detrás de otro—, sostiene el jurista.

En el daliniano pueblo de Cadaqués, SOS Costa Brava llevó a los tribunales las obras de la urbanización de Sa Guarda, proyectada sobre 15 hectáreas en un terreno montañoso. Lograron paralizar la construcción de 104 viviendas y un hotel y desclasificar otros siete sectores urbanizables. Ahora, se oponen al plan de ordenación urbanística de Cadaqués, que prevé levantar aún 1.000 viviendas nuevas.

—El veraneo no puede ser la masificación absoluta. Hay que poner límites. No se puede seguir creciendo más si no hay agua, si no hay capacidad de tratamiento de los residuos. No podemos seguir creciendo y además esto se hace siempre a costa del derecho también de los habitantes. La turistificación está generando que las viviendas se destinen a segundas residencias, a pisos turísticos, y que se excluyan de los alquileres anuales y la gente del territorio no pueda tampoco vivir en régimen de alquiler—, sentencia De Ribot.

Litoral con ecosistemas frágiles

Coincide en este análisis el ambientólogo y divulgador Andreu Escrivà, quien además ha vivido este fenómeno en su entorno más cercano, en la Comunidad Valenciana.

—El turismo masivo es inherentemente antidemocrático—, suelta. Todos tenemos derecho a «la democratización del veraneo». No está tan lejano aquel tiempo en que en España había quien no se podía permitir veranear.

—Que ahora más gente pueda permitírselo, que tenga el derecho también a unas vacaciones pagadas y el dinero para poder desplazarse y desconectar un poco de sus trabajos es algo positivo. El problema está en que eso se ha canalizado vía un turismo masivo depredador, y, además, en un territorio muy vulnerable. Las costas acogen ecosistemas «de frontera»: dunas, lagunas, marjales, restingas, saladares o acantilados.

—Son muy frágiles porque se basan en condiciones muy específicas que no se dan en ningún otro sitio. Entonces, si tenemos una presión enorme de mucha gente en ese espacio, lo que hacemos es perturbar algo que no podemos sustituir—, prosigue Escrivà.

El 80% de los recursos naturales en el litoral español ya está en recesión, advierte Greenpeace.

—Nos estamos cargando la gallina de los huevos de oro—, apunta María José Caballero. Construimos en primera línea, impidiendo que las playas puedan moverse. Se construyen puertos deportivos sin tener en cuenta que eso es una barrera física que va a impedir que llegue la arena a una playa, o nos encontramos con construcciones como el Algarrobico, que está a 14 metros del mar.

¿Quién paga la demolición de El Algarrobico?

Esta inmensa mole de hormigón levantada en 2003 sobre la playa del Algarrobico en Carboneras (Almería) se ha convertido en el ejemplo más representativo en España de los interminables enredos legales en defensa del litoral. Tras 20 años de luchas en los despachos, de un sinfín de autos y cruce de acusaciones entre instituciones, el hotel construido por la promotora Azata del Sol sigue intacto, instalado como okupa en el Parque Natural Cabo de Gata.

Muchos conocerán la historia en términos generales, pero explicar el escándalo sin perderse en el laberinto judicial en que se ha traducido todo este culebrón es un desafío. Salvemos Mojácar, Greenpeace y Ecologistas en Acción lideraron desde el principio la oposición al hotel, cuyas obras se paralizaron en 2006 y que ya se ha reconocido como construcción ilegal, al estar sobre zona no urbanizable. Ahora espera su demolición, entre presiones que ejercen desde la Junta de Andalucía al ayuntamiento de Carboneras y al gobierno central. Los ecologistas celebran la victoria que supuso evitar que el hotel saliera adelante, pero no creen que el derribo vaya a suceder antes de al menos cinco o seis años.

Así lo estima al menos José Ignacio Domínguez, el abogado que representó a las entidades ecologistas en todo este embrollo jurídico. Durante un tiempo, los ambientalistas defensores del paraje natural Cabo de Gata y de preservar la costa tuvieron en contra a buena parte de la población de Carboneras.

—En el pueblo la inmensa mayoría estaba a favor del hotel, y si fuese posible abrirlo estaría a favor de abrirlo. Lo que pasa es que ya han visto que es completamente ilegal, claro, y todo el mundo está ya resignado—, sostiene Domínguez, que dice tener ahora buenas relaciones con la gente del pueblo.

Hubo un momento, cuenta, en que se percibía más el enfrentamiento. Los carboneros estaban molestos porque decían que iban a quitarles los puestos de trabajo, e impulsaron manifestaciones a favor del hotel.

—Tuvimos una época muy mala que nos amenazaban si íbamos por allí y ahora hay mucha más indiferencia. Cuando empezamos con el Algarrobico la promotora tenía un despacho en el ayuntamiento y ofrecía 500 puestos de trabajo, algo que luego se desmontó completamente—, indica Caballero.

En 2012, Greenpeace y la consultora n'UNDO Arquitectos publicaron un informe en que demostraban que la demolición de El Algarrobico podía ser sostenible y generar cerca de 400 puestos de trabajo. «Con un presupuesto de 7.320.646 euros para el coste del desmantelamiento, el plan crea empleo y asegura el reciclado del 98% del edificio y la restauración ambiental del entorno», alegaban.

Ahora, sobre todo, la población está preocupada por quién tendrá que pagar la fiesta. O sea, quién asumirá los costes de la demolición, una vez anulada la licencia de obras. En los últimos meses, el Algarrobico ha protagonizado un intercambio de exigencias entre administraciones, cubierto por un manto de reproches entre partidos. El presidente de la Junta de Andalucía, Juanma Moreno (PP) expresó a principios de 2024 su rechazo al hotel ilegal y lo calificó como «monumento» al impacto ambiental. Además recriminó al PSOE de Carboneras que con su voto no permitiera al ayuntamiento retirar la licencia.

—Si paga el ayuntamiento, se quedan en bancarrota. El problema es que la Junta de Andalucía se está lavando las manos. Pero también tiene responsabilidad porque es la que modificó el plano de forma ilegal, la que autorizó todos los permisos para la construcción— precisa Domínguez.

Temporalidad y precariedad en la costa

La urbanización de la costa para el turismo, la gran promesa del desarrollismo, derivó en un modelo que no ha terminado de aportar la bonanza anunciada. De hecho, a menudo los municipios más turísticos son los que tienen una renta per cápita más baja, como recalca Escrivà, y agrega que además son los que tienen mayores tasas de temporalidad, que se traduce en más precariedad. Al final se ha ordenado el territorio en base a unas prioridades y a unas necesidades que no son las de la mayoría de la gente, sino las de los pocos que se están beneficiando de esa llegada masiva de turistas.

Canarias, una de las regiones más turistificadas de la UE y la segunda de España, después de Baleares, ofrece un ejemplo de cómo esta actividad no es necesariamente garantía de oportunidades laborales. Entre las regiones europeas con mayor número de pernoctaciones turísticas por habitante, el archipiélago canario se sitúa claramente por debajo de la media (a gran distancia) si se compara con la tasa de desempleo, según el informe publicado en diciembre por la Viceconsejería de Turismo del gobierno canario, que toma como referencia datos de 2019. «Esto quiere decir que el desempleo en Canarias no se relaciona directamente con la actividad turística», detalla el documento.

Ante este modelo, la solución para el ambientólogo, como para SOS Costa Brava, Greenpeace y otros ecologistas y expertos en turismo, pasa por adoptar mecanismos asociados de compensación, fundamentalmente mediante la tasa turística cuya recaudación se revierta en la protección del litoral y en los territorios afectados, y por fijar límites a la recepción de visitantes.

—Habría que ir hacia establecer unos umbrales a partir de los cuales los ecosistemas costeros sufren, se degradan irreversiblemente y se degrada la calidad de vida de las personas que viven ese territorio—, arguye Escrivà. El valenciano defiende además ofrecer alternativas basadas en una mejora de las condiciones de vida y fomentar otras formas de turismo.

—No me refiero a trasladar el flujo masificado de la costa hacia el interior, pero sí a gestionarlo de otra forma repartiendo mejor el tiempo, dando más tiempo a la gente también para que nos podamos organizar mejor y no tengamos que salir todos como hormigas a los mismos sitios las mismas semanas del año.

Contra la masificación, limitar el número de turistas

La doctora en turismo Ernestina Rubio, presidenta de Planet4People, también aboga por ofrecer alternativas e incidir en la demanda, y se centra en el concepto de «demarketing», o sea, «despromocionar» los destinos turísticos para reducir el número de visitas —y la asociada especulación urbanística— en lugares excesivamente masificados.

Propone además una alianza entre las organizaciones de la sociedad civil, el mundo empresarial y el académico, guiados por políticas públicas que se adopten en los diferentes niveles de gobernanza, para impulsar un modelo diferente.

—A mí me encanta Cadaqués, pero si todos los que amamos cadaqués queremos tener una casa en Cadaqués nos lo cargamos. ¿Que no hay derecho a tener una casa en Cadaqués? Pues no hay derecho a traer indefinidamente un número ilimitado de turistas. Hay una capacidad de carga que está agotada— insiste De Ribot.

El mito de viajar tiene un precio

Asistimos, como lo describe a menudo el antropólogo social Emilio Santiago Muiño, a una «bulimia» turística que está devorando el litoral y socavando el bienestar de las personas asentadas sobre esos territorios costeros. En «Psicogeografía del ahí», Santiago Muiño advierte que la industria turística participa de un patrón que se enmarca en un «desorden alimenticio hecho civilización», una suerte de bulimia, de adicción o cualquier otro trastorno compulsivo en los que el placer es eclipsado por un inmenso sufrimiento inconfesable, dice.

—Ingerimos todo tipo de atracones experienciales (personas, lugares, relaciones sexuales, películas, libros, series), en unas cantidades que son sencillamente inabarcables. Y lo expulsamos sin digerir para poder seguir engullendo a un ritmo siempre mayor. Nos hemos convertido en los «demenciales chicos acelerados» que cantaba Eskorbuto. Habitantes ansiosos y enloquecidos de una gula insaciable.

Y continúa el antropólogo: «Cada vez más viajes que implican mayores distancias, volviendo sencillo lo inaccesible y estirando los pliegues más recónditos. Accedemos, sin dar importancia, a frutos y sabores que hace menos de dos siglos hacían a las personas sufrir todo tipo de penurias para conseguir dosis que hoy nos parecerían ridículas. Nos saben a poco los lugares cercanos como nos saben a poco los alimentos sin aditivos. Nos cedieron los sentidos de tanto abuso. Pero nunca hay plenitud, solo ansiedad creciente, abrumados por la cantidad de experiencias, de lugares, de ciudades».

El investigador en el CSIC reflexiona en torno al oxímoron del «turismo sostenible». «Turismo sostenible es una combinación con una consistencia similar a la del agua seca, el día nocturno o el fuego helado. Si las próximas décadas queremos aterrizar dentro de los límites de nuestra biosfera, hoy violentamente sobrepasados hasta el punto de encaminarnos al suicidio de especie, esto nos obligará a enviar al turismo a un museo de las excentricidades de la era de los combustibles fósiles».

Pero es el debate sobre la renuncia y la conciencia, algo siempre complicado, pues el turismo, los viajes y el transporte privado están entre los elementos que los ciudadanos están menos dispuestos a sacrificar para reducir su huella ecológica, según algunas encuestas.

—Los viajes, y más para una generación como la mía, son aspiracionales, son la forma de definirnos, de generar identidad también en un mundo que se ha hecho más pequeño. Cuando yo era niño no pensaba en viajar, o para mí un viaje era como mucho dentro de Europa. Pero ahora yo he dado charlas en institutos en los que chicos de 16 tienen en la cabeza viajar a Nueva York o a San Diego. Y entonces hay un incentivo muy perverso, que es como tú no quieres dejar de ser turista, tampoco vas a ponerte en contra de los turistas—, argumenta Escrivà.

Sin embargo, algo que ha ganado popularidad y de una manera transversal es establecer compensaciones. El ambientólogo alega que ni siquiera un gobierno del PP apoyado por Vox se ha atrevido a eliminar la tasa turística que hay en Baleares porque «funciona muy bien». Pero, apunta, lo importante es que estos mecanismos sean tasas finalistas, que reviertan en la mejora de esos espacios y sirvan también para restituir los servicios.

XIV. BALSAS DE FOSFOYESOS: 100 MILLONES DE TONELADAS DE RESIDUOS TÓXICOS JUNTO AL CASCO URBANO DE HUELVA

José María Montero Sandoval

Con el paso de los años, y gracias a una enmarañada combinación de circunstancias, la ciudad de Huelva ha ido corrigiendo algunos de los peores tributos ambientales que en su día, a finales de los años 60 del pasado siglo, impusieron las industrias químicas que se instalaron a orillas de la ría, a las puertas del mismo casco urbano. Una larga historia en la que encontramos protestas lideradas por el movimiento ecologista, alarmas provocadas por episodios de contaminación, disposiciones administrativas de todo tipo, obligaciones dictadas por Bruselas, sanciones, demandas ciudadanas, planes de corrección y, finalmente, la conciencia tardía de la mayoría de empresas.

A lo largo del siglo XX, no sin pocas trabas y dificultades, se ordenaron, y en muchos casos se eliminaron, los vertidos tóxicos, se puso fin al trasiego de barcos que arrojaban al Golfo de Cádiz desechos industriales como el dióxido de titanio, se caracterizaron los residuos más peligrosos para conducirlos a instalaciones especializadas en su tratamiento, se impulsaron nuevas técnicas de reciclaje y se modificaron sistemas productivos para reducir su impacto en el medio ambiente.

Pero aún así, uno de los elementos más peligrosos de este emplazamiento industrial, por volumen de residuos, cercanía a la población y riesgos derivados de las sustancias que acumula, sigue sin resolverse. Las balsas de fosfoyesos, más de 60 años después de que este desecho comenzara a depositarse, sin mayores cautelas, en un estero de la desembocadura del río Tinto, a escasos 500 metros de la zona urbana, no terminan de someterse a un plan que, convenciendo a todas las partes en conflicto, neutralice de manera definitiva esta amenaza. Su historia es la de un largo desinterés trufado de informes contradictorios, procesos judiciales interminables, propuestas de solución que se atascan, administraciones que dicen y se desdicen y, sobre todo, colectivos que no cejan en su empeño de denunciar los riesgos y exigir soluciones.

Para revelar la envergadura del conflicto hay que remontarse a sus orígenes, cuantificar las dimensiones de este vertedero industrial, la composición de los desechos que almacena y el peligro que se deriva de los mismos. Todo comienza en 1964, cuando el gobierno, empeñado en dinamizar la paupérrima economía de Huelva, apuesta por ubicar al sur del casco urbano de la capital, en la desembocadura de los ríos Tinto y Odiel, un Polo de Promoción Industrial con el que aprovechar los recursos que históricamente venían aportando las cuencas mineras de esta provincia y que tenían su salida al mar justamente por esta zona de estuario, donde confluyen los dos cauces para encontrarse con el Atlántico. Poco después, en 1967 y 1968, la empresa Fertiberia recibe dos concesiones en terrenos de dominio público marítimo-terrestre, sobre el conocido como estero de Anicoba, para ubicar en ellos los residuos de su actividad productiva, actividad orientada a la obtención de ácido fosfórico indispensable para la fabricación de fertilizantes. El principal desecho es el conocido como fosfoyeso, compuesto en un 95% por yeso y en el porcentaje restante por diferentes fracciones de ácidos libres (fosfórico, sulfúrico y fuorhídrico). En lo que se refiere al fosfórico son notables también las concentraciones de contaminantes móviles procedentes de la roca fosfórica original (fosforita), importada de África occidental y que contiene importantes cantidades de metales pesados, de elevada toxicidad, como cadmio y arsénico, además de notables concentraciones de radionucleidos, sobre todo los correspondientes a la serie del Uranio 238, entre los que destacan aquellos de vida más larga como el Torio 230, el Radio 226, el Plomo 210 y el Polonio 210.

Por cada tonelada de ácido fosfórico que se obtiene se desechan cinco toneladas de fosfoyeso, cuya producción anual se cifra en unas 280 millones de toneladas en todo el mundo. Debido a todas las impurezas señaladas, y su manifiesta peligrosidad, sólo un 15% de todos esos fosfoyesos se reciclan, y el resto, como ha venido ocurriendo en Huelva, se depositan en grandes balsas cercanas a las plantas industriales. Entre 1968 y 2010, cuando cesó el vertido, Fertiberia venía arrojando a las marismas del Tinto unas 2,5 millones de toneladas/año de fosfoyesos. Además, y hasta que en 1997 se estableció un plan de reordenación de vertidos, estos residuos se transportaban hacia las balsas mediante un sistema de circulación en abierto, usando agua de mar, de manera que los elementos que no se decantaban, y hasta un 20% de los propios fosfoyesos en bruto, terminaban directamente en las aguas del estuario, sin control ni tratamiento alguno.

En el conjunto del polo industrial onubense estos procedimientos, ciertamente agresivos e irregulares, no eran extraordinarios, ni tampoco, ya en democracia, se acometían con la transparencia que exigían los nuevos tiempos. Por ejemplo, hasta 1975, once años después de que comenzaran su actividad la mayoría de empresas químicas, no se empezaron a establecer tímidos controles de las emisiones de gases contaminantes a la atmósfera, y la medida mostró en poco tiempo cuál era la situación a la que venían estando expuestos trabajadores y vecinos: durante los dos años siguientes a la puesta en marcha de los sensores se registraron un total de 29 días con niveles de contaminación «no admisibles», con picos de emergencias de primer grado, como la que se registró en diciembre de 1976, cuando en una sola jornada se midieron casi 3.000 microgramos de anhídrido sulfuroso por metro cúbico de aire, estando la tolerancia máxima fijada en 400 microgramos.

Y este mismo comportamiento, claramente perjudicial para la salud y el medio ambiente, se venía manifestando en otros muchos procesos industriales en los que estaban involucrados numerosos agentes tóxicos. En 1987 el conjunto del polo industrial arrojaba a la ría de Huelva unas 50.000 toneladas de ácido sulfúrico, 700.000 toneladas de sulfatos y unas 12.000 toneladas de metales pesados. Precisamente la aparición de elevadas concentraciones de estas últimas sustancias en bivalvos destinados al consumo humano, capturados en las inmediaciones de la costa onubense, obligó ese mismo año a dictar la prohibición de su pesca y comercialización, en una orden de la entonces Agencia de Medio Ambiente (AMA) del gobierno andaluz, disposición que ocasionó un auténtico seísmo en el sector pesquero, en la ciudadanía (hasta 10.000 personas de distintos municipios litorales llegaron a manifestarse debido a esta alerta sanitaria) y en las propias industrias, obligadas, por la contundencia de estas y otras evidencias, a someterse al primer plan de corrección de vertidos industriales con una inversión de 5.000 millones de las antiguas pesetas. Conviene tener presente, para hacerse una idea de la conmoción que supuso este cambio de rumbo, que en esa fecha el polo reunía a 14 industrias químicas que facturaban cada año más de 300.000 millones de pesetas y mantenían alrededor de 6.000 empleos directos.

No es de extrañar, por tanto, que los fosfoyesos, como otros muchos residuos, se gestionaran de manera irregular, sin demasiadas injerencias por parte de las diferentes administraciones, acumulándose en enormes balsas, directamente sobre el suelo desnudo de la marisma, en la margen derecha del Tinto, cauce a donde iban a parar todas las filtraciones de aguas ácidas. Cuando la Audiencia Nacional dictó el cese de estos vertidos, el 31 de diciembre de 2010, las balsas ocupaban ya una extensión cercana a las 1.200 hectáreas, con un volumen total de fosfoyesos de unas 100 millones de toneladas, lo que las convertía en uno de los vertederos industriales más grandes del mundo. Además, como señala un estudio del Departamento de Ciencias de la Tierra de la Universidad de Huelva, fechado en 2017, «existen dos circunstancias excepcionales en estas balsas que las diferencian del resto de la mayoría de casos conocidos en otros países: 1) el fosfoyeso fue depositado sobre la marisma del estuario del río Tinto sin ningún tipo de aislamiento, y 2) está localizado sobre el prisma mareal del estuario».

Es decir, que los residuos pueden movilizarse, y alterarse en sus características, debido al efecto de la lluvia, las mareas y el contacto directo con el suelo. Por este motivo, señalan estos mismos especialistas, se producen algunos fenómenos que aumentan el riesgo, como la elevada concentración de algunas sustancias tóxicas en el fondo de las balsas, algo que llama aún más la atención cuando se compara con escenarios similares en otros vertederos de esta misma naturaleza. «Lo más destacable», precisa el citado estudio de la Universidad de Huelva, «es la elevada concentración de arsénico encontrada en todo el perfil, entre uno y dos órdenes de magnitud mayor que los datos bibliográficos consultados». Por este motivo, añade, «la movilidad de arsénico y cadmio hacen que el fosfoyeso de Huelva se clasifique como peligroso según las normativas de la Unión Europea, lo cual implicaría su almacenamiento en vertederos peligrosos».

El cóctel de contaminantes presentes en los fosfoyesos no se agota con los más evidentes, que ya hemos citado, sino que en esta lista aún hay que anotar otras sustancias que complican todavía más el control de estos depósitos, como los fosfoyesos negros (con un índice de radiactividad más elevado), ilmenita inatacada (un subproducto peligroso, procedente de la fabricación de dióxido de titanio para pinturas y pigmentos), cenizas de tostación de piritas, yesos rojos, polvos de electrofiltros industriales y residuos procedentes de plantas de inertización de desechos. Para colmo, a estos mismos terrenos fueron a parar las más de 7.000 toneladas de cenizas contaminadas con material radiactivo (Cesio 137) procedentes del accidente ocurrido en la planta de Acerinox (Los Barrios, Cádiz) cuando, en mayo de 1998, entró en un horno de fundición una fuente radiactiva mezclada con chatarra.

No hay duda, pues, en lo que se refiere a los riesgos ambientales que ha venido originando, con mayor o menos conocimiento, este monumental acopio de residuos, y, sobre todo, la necesidad, sobre la que existe un contundente acuerdo científico, de buscar una solución que resuelva de una vez por todas el problema. Y es aquí, en la exposición de esta necesidad apremiante, donde nos encontramos con otro enrevesado relato en el que intervienen las empresas involucradas, las administraciones competentes y las autoridades judiciales que, desde 2007, se han venido pronunciando sobre el asunto, primero admitiendo que la concesión administrativa para este tipo de vertidos había vencido y, en sentencias posteriores, ordenando que cesaran los depósitos de fosfoyesos y en definitiva la propia actividad productiva, algo que por orden de la Audiencia Nacional, y tras inexplicables dilaciones e incumplimientos, se consiguió en febrero de 2011 (aunque la sentencia está fechada el 31 de diciembre de 2010).

Como es lógico, lo que más inquietud causa son los posibles efectos en la salud de estos residuos, cuestión sobre la que siempre han puesto el acento Ecologistas en Acción, WWF y Greenpeace, organizaciones ecologistas que han liderado las acciones encaminadas a resolver este problema, además de la Mesa de la Ría, una asociación que llegó a contar con representación en el ayuntamiento de la capital y que reúne a numerosos colectivos ciudadanos empeñados en reubicar el polo industrial (como llegó a acordarse en 1991) y recuperar para otros fines los suelos ocupados por las empresas. Unos y otros han venido reclamando estudios epidemiológicos de suficiente envergadura y rigor como para certificar si en el entorno de las fábricas, y en particular de los fosfoyesos, existe un aumento de ciertas patologías vinculadas a los residuos y emisiones contaminantes.

Ya en marzo de 2014 el Defensor del Pueblo Andaluz emitió un dictamen a propósito de un exceso de mortalidad y morbilidad detectado en varias investigaciones llevadas a cabo en las inmediaciones de la ría de Huelva, dictamen en el que se recogió el trabajo, entre otros, de varios expertos del CSIC, el Instituto de Salud Carlos III y el Centro Nacional de Epidemiología. El informe, reconociendo la existencia de contaminantes y del riesgo que muchos de ellos pueden ocasionar, concluye, en la mayoría de sus epígrafes, admitiendo que no hay información suficiente para certificar los efectos en la salud a menos que se lleven a cabo estudios mucho más precisos sobre esta cuestión. En lo que se refiere, en concreto, al impacto de los fosfoyesos, el documento repasa las mediciones que se han hecho sobre los agentes radiactivos que, en la mayoría de los casos, «han aportado amplia información en contra de que exista riesgo relevante por radiación para la población general y los trabajadores», aún cuando más adelante admite que el estudio encargado por Greenpeace a la Comisión para la Investigación e Información Independiente sobre Radioactividad (CRIIRAD) «presenta resultados discordantes», ya que documenta «mayores niveles de radiaciones» que el resto de estudios.

Cuando se detiene en otros desechos presentes en las balsas, el Defensor del Pueblo admite que no existe «constancia firme que permita explicar el destino» de algunos gases contaminantes, como los de fósforo y flúor que «potencialmente podrían liberarse de la balsa». También señala que la marisma «no tiene capacidad para retener todas la soluciones ácidas, y una parte de los lixiviados migran hasta su descarga directa al estuario». Los metales biodisponibles en la ría, reconocen los autores del documento, «afectan a la salud de las dos especies de peces estudiadas con mayor detalle (dorada y lenguado), y la acumulación de metales en su parte comestible en algunos casos ha superado los valores de las normativas vigentes en su momento (plomo)». Con la cautela que suele ser habitual en la redacción de este tipo de informes, finalmente se concluye que «son todavía muy escasos los estudios con un carácter más sanitario, es decir, que informen del grado en que dichos contaminantes están llegando a la población, y, en caso afirmativo, cuáles son las vías o rutas de exposición y cuáles son los efectos sobre la salud. Estas investigaciones deben considerarse prioritarias en un futuro inmediato». No faltan en esas conclusiones algunas advertencias referidas expresamente a las balsas de fosfoyesos que, en caso de someterse a un proceso de recuperación, para destinar el suelo a otros usos, habrían de incorporar acciones específicas de vigilancia, ya que existe un riesgo potencial que tiene que ser evaluado con precisión: «debería monitorizarse especialmente la captación de metales y radiactividad en el ecosistema de la cubierta vegetal».

Llegados a este punto conviene volver al párrafo inicial del capítulo dedicado a los fosfoyesos, donde se recuerda que estos residuos se están almacenando en pilas de hasta 30 metros con respecto a la cota de la marisma», y que estas balsas onubenses constituyen «el único caso de un apilamiento de fosfoyesos a una distancia tan cercana de un núcleo urbano de más de cien mil habitantes».

Más allá del rigor cuantitativo que ofrecerían los análisis de detalle que propone el Defensor del Pueblo, lo que no ha variado con el paso de los años es la inquietud ciudadana, hasta el punto de que en 2022, según recoge el ya citado informe técnico del comité de expertos para el diagnóstico ambiental de la balsa de fosfoyesos (Universidad de Huelva), se llevó a cabo una encuesta en la ciudad de Huelva para evaluar la percepción asociada a la problemática de estos depósitos de residuos. El sondeo muestra cómo los ciudadanos perciben los fosfoyesos como una amenaza más peligrosa que la contaminación atmosférica o los residuos de la minería, admiten (7 de cada 10) sentirse preocupados por el posible impacto en su salud y menos de un 20% de los encuestados considera que pueden hacer algo para reducir esta amenaza.

Y desde luego algunos incidentes, si bien se han producido a miles de kilómetros, no han ayudado a reducir esta desazón. En septiembre de 2016 más de 800 millones de litros de agua contaminada (incluidos agentes radioactivos) procedentes de un depósito de fosfoyesos en Mulberry (Florida), terminaron en el principal acuífero del que se obtiene el agua potable que abastece a dicho estado. Y en abril de 2021 el gobernador de Florida se vio obligado a declarar el estado de emergencia en el condado de Manatee ante la posibilidad de una «descarga inminente y no controlada» de los vertidos acumulados en otra balsa de fosfoyesos. Como es lógico, ambos sucesos provocaron un intenso debate en la ciudad de Huelva porque ya entonces se había puesto sobre la mesa el plan que Fertiberia plantea para resolver este problema, un plan que, hasta ahora, cuenta con el visto bueno de la administración central y la autonómica.

Pero, ¿cuál es la solución que plantea Fertiberia? En la web de la compañía encontramos algunos detalles de este plan, denominado Restore 20/30, con el que se pretende la «restauración ambiental de las 720 hectáreas de apilamientos de fosfoyesos en Huelva». La superficie restante hasta completar las cerca de 1.200 hectáreas que ocupan las balsas de desechos ya se sometió a un plan de restauración que, sin embargo, ha recibido críticas por posibles filtraciones contaminantes a la ría, y, asimismo, una de las zonas contempladas en la ambiciosa propuesta de Fertiberia, y que se extiende sobre 125 hectáreas, es la que contiene los restos del accidente de Acerinox por lo que sus características son diferentes y, a juicio del propio Ministerio de Transición Ecológica, habría que someterla a una nueva evaluación de riesgos.

A pesar de estas zonas de sombra, y de forma resumida, el plan Restore 20/30 contempla el «encapsulamiento total de los apilamientos de fosfoyesos para evitar cualquier contacto con el exterior, así como la restauración y revegetación de los terrenos para integrarlos en la marisma onubense, una vez drenada el agua interna y el agua infiltrada por las lluvias, lo que convertiría este espacio en uno de los pulmones de Huelva». La fase de ejecución ocuparía no menos de diez años de trabajo, a los que habría que sumar, en la denominada «fase de postclausura», treinta años adicionales de seguimiento y control para «prevenir cualquier impacto ambiental». La empresa ha previsto una inversión total de 65 millones de euros en este plan.

El proyecto ha ido sorteando todos los trámites administrativas que se precisan para una actuación de esta envergadura y, de acuerdo a la información publicada por Fertiberia, ya cuentan con la Declaración de Impacto Ambiental (DIA) favorable por parte del Ministerio para la Transición Ecológica, el dictamen positivo del Consejo de Seguridad Nuclear, el informe de compatibilidad urbanística del Ayuntamiento de Huelva, la modificación sustancial de la Autorización Ambiental Integrada (AAI) de la Junta de Andalucía y, finalmente (junio 2023), la licencia municipal de obras. De acuerdo a este último documento, las actuaciones debían comenzar antes de que finalizara el 2023 y no deben demorarse más allá de los 120 meses señalados por Fertiberia. Por su parte, la empresa ya ha anunciado que cumplirá con estos plazos y que el número de empleos directos asociados al plan será de un centenar, primando «la contratación de profesionales y proveedores locales para generar el mayor impacto económico positivo en el entorno».

Ni la respuesta de los colectivos ciudadanos, ni siquiera la posición de algunos poderes públicos, está en sintonía con los que creen que la solución del problema ya se ha desbloqueado y que los planteamientos de la empresa, con el visto bueno de todos los organismos implicados, suponen el capítulo final de esta amenaza ambiental y su tortuoso discurrir. De hecho, pocas semanas después de obtener la licencia de obras, la Abogacía del Estado, en representación del Ministerio para la Transición Ecológica, solicitó a la Audiencia Nacional, a través de una alegación, que Fertiberia no ejecute el proyecto Restore 20/30 «sin una nueva evaluación ambiental», ya que el citado ministerio «tiene serias dudas sobre la idoneidad del proyecto».

Para empezar, considera la Abogacía del Estado, «el proyecto de clausura de las balsas de fosfoyeso debe ser confirmado por la Audiencia Nacional antes de que se inicie su ejecución», tal y como se señalaba en un auto de 2016, en el que se advertía que la Sala en cuestión «debía otorgar la correspondiente idoneidad». Además, para considerar este trámite habría que tener en cuenta nuevos informes, como el emitido por la Dirección General de Sostenibilidad de la Costa y del Mar (enero 2023), donde se señalan algunas dudas sobre el control ambiental de los trabajos de restauración, vinculados a competencias propias del gobierno andaluz, y también se recogen las «carencias detectadas [por la Universidad de Huelva] en el proyecto, como aquellas que afectan al funcionamiento hidrogeológico de las marismas subyacentes, la propia estabilidad de los depósitos de fosfoyesos, los efectos derivados que pueden afectar a la cadena trófica y ecológica de la zona de actuación, y la preocupación de la población y posibles efectos en la salud».

De alguna manera, el ministerio pone en cuestión la DIA favorable emitida en 2016 lo cual puede suponer un nuevo parón en el ya tortuoso proceso, aunque Fertiberia, una vez conocida esta última alegación, insistió en que «dispone de todas las autorizaciones y licencias requeridas por la legislación aplicable» y que, por tanto, «no existe impedimento alguno» para iniciar los trabajos. En lo que se refiere a las dudas técnicas que se esgrimen, referenciadas en algunos estudios como el de la Universidad de Huelva, la compañía responsable de los fosfoyesos destaca que «no son novedosas, sino que son cuestiones que ya fueron planteadas, analizadas y resueltas durante la extensa tramitación administrativa a la que, durante años, se ha sometido el proyecto», y que, además, las actuaciones previstas «se han ido adaptando a la vista de las observaciones realizadas por los numerosos organismos especializados que han intervenido».

Las críticas al proyecto incluyen las dudas que plantea la posible puesta en explotación de una cantera para la extracción de arcillas, que parecen destinadas al sellado de las balsas, en una zona de las marismas del Tinto cercana a los depósitos de fosfoyesos, así como la contaminación atmosférica, y sus efectos en la salud, derivada del monumental movimiento de tierras contaminadas que exige un plan de sellado como el que propone Fertiberia.

A la vista de las objeciones planteadas, la pelota vuelve a estar en el tejado de la Audiencia Nacional, lo que puede suponer el inicio de otro retorcido capítulo en este larguísimo proceso burocrático, aunque nada impide, por el momento, el inicio de las obras, que, eso sí, cuentan, como era previsible y más después de este último cuestionamiento, con la firme oposición de la Mesa de la Ría. Este colectivo considera «demoledor» el escrito de la Abogacía del Estado y por este motivo ha solicitado a la Junta de Andalucía «que inicie el procedimiento de revisión de oficio de la Autorización Ambiental Integrada, para que proceda a declarar su nulidad en base a las evidencias científicas y técnicas mostradas». Por su parte, Ecologistas en Acción y Greenpeace, mantienen su oposición al proyecto Restore 20/30 ya que «condena el futuro de las marismas del Tinto, enterrando los residuos tóxicos», y sostienen que la mejor solución pasaría por «la retirada de los residuos, la recuperación de las características originales del espacio afectado y la restauración de los hábitats destruidos». En definitiva, concluyen los ecologistas, «que la empresa no se vaya de rositas tras haber protagonizado uno de los mayores casos de contaminación ambiental de Europa».

¿Qué alternativas existen al encapsulamiento de los fosfoyesos, a su inmovilización en los mismos terrenos que hoy ocupan? Los colectivos ciudadanos y conservacionistas lo tienen muy claro: no cabe otra opción que la retirada de los desechos y la restauración de la superficie donde se han ido depositando. Una operación de este calibre requiere de estudios que no se han llevado a cabo y de presupuestos que no se han estimado, por lo que no deja de ser una reclamación legítima que, sin embargo, no ha encontrado respaldo ni en las administraciones ni en la propia empresa.

A pesar de contener valiosas materias primas demandadas por diferentes sectores productivos, los fosfoyesos apenas se han sometido a procedimientos de reciclaje. Contienen cantidades importantes de calcio, fósforo y azufre que permitirían su utilización como enmienda para suelos en los que se busque mejorar el valor agronómico. También se ha probado su utilización como aditivo en la fabricación de materiales de construcción e, incluso, se ha señalado la presencia en estos desechos de valiosas tierras raras, elementos químicos muy apreciados en la fabricación de imanes, catalizadores o sistemas de iluminación. Sin embargo, en la mayoría de los casos estas posibilidades se ven limitadas, cuando no se vuelven inviables, debido, precisamente, al carácter contaminante de las sustancias que también están presentes en los fosfoyesos y que más preocupan, como metales pesados o agentes radiactivos, nada fáciles de neutralizar.

Dentro de este capítulo, el proyecto que parecía más esperanzador, aunque no se ha anunciado avance alguno en su desarrollo y aplicación, es el que propuso en 2017 la empresa andaluza Captura CO_2, quien presentó la patente de un proceso de reciclaje desarrollado por el Instituto de Ciencia de Materiales (CSIC) y las universidades de Sevilla y Cádiz. En aquel entonces se consideró que dicho procedimiento podría servir para «transformar los 120 millones de toneladas de fosfoyesos en 70 millones de toneladas de calcita y casi 100 de sulfato de sodio, con un valor comercial superior a los 24.000 millones de euros».

Mientras las acciones de sellado y restauración siguen cuestionadas, y pendientes de nuevos pronunciamientos judiciales, las propuestas de traslado de los fosfoyesos no se han sustanciado y las posibilidades de reciclaje no terminan de despegar, el problema se mantiene en unas circunstancias similares a las que se pusieron de manifiesto cuando en diciembre de 2010 se ordenó la paralización de este sistema de depósito de residuos. Y lejos de manifestarse en este tiempo una reducción de la actividad industrial en las zonas próximas a Huelva capital, el polo químico vive un momento de expansión derivada de las perspectivas que ofrecen los nuevos combustibles y la descarbonización que exige la lucha contra el cambio climático. La propia Fertiberia comenzó en la primavera de 2023 el desmantelamiento de las plantas de sulfúrico y de fosfórico más cercanas al casco urbano, que en su día fueron las más importantes de Europa, y anunció la reconversión de su planta de Palos de la Frontera, a unos 10 km de la capital, para asumir nuevos proyectos relacionados «con el amoniaco verde, el hidrógeno verde y los fertilizantes sostenibles», para lo que ha establecido una alianza estratégica con Iberdrola.

La sostenibilidad y la economía circular, que ahora sirven de argumento para defender todo tipo de iniciativas industriales, crecen en Huelva sobre las ruinas, contaminadas, de un modelo de desarrollo obsoleto. Mientras se anuncian las ventajas de este rutilante *green deal* aún no se ha resuelto, más de 60 años después de comenzar los vertidos, el futuro de los fosfoyesos. Es la gran asignatura pendiente.

Fuentes consultadas:

* Estudio de la movilidad de contaminantes del depósito de fosfoyesos de Huelva. Sociedad Geológica de España. Geogaceta 62 (2017).
* Informe técnico sobre la idoneidad del proyecto RESTORE 20/30 como solución al problema de las balsas de fosfoyeso y para la recuperación de las Marismas del estuario del río Tinto. Comité de Expertos para el diagnóstico ambiental de la balsa de fosfoyesos. Universidad de Huelva (2022).
* Dictamen realizado por encargo del Defensor del Pueblo Andaluz sobre el exceso de mortalidad y morbilidad detectado en varias investigaciones en la ría de Huelva. Marzo de 2014.
* El mayor caso de contaminación industrial de Europa: los vertidos de fosfoyesos a las marismas del río Tinto, Huelva. Ecologistas en Acción, Greenpeace y WWF. Enero de 2011.

XV. LA MINERÍA DE METAL, TESOROS O DESASTRES

Rosa M. Tristán

Las Médulas, ese paisaje espectacular de la zona leonesa de El Bierzo que hoy recibe millones de turistas nos habla de un pasado en la península Ibérica en el que las minas siempre han estado presentes. El oro que aquellos colonizadores ansiaban para sus objetos de adorno o los enseres lujosos sigue siendo, más de 2.000 años después, un metal codiciado, pero ahora comparte ese uso decorativo con otro mucho más necesario: el tecnológico. Desde aquellos remotos tiempos, la demanda de metales de todo tipo no ha dejado de crecer, mientras continuaba agujereando la tierra, montañas, cerros y valles en busca de unas materias primas de las que dependemos cada día más y en torno a las cuales surgen conflictos en un choque continuo entre la defensa del medio ambiente un sistema económico que se basa en el crecimiento permanente.

Unos cientos de kilómetros al sur de Las Médulas, en los aledaños de la ciudad de Cáceres, patrimonio de la Humanidad por la Unesco, un metal blando y plateado se convierte en uno de los protagonistas del siglo XXI. Es el litio, imprescindible para una transición energética y digital que requiere ingentes cantidades de minerales, especialmente de ese elemento que ya en el siglo II se usaba en baños terapéuticos contra la melancolía. Uno de los lugares donde se esconde en grandes cantidades es la extremeña Sierra de la Mosca, en concreto en el paraje conocido como Valdeflores. Allí, hasta la década de 1980 hubo una mina con ese nombre de la que se extrajo sobre todo estaño y que fue abandonada por su baja productividad. Nadie anuló los derechos de explotación, como marca la Ley de Minas. Luego, la naturaleza hizo de las suyas y logró restaurar el lugar con tal riqueza de biodiversidad que solo una década después la zona fue declarada Espacio Natural Protegido y elegida para los paseos de los cacereños.

Sin embargo, en el último cuarto de siglo, la situación ha cambiado mucho a nivel global y Valdeflores es un ejemplo local del nuevo panorama al que se enfrenta el mundo. El cambio climático generado por los combustibles fósiles ya está aquí y las energías renovables, basadas en el sol y el viento, se han convertido en la alternativa factible para cambiar unas fuentes energéticas sucias por otras limpias que precisan de metales como las baterías con litio. Para la sierra de la Mosca, todo ello se hizo patente tras unas prospecciones en 2015 de la empresa española Valoriza (Sacyr), aprovechando que los derechos sobre ella seguían vigentes. Y se descubrió que bajo el corredor ecológico había un tesoro: el segundo yacimiento más grande de Europa de carbonato de litio, en total 1,6 millones de toneladas que enseguida atrajeron el interés de la empresa australiana Plymouth Minerals (hoy Infinity Lithium), ahora su propietaria principal junto a Valoriza.

Desde entonces, las movilizaciones y las denuncias de los impactos ambientales y paisajísticos que generará no han cesado, con la activa plataforma Salvemos la Montaña de Cáceres a la cabeza. Según el primer proyecto presentado, iban a ocupar 1.200 hectáreas, con una explotación a cielo abierto. Aquello iba contra el plan de ordenamiento urbano de Cáceres, que prohíbe esa actividad a menos de dos kilómetros de su casco urbano y la mina estaría a 800 metros, así que ayuntamiento y Junta de Extremadura lo rechazaron en 2022. Pero este «tropiezo» no echó para atrás a las empresas, que a finales de 2023 lanzaron otra propuesta: excavar el litio a más de 40 metros de profundidad, lo que sortearía veto de la distancia. Para una nueva corporación municipal, —desde mayo de 2023 en manos del PP—, el nuevo plan ya no era incompatible, un primer paso para que la Junta lo de vía libre. Lo que no ha cambiado la postura de Salvemos la Montaña de Cáceres, para quien esa mina no supone solo socavar su interior con túneles, sino montar una contaminante planta de tratamiento del mineral, además de balsas y escombreras junto a su ciudad.

El marco de este conflicto es una península que por su geología es tremendamente rica en minerales y que nos habla de una larga historia de fusiones y roturas entre continentes, de océanos que se abrieron y choques que generaron pliegues y cicatrices con las rocas ígneas, metamórficas y sedimentarias en un territorio situado entre dos continentes. De ese remoto pasado procede una riqueza mineral que situó al país como el primer productor de cinabrio para obtención del mercurio del mundo cuando Almadén (Ciudad Real) estaba en activo. Fue una mina fue fundamental para explotar la plata de América que localizaban los colonizadores.

Muchos siglos después, y tras unas décadas de caída del negocio minero, después del cierre del carbón o la crisis en la construcción, es la minería metálica la que revive al sector, sobre todo en la llamada Faja Pirítica Ibérica (FPI), situada en el suroeste peninsular, donde se mantienen en explotación grandes minas subterráneas de cobre (como Aguas Teñidas y Magdalena en Huelva), cinc y plomo y otras dos a cielo abierto de cobre (La Cruces en Sevilla, por ejemplo, es de las que más conflictos ha generado). También están activas otras grandes explotaciones más al norte: una de wolframio (en Salamanca), de oro (en Asturias), de estaño-tántalo (en Galicia), de hierro en Andalucía... Desde el sector minero aseguran que «somos el tercer país en recursos mineros en Europa, después de Suecia y de Finlandia», lo que distinguen de «las reservas» porque señalan que entre unos y otras hay muchos filtros, tanto los administrativos como ambientales que, desde su punto de vista, no suelen paralizar pero ralentizan las explotaciones.

En esta radiografía de la minería metálica, a las que ya están en activo, a finales de 2023 se sumaban otros 28 proyectos en distintas fases de tramitación para una treintena de materiales diferentes. Además, había otros 90 enclaves en fase de exploración, sobre todo a cargo de empresas extranjeras con filiales en España. Vicente Gutiérrez Peinador, presidente de la Confederación Nacional de Empresarios de la Minería y de la Metalurgia (Confedem) reconoce que hay minerales claves, como el cobre, el aluminio y otras materias críticas para la nueva Europa en transición «verde» y «digital», que están teniendo aumentos de precios que favorecen este negocio. La visión de los ambientalistas es distinta. Activistas como Joám Evans, de Ecologistas en Acción, denuncian que se producen reaperturas de minas antiguas que ya debían estar restauradas y siguen siendo heridas en el paisaje. ¿La razón? Explica Evans que dejar el lugar como antes de la intervención puede suponer millones de euros, pero las garantías que las administraciones aprueban para ello suelen ser «cantidades irrisorias, de 50.000 o 100.000 euros». No es algo que ayude a la aceptación social de una actividad que se considera, además, muy contaminante y consumidora de agua.

Conocido es el caso de la mina de sal de El Cogulló (Sallent, en la comarca catalana del Bages). Allí, en 2008, el gobierno catalán del momento estableció una fianza de 585.153 euros para que la empresa Iberpotash restaurara una gran montaña de residuos salinos acumulada tras décadas de explotación, un gigantesco vertedero al aire libre sin impermeabilización alguna que aún contamina el agua del río Llobregat. Tras las denuncias del abogado y divulgador científico Sebastián Estradé, la Generalitat subió esa cantidad hasta los 13,9 millones de euros, aunque al final se lo rebajó a la mitad. Finalmente, el Tribunal Supremo sentenció en 2015 que la actividad minera y el vertido de residuos en la gran montaña de sal en El Cogulló eran ilegales, pues carecía de evaluación ambiental. Y se anuló la autorización otorgada, que fue luego regularizada.

La misma lección se extrae de la escombrera de residuos salinos cercana de Vilafruns (Balsareny, Bages), donde la fianza se fijó en 400.000 euros. Al final, esa cantidad resultó igualmente insuficiente para recubrirla y restaurarla. Por esa razón la Comisión Europea impuso en 2017 a Iberpotash una sanción de 5,84 millones euros (ratificada en 2020 por el Tribunal General de la Unión Europea) al entender que la empresa se había beneficiado de ayudas públicas ilegales del Estado central y la Generalitat de Cataluña, y que contó así con una «ventaja competitiva excesiva». La Comisión Europea y los jueces vieron improcedente que el recubrimiento de Vilafruns, con un coste de más de 10 millones de euros, se pagara totalmente con fondos públicos, cuando la mitad del importe correspondía a la multinacional.

Reabiertas y conflictivas

Muchas reaperturas de minas ya abandonadas o con licencias antiguas deberían tener los derechos de explotación cerrados tras años de inactividad, tal como la ley vigente marca: a los seis meses sin trabajos deben caducar las concesiones, una responsabilidad que

Evans recuerda que es tarea de la Administración, pero es algo que no ocurre. Un ejemplo emblemático es la explotación minera de San Finx, en el municipio coruñés de Lousame, lugar donde se extrajeron estaño y wolframio en grandes cantidades para la maquinaria bélica durante la Segunda Guerra Mundial y que se dejó de explotar al caer su precio. La mina fue reabierta en 2009 con un nuevo proyecto de explotación y un plan de restauración que no fueron sometidos a una evaluación de impacto ambiental, ni siquiera se abordó el tema de los vertidos al río cercano o antiguas escombreras. En 2022, fue comprada por una empresa australiana, pero ya desde antes ecologistas, mariscadores y hosteleros venían denunciando vertidos de metales pesados que llegan a la ría de Muros-Noia (de la Red Natura 2000), siete kilómetros aguas abajo. Hasta la ONU ha intervenido en favor de las denuncias que la empresa minera ha interpuesto contra los ecologistas por protestar.

En otros casos, según denuncian los ecologistas, las administraciones se acogen a «algunos subterfugios» para excluir a algunas minas de la necesaria evaluación ambiental, impidiendo así la participación ciudadana; y los hay que tienen una evaluación negativa, como ha ocurrido con la explotación del mayor yacimiento de oro en Europa. Se trata del yacimiento Salave, en Tapia de Casariego (Asturias), que como en Las Médulas fue explotado en época romana y luego olvidado. Tras varios intentos, en 2010 lo resucitó la empresa canadiense Astur Gold (hoy Black Dragon Gold) a través de una filial en España. Su objetivo: extraer más de 30.000 kilos de oro del subsuelo. Ante las deficiencias detectadas sobre los vertidos que generaría, el Principado de Asturias negó su autorización en 2014, lo que luego se confirmó en los tribunales. En realidad, tanto la población del lugar como los ambientalistas llevaban décadas de lucha contra las compañías que iban a Tapia en busca de El Dorado. Al precio de mercado actual, el yacimiento tendría un valor de unos 1.700 o 2.000 millones de euros, así que no se quiere renunciar a él y el proyecto seguía vivo a finales de 2021. Para sortear el asunto de los vertidos fluviales, lo último es que la minera ha propuesto un vertido directo con un emisario submarino al Cantábrico. Pero a finales de 2023 nada más se sabía y seguía parada, como lo está otra mina de oro que se quiso retomar en 2011 en Galicia, en concreto en Cabana de Bergantiños (La Coruña).

Allí el plan era explotar otras 30 toneladas de oro, pero la Xunta no lo aprobó, una decisión que confirmó el Tribunal Superior de Justicia de Galicia después de que se recurriera.

De momento, no puede decirse que España sea un país minero como en el pasado, pero es algo que puede cambiar en la búsqueda de la nueva demanda de minerales críticos. No hay más que recorrer la geografía nacional para encontrar kilómetros de galerías abandonadas, algunas convertidas en museos donde recordar una actividad tradicional que fue a menos. Los últimos datos oficiales de 2019 hablan de unas 30.0000 personas dedicadas a extracción mineral, más o menos las mismas que las que tenía a esa fecha una sola empresa, el Banco de Santander. Sólo unas 6.700 trabajarían en la minería metálica, que es la fundamental en las transiciones en marcha para un futuro hacia una atmósfera más limpia y una sociedad aún más tecnológica de la actual. Pensemos en un objeto cotidiano como un teléfono móvil: en España tenemos 56 millones de líneas de telefonía móvil para 47 millones de habitantes y cada uno de los aparatos con los que las que las usamos tienen hasta una decena de materiales distintos que, está claro, no salen de nuestro subsuelo pero si de un solo planeta y no son renovables salvo cuando grandes terremotos abren brechas por las que emanan del interior. Volviendo al empleo, en la mayoría de los casos son puestos de trabajo a través de contratas de las concesiones, como se ve casi todas en manos extranjeras.

Si lo miramos en términos económicos, esta minería ya viene aumentando en los últimos años. En 2015 apenas proporcionaba unos 700 millones de euros de producción y seis años después ya estaba por los 1.200 millones, según datos oficiales, en parte gracias a la mina de wolframio en Los Santos-Fuenterroble (Salamanca), concesionada a la canadiense Almany. Hoy esta explotación está inactiva pero dejó un tremendo mordisco en un cerro, una montaña lodos y una deuda con los municipios que se solventó en los tribunales. Ahora bien, si miramos lo que genera la península, resulta que en 2022 se extrajeron unas 300.000 toneladas de minerales metálicos, pero importamos 38,5 millones (según datos de Statista), lo que da una idea de nuestra dependencia respecto a materias que se consiguen en el exterior. Son metales que no conviene olvidar que generan numerosos conflictos sociales y ambientales en muchos lugares del hemisferio sur y que, ante la demanda creciente, ya se empiezan a prospectar en lugares tan valiosos y frágiles de la Tierra como son los desconocidos fondos abisales oceánicos o las cercanías de los polos (Groenlandia, Alaska o la Patagonia están en el punto de mira).

Pero la minería como actividad no sólo genera un conflicto ético, sino también estratégico, porque esa dependencia implica que un accidente en el Canal de Suez, un ataque a cargueros en el Mar Rojo o, sencillamente, que China cierre el grifo de los minerales más codiciados, deje en la cuerda floja los planes de futuro de nuestra parte del hemisferio norte. «Si mañana China dice que no nos las venden, nos quedamos sin ellas», señala el representante de los empresarios del sector, Gutiérrez Peinador.

Ya en 2008, ante estos riesgos, la UE lanzó la llamada «Iniciativa de Materias Primas» para garantizarse el suministro, que no tuvo mucho éxito. La pandemia de la Covid puso de manifiesto esa fragilidad europea y, en 2023, se logró el acuerdo para la Ley de Materias Primas (o reglamento) que indica la hoja de ruta a seguir y que ha aumentado de 14 a 34 los minerales críticos. Según esta ley, que deberá ser traspuesta en cada cada país, para 2030 el 10% de los minerales deben conseguirse en la propia UE, habrá que reciclar el 25% (en la actualidad, apenas se logra el 5%) y lo demás importará del resto del mundo. El día del acuerdo, las autoridades europeas reconocían que metales como litio, níquel, silicio, magnesio, paladio y otros elementos de las llamadas «tierras raras» son imprescindibles para fabricar casi cualquier producto tecnológico, desde móviles y ordenadores a paneles solares y coches eléctricos, entre otro sinfín de manufacturas. Pese a ello, el 100% de las «tierras raras» nos llega de China; el 98% del boro es turco; de Chile, traemos el 78% del litio y de Sudáfrica, el 71% del platino, por solo mencionar algunos.

Una frase del acuerdo menciona que lo que llegará de fuera de las fronteras comunitarias se obtendrá «según las normas ecológicas más exigentes» en los países de origen, pero eso no garantiza que se cumplan los más elementales derechos humanos en países de donde viene el coltán, como es República Democrática del Congo. En España y en toda Europa había en activo un solo yacimiento de este mineral desde 2018, la mina Penouta, en Viana do Bolo (Orense), de la canadiense Strategic Minerals, cuya actividad fue paralizada a finales de 2023 por una decisión judicial debido a la contaminación que generaba en las fuentes de agua por metales pesados. De hecho, en más de una ocasión ha tenido que ser suspendido el consumo humano en la zona por este motivo. Es un caso que ha generado conflictos entre los trabajadores de la mina y los ecologistas.

Consumo y reciclaje ante la transición energética

Lo incuestionable es que hay una brecha entre lo que se puede prever que se necesitará en minerales en España y lo que se produce, asunto que ha sido objeto de investigaciones como la última realizada por tres investigadores de la Universidad de Zaragoza, en coordinación con Amigos de la Tierra. De las previsiones, sabemos que el Gobierno de España apuesta por tener cinco millones de vehículos eléctricos y generar el 81% de la energía de fuentes renovables para 2030. Eso supone muchos más aerogeneradores y paneles fotovoltaicos y más baterías para acumular la energía de una economía más electrificada. Pero si solo de litio ya hemos triplicado la demanda en cinco años, ¿hay solución factible a este dilema?

En el informe «Minerales para la Transición Energética y Digital en España: demanda, reciclaje y medidas de ahorro», los autores se centran en el sector del transporte, por ser el que más va a requerir. Y concluyen que para cumplir los objetivos deberemos dedicar a los vehículos más de la mitad de la demanda acumulada hasta la fecha de metales como el aluminio y cobre y entre el 73-92% de manganeso, cobalto, níquel o litio; o el 79% de metales raros como el disprosio y el neodimio, sin contar otras industrias.

Pese a esta perspectiva, los autores consideran que hay salida. O más bien, salidas, porque no se trata de una sola. Para empezar, apuntan que podríamos cubrir el 57% de la demanda que necesitamos reciclando los que ya hemos utilizado. Pero eso no basta. A eso añaden que hay que productos como las baterías deben reducir su tamaño — algo que en los últimos años no deja de aumentar para dar más potencia y autonomía a los coches—, que hay que potenciar su reutilización y mejorar la eficiencia en el uso de estos materiales y, además, que es imprescindible multiplicar el transporte público. Según sus datos, si se combinaran todas estas medidas, se lograría una reducción de la extracción de esos minerales hasta en un 67%. Aun necesitaríamos la minería para el 33% restante, pero sería mucho menos. En el caso del litio, el consumo nacional se podría reducir a la mitad. Ahora bien, si nada de esto ocurre, aseguran que la actividad minera global aumentará hasta un 41% respecto a la actual. ¿A costa de cuántos ecosistemas? ¿A costa de la vida de cuánta gente que habita sobre yacimientos?

Y es que sacar esos minerales a la superficie transforma la faz de la Tierra, dada la cantidad de roca terrestre que se moviliza. De hecho, es una de las actividades humanas que más impacto humano genera en la superficie, junto con el sistema agroalimentario. Por cada dos cargueros de metales que hoy se mueven por el mundo, se precisarían otros 636 para transportar la piedra que ha habido que extraer para conseguirlos. Si seguimos reciclando como ahora, en pocas décadas, señala la investigación, habría que extraer 70 millones de toneladas de roca para las 166.000 toneladas de metales que demandará la transición energética.

Son cifras a las que han llegado teniendo en cuenta la situación europea, pero como recuerda una de las autoras, Alicia Valero, compartimos el planeta y España supone solamente el 0,6% de la población mundial. Ese mismo porcentaje nos correspondería de las reservas de minerales terrestres. Sin embargo, si queremos hacer la transición tecnológica y energética para 2050 sin cambios en el reciclaje, necesitaríamos una vez y media más de cobalto del que nos corresponde o el 45% más de litio. Y saltarían también las alarmas para cobre, níquel o plata, ya que esos dos sectores se tragarían más de la mitad de esas reservas, sin espacio para otras industrias que los necesitan. Fijémonos en el caso del litio: en todo el territorio nacional no había a comienzos de 2024 grandes plantas de reciclaje. El único proyecto importante previsto es Novolitio (de Endesa y Urbaser) en El Bierzo (León), al que se ha opuesto la organización ecologista Bierzo Limpio porque encontró deficiencias en su informe de impacto ambiental. Es un nuevo conflicto: necesitamos instalaciones de reciclaje de minerales, pero estas generan también impactos que hay que considerar y evitar.

Por lo pronto, en la UE se están agilizando los trámites ambientales para nuevas minas y algunos temen una avalancha de proyectos antes de tener otras soluciones en marcha y con una obsoleta Ley de Minas, de 1973, cuya actualización es urgente para adaptarse a los estándares europeos. Detrás, los problemas ecológicos y una demanda creciente que no cuenta con los límites de la Tierra.

XVI. LOS TRES FRACASOS DE LOS RESIDUOS MUNICIPALES: RECICLADO, ENVASADO Y PLÁSTICOS DE USAR Y TIRAR

A. C.

Algunos conflictos ambientales de España son batallas que se libran en Europa. Por ejemplo, la gestión de los residuos municipales. Así lo entendió una alianza formada por 26 entidades de la sociedad civil, que ha elegido esta vía como estrategia para dar respuesta al deficiente manejo y tratamiento de estos desechos en España, Por eso, ha denunciado al reino de España ante la Comisión Europea por el incumplimiento de las metas comunitarias en esta materia.

Vertederos colmatados, entornos naturales contaminados, tráfico de residuos (que nos convierte en «vertedero de Europa») y riesgo para la salud de las personas. Éste es el panorama que describen muchos expertos al evaluar la gestión de los residuos urbanos o municipales; por eso decidieron llevar al Estado español ante Bruselas, para pedir el amparo de la Comisión con el fin de revertir esta situación. «Llevamos años denunciando tasas de reciclaje muy bajas en calidad y cantidad, una nula presencia de políticas de prevención y reutilización, trasposiciones de directivas tardías y leyes que no se cumplen», resumen estas entidades, entre las que se encuentran Amigos de la Tierra o Greenpeace. «La gestión de los residuos en España no funciona», resume Carlos Arribas, coordinador del área de residuos de Ecologistas en Acción. Eva Saldaña, directora de Greenpeace, pone el foco en que esta denuncia es una «llamada de socorro» ante una situación que hace años que está «estancada y que, más que mejorar, empeora».

Concretamente, España ha incumplido al menos dos objetivos europeos clave: el primero es el referido a la reducción en la generación de residuos municipales, pues sólo disminuyeron un 7,5% entre 2010 y 2020, frente al objetivo del 10%.

Y segundo quebrantamiento: en 2020 se incumplió el objetivo de preparar para reutilizar o reciclar el 50% de estos desechos; sólo se alcanzó un 40,5%, según admite el Ministerio para la Transición Ecológica. Y las previsiones son que si nada cambia se van a seguir incumpliendo los objetivos para el año 2025 (reciclado del 55%) y 2030 (60%). De hecho, el dato estimado de Eurostat sitúa la ratio de reciclaje de España para 2021 en 36,7%, por lo que el balance cosechado en 2020 no está mejorando, sino que empeora. La media europea de preparación de los residuos para el reciclado fue del 49,2%; es decir 8,7 puntos superior a la española.

La comunidad con mayor nivel de reciclado y recuperación es Cataluña (un 57%), seguida de La Rioja (56%), País Vasco (55%) y Comunidad Valenciana (53%). Todas ellas superan la tasa del 50% de reciclado exigido por Europa, mientras que Navarra lo roza (49%).

Por el contrario, llama la atención el caso de Madrid, donde solo se recicla o recupera el 28,6% de los residuos de competencia municipal. Se vierte el 58,5% y se incinera el 12,9%. Por detrás quedan, en última posición Baleares (25%) y Asturias (23%), donde el 75% de los residuos tienen como destino final el vertedero, y Galicia (20%) mientras que en Andalucía alcanza el 34,9%.

Son incumplimientos graves, dado que esta meta es la principal obligación establecida en la normativa europea, ya que incluye todas las fracciones de residuos, y ofrece, por lo tanto, una visión integrada del desempeño de nuestro país. Así, lo recuerda la Autoridad Independiente de Responsabilidad Fiscal (AIReF), organismo encargado de auditar la eficacia de los gastos de las administraciones, en su informe sobre Gestión de Residuos Municipales.

Pero hay más, si miramos las metas futuras. Las previsiones son que si se sigue este paso se van a seguir incumpliendo los objetivos de reciclado para el año 2025 (55%) y 2030 (60%), algo sobre lo que España ya ha recibido una alerta o advertencia por parte de la UE.

Se abusa del vertedero, lo que significa ignorar los tratamientos previos. El porcentaje de residuos enviados a vertedero fue del 49,4%, frente al objetivo del 40% para 2025 y del 10% en 2035.

En 2020 se enviaron a vertedero 2,8 millones de toneladas sin ningún tipo de tratamiento, el 12,7% del total de residuos municipales generados. La Comisión Europea tiene abierto un expediente sancionador contra el Reino de España por ese motivo, con Asturias (74,5 %), Aragón (36,4 %) y Madrid (32,7 %) a la cabeza.

Además, los cambios metodológicos para el cálculo de los indicadores que entrarán en vigor en los próximos años «aumentarán la distancia de España al cumplimiento de los objetivos», dice el informe de AIReF. Muy pronto no se podrán contar los residuos bioestabilizados como reciclados, «por lo que la realidad es que solo se recicla una cuarta parte de los residuos (24,3 %)», detalla Carlos Arribas. «Y la comunidad de Madrid es especialmente incumplidora, pues solo recicla el 28,6 %», añade.

Blanca Ruibal, la coordinadora de Amigos de la Tierra, sostiene que la solución a todo esto pasa por «poner fin al vertido de materiales sin tratamiento, implantar la recogida separada de la materia orgánica de manera definitiva, regular los flujos que ni tan siguiera tienen un sistema de responsabilidad ampliada del productor, y desplegar, monitorizar y cumplir con las medidas de reutilización, entre otras».

Y la propia Ruibal ha anunciado: «vamos a seguir denunciando al Estado español las veces que haga falta hasta que esta situación cambie, porque la reducción de residuos es clave para el desarrollo de los objetivos de desarrollo sostenible y de la Agenda 2030 y están intrínsecamente ligados a la emergencia climática».

El declive de los envases reutilizables

Una evidencia clara de la falta de políticas de prevención de residuos se manifiesta en el declive de los envases reutilizables de bebidas, centrado fundamentalmente en el canal HORECA (servicios de Hoteles, Restaurantes y Casinos). Los ciudadanos de a pie no tienen ninguna posibilidad del uso de los envases reutilizables. Y todo ello discurre en paralelo al alza de los envases de un solo uso. La cuota de envases reutilizables en España no ha parado de disminuir en los últimos años, y ha pasado del 21% en 2010 al 13% en 2018, por lo que ha bajado ocho puntos. Así lo revela un estudio de la fundación Rezero, entidad dedicada a la prevención de residuos y consumo responsable. La tendencia a la baja en el número de envases reutilizables se aprecia en todo tipo de bebidas. Los envases de refrescos son los que han tenido una mayor caída. Han pasado de un 28% al 12%; la cuota para la reutilización de las botellas se cerveza ha disminuido desde el 33% al 30%, y la de las aguas de un 9% a un 8%.

Uno de los instrumentos introducidos para corregir esta situación ha sido la implantación de un impuesto sobre envases de plástico no reutilizables, que entró en vigor el 1 de enero de 2023 y que afecta botellas, vasos de plástico, rollos de embalaje o las cajas que envuelven la fruta en el supermercado, entre otros productos.

La intención de esta iniciativa es generar un efecto disuasorio respecto a los envases no reutilizables y derivar la producción hacia envases que no acaben incrementando las cuotas de residuos municipales por fallos y mala gestión en el ciclo de recogida selectiva, reciclado y demás. Pero estos costos se repercuten simplemente al ciudadano y está por ver si esta estrategia resulta realmente disuasoria.

Carencias en los sistemas colectivos de los productores (Scrap)

Parte del problema general tiene que ver con las carencias de los sistemas colectivos de responsabilidad ampliada del productor (Scrap) en que los productores, envasadores y distribuidores se organizan para efectuar la recogida de residuos y propiciar el posterior reciclado mediante. Por ejemplo, Ecovidrio es el Scrap para los residuos de envases de vidrio, y Ecoembes para los residuos de envases ligeros y de papel y cartón. Recordemos que los productores son los primeros responsables de los residuos, según el principio de quien contamina paga, establecido en la UE.

El esquema es el siguiente: Por ejemplo, Ecoembes o Ecovidrio marcan y gravan los envases con una ecotasa o punto verde, de forma que consigue obtener un monto de financiación con el fin facilitar la recogida selectiva y posterior reciclado para obtener recursos que transfiere a los ayuntamientos. Y cuanto más envases se recojan y se contabilizan, mayores son los ingresos que obtienen los ayuntamientos y las comunidades.

Pero el sistema tiene muchas deficiencias, señala el informe de AIReF. Falta de competencia, poca transparencia y fraudes son tres de las lacras. Para algunas fracciones, no existe competencia y solo hay un Scrap, lo que es «debido, en parte, a ciertas barreras a la competencia derivadas de la normativa con relación a los procesos de autorización».

A pesar de que la normativa vigente establece mecanismos de control de la actividad de estos sistemas (mediante la presentación anual a las comunidades autónomas de la información relativa a los residuos gestionados), «no se ha llevado un control exhaustivo de su actividad» por parte de las comunidades autónomas, señala AIReF.

Ecoembes proporciona unos datos sobre la recuperación de envases ligeros (plástico, brick y latas) y esa es la información que se considera oficial —y se da por buena¬—, mientras que el Ministerio para la Transición Ecológica «tampoco ha ejercido un contraste suficiente de la información suministrada». Esta deficiencia deberá ser solventada con la creación de la sección de envases en el registro de productores de producto que permitirá disponer de los datos reportados directamente por los productores. La falta de recursos en la Administración hace que, en ocasiones, estos sistemas o Scrap «dispongan de una capacidad de recursos y de información superior» a la Administración. Y esta situación va en detrimento de los intereses de la Administración en la negociación de los convenios con los Scrap.

Por otra parte, se sabe que la generación real de envases usados y puestos en el mercado es superior a la que declara Ecoembes, pues muchos productores eluden incorporarse al Scrap para no pagar la ecotasa. Esto también es muy relevante, pues el resultado es que se dota al sistema de menos recursos económicos de los necesarios para organizar la recogida selectiva. Un grupo de trabajo creado en su día pudo estimar el fraude en Cataluña en un 15,6% y en Baleares en un 14,6%.

La legislación obligaba a Ecoembes a pagar a los ayuntamientos según los envases recogidos en el contenedor amarillo, pero la nueva ley de Residuos le obliga a asumir los costes asociados a la recuperación de residuos de la fracción resto o de la recuperación de residuos de la limpieza de vías públicas, zonas verdes, áreas recreativas y playas. Un estudio de Greenpeace señala que los ayuntamientos están asumiendo tareas de gestión de los envases que corresponden a Ecoembes y Ecovidrio y cifra esta cantidad en 1.700 y 21 millones de euros respectivamente, correspondientes a los costes que asumen las arcas municipales de la recogida, tratamiento y eliminación de los envases que se depositan en la fracción resto (cubo gris).

El plástico de un solo uso se resiste a morir

Los problemas de gestión de residuos se agudizan por el sobreenvasado y la proliferación de los plásticos de un solo uso, una de las causas del exceso de residuos municipales. La carrera desenfrenada en la acumulación de desechos se debe en gran parte a que la industria del plástico se reinventa y es capaz de adaptarse a las normativas.

Así, por ejemplo, el resultado de las restricciones impuestas por la ley de Residuos (2022) a algunos plásticos de un solo uso (en aplicación de la directiva comunitaria) ha sido escasamente percibido por los ciudadanos. Estos artículos de plástico de vida corta, que deberían ser limitados o restringidos, están siendo sustituidos por productos igualmente poco duraderos, lo que puede frustrar el intento de reducir el volumen de residuos.

Las restricciones legales a los plásticos de un solo uso se debían centrar en una decena de artículos cotidianos señalados por la directiva comunitaria como causantes de daños ambientales. Así, se prohibían las cuberterías de plástico, las cañitas de bebidas, los bastoncillos de algodón o los removedores de bebidas de plástico, y se introducían limitaciones de uso u obligaciones de informar sobre el material plástico en vasos, toallitas húmedas, cigarrillos y demás. La necesidad de la UE de intervenir en este campo surgió al constatarse que una decena de artículos plásticos concentran los peligros de la mala gestión y de contaminación de las playas, y que su persistencia en el medio natural es finalmente causante de una grave y peligrosa contaminación marina, entre otros efectos.

Condicionados por la legislación, los fabricantes han introducido cambios para suplir estos productos y utensilios por otros para ajustarse a la ley. Y han utilizado varias estrategias, como presentar sus nuevos productos como reutilizables compostables (asimilables a la materia orgánica) o biodegradables fabricados en muchos casos a base de fibras naturales (almidón de maíz, caña de azúcar, cartón, madera...) con menor impacto ambiental.

¿Pero se está aplicando la ley?, ¿es suficiente? Los fabricantes están prescindiendo de las vajillas de plástico de un solo uso (platos, cucharas, tenedores y cuchillos), pero mayoritariamente los utensilios han pasado a ser «reutilizables» («tengo más de 7 vidas», dice el envoltorio) o «resistentes», rótulos acompañados de certificaciones que teóricamente lo acreditan, y visibles en los envoltorios (de plástico, y de un solo uso).

Los fabricantes buscan así legitimar la prolongación de la vida de los plásticos convencionales con el argumento de que pueden ser utilizados cinco, diez o más veces. Pero, parece un exceso y una perversión del lenguaje que se les pueda llamar reutilizables a esas vajillas de plástico. Comúnmente, un artículo u objeto se consideraba reutilizable si podía ser lavado o usado de manera indefinida o porque tenía una gran resistencia. Pero decir ahora que puede ser reutilizable de manera limitada (6 ó 12 veces) resulta contradictorio.

El resultado es que están llegando al mercado platos, cucharas o tenedores de plástico que se autodenominan «reutilizables» pero con una apariencia similar a la de los utensilios convencionales de un solo uso.

También se han introducido productos compostables (asimilables para ser tratados en la fracción de la materia orgánica) o biodegradables. Sin embargo, un informe de la Fundación Rezero sobre los bioplásticos alerta de que los términos «biodegradables» o «compostables» para referirse a estos plásticos (ya sean de origen biológico o fósil) son una definición vaga e inconcreta.

«Biodegradables» lo serán dependiendo del tiempo que dure su degradación y «compostables» solo lo pueden ser si se dan determinadas condiciones muy específicas (de temperatura, tiempo de permanencia...), que únicamente se producen si su tratamiento como residuo se da en instalaciones industriales de compostaje.

Si los productos marcados como «biodegradables» o «compostables» acaban en el medio ambiente por una mala gestión, generan los mismos impactos que cualquier otro plástico convencional. Los plásticos, abandonados en el medio natural, tienen un comportamiento similar al plástico fósil, tardan mucho tiempo en degradarse, y son un foco contaminante de las playas y los mares. Por el hecho de que sean potencialmente compostable no significa que necesariamente se están compostando», alerta Carlos Arribas, experto de Ecologistas en Acción.

«El mero hecho de cambiar un producto de plástico tradicional por su versión biodegradable no es en absoluto la solución mediambiental perfecta», dice Isaac Peraire, director de la Agència de Residus de Catalunya. La industria ha empezado a utilizar materiales alternativos pero el problema es que se sigue abusando de los productos de vida corta, prácticamente de usar y tirar. Los productos de bajo precio y apariencia de uso fugaz no invitan a ser reutilizados y acaban en la basura inmediata. Se hacen llamamientos a reciclar, pero las políticas e iniciativas para reutilizar siguen siendo escasas.

La normativa exige una reducción del 50% de los vasos de plástico de un solo uso para el 2026 (respecto al 2020) y del 70% en 2030 respecto a los del 2022.

Otra estrategia, censurada por los grupos ecologistas, es el uso de eslóganes ambientales que utilizan, en la impresión y en etiquetado, mensajes indebidos o fraudulentos, del tipo «envases 100% reciclable» (cuando solo una cuarta parte de los envases se están reciclando), «producto fabricado con material 100% reciclado», «o envase con emisión cero» o «envase residuos cero». La ley de Residuos prohibió que se pudiera usar el eslogan «envase responsable con el medio ambiente».

Está claro que se necesita ir allá para evitar el «greewashing». Y en este sentido se espera que la aplicación del nuevo reglamento de envases penalice estos mensajes «fraudulentos».

«Desnuda la fruta»

Y un tercer ejemplo de desmesura es el exceso de envoltorios y un sobreenvasado banal se manifiesta en el hecho de que frutas y verduras siguen plastificadas en los comercios. Manzanas, peras, zanahorias, pepinos, cebollas y otras hortalizas siguen herméticamente envueltas en plástico. Y en la mayor parte de los casos sin una necesidad lógica que lo justifique. La legislación española (concretamente un real decreto de diciembre de 2022) prohíbe tales envoltorios en productos alimentarios a granel con un peso inferior a 1,5 kg, pero la entrada en vigor de esta normativa se retrasó (debía estar antes de finales del 2023) y dejó abierta la puerta a que se autorizasen excepciones.

«Todo el mundo está envasando como quiere», señalan fuentes del sector. Durante 2023 apenas se registraron iniciativas por parte de las empresas para anticiparse a la prohibición de usar plásticos para envolver frutas y verdura a granel. Y eso que más del 90% de estos productos, frutas y verduras, no necesitan material plástico para su conservación, según explica Luis Gil Vicente, experto en tecnologías de envases de Ainia, un centro tecnológico de innovación.

Este sobreenvasado injustificado responde al deseo de las marcas de querer diferenciarse de la competencia utilizando el envoltorio como soporte para colocar sus propios mensajes.

Pese al decreto aprobado, la presentación a granel de verduras frescas y frutas ha ido en retroceso. «Hay que eliminar el plástico innecesario», recalca Carlos Arribas, coordinador del área de residuos de Ecologistas en Acción.

El real decreto de envases (de 27 de diciembre de 2022) prohíbe que las frutas y verduras enteras vendidas a granel vayan envueltas en plástico. Pero desde el primer momento incluyó numerosas excepciones, como la posibilidad de seguir usando el plástico si la bolsa de frutas y hortalizas vendida tiene un peso de 1,5 kilos o superior.

También podían librarse del veto frutas y hortalizas bajo una variedad protegida, con una calidad diferenciada o que procedan de agricultura ecológica. Asimismo, la previsión es que podían darse nuevas excepciones (a autorizar a lo largo del 2023) en los casos en que la fruta y verdura presenten un riesgo de deterioro o de merma. En todos estos casos excepcionales debían ser la Agencia Española de Seguridad Alimentaria y Nutrición (Aesan) y el Ministerio de Agricultura quienes acordaran un listado de los alimentos que podrían acogerse a la excepción, con la previsión de que todo estuviera definido antes de acabar el 2023, cosa que no ha sucedido.

El argumento defensivo la distribución es que existen algunos productos, como fresas, fresones, arándanos o frambuesas, y, en general, los frutos rojos, que son muy frágiles, que necesariamente deben ir protegidos de alguna forma para evitar daños. Para los frutos rojos, la solución se puede abrir camino el uso de bandejas de plástico PET, aunque podrían ser protegidos con cajas de cartón (material no sujeto a la restricción). Pero el plástico no desaparece y la manera de esquivar la norma es la aparición de bolsas de fruta (de manzanas o mandarinas) de 1,5 kilos.

El temor es que las excepciones sean la norma y se siga desvirtuando el espíritu del real decreto de envases. «Pese a las normativas aprobadas sobre plásticos y los discursos de las empresas, las personas consumidoras no vemos cambios a la hora de ir a comprar. Las estanterías de los súpers siguen llenos de envases de un solo uso totalmente innecesarios», dice García Rosa García, directora de la Fundación Rezero. La industria está aplicando una «táctica dilatoria» en la aplicación de las normativas para prevenir la generación de residuos, añade esta especialista, partidaria de que las administraciones se muestren más estrictas para lograr una reducción efectiva de este tipo de envases que se convierte en residuo muy rápidamente

Soluciones: más controles, puerta a puerta, sistemas de depósito

Ante este panorama, el informe de Airef reclama un «cambio estructural que permita avanzar hacia el cumplimiento» de las metas comunitarias y reoriente las actuaciones hacia las prioridades marcadas en la jerarquía de residuos (prevención, reutilización y reciclado, por ese orden).

Este documento indica que España muestra un cierto retraso con respecto a los países de nuestro entorno en la política de residuos, lo cual exige cambios en la gestión de los desechos municipales en todos los niveles de la Administración pública. Estas modificaciones deberían ir encaminadas a la introducción de incentivos que se han mostrado eficaces en otros países o que la evidencia sustenta.

Los instrumentos de control y seguimiento de la gestión de los residuos en España están teniendo una eficacia limitada debido a la «escasa información disponible que, en ocasiones, es además de reducida calidad», según los autores de este trabajo. Ausencia de información, falta de homogeneidad y de concreción en las metodologías de cálculo o discordancias entre diferentes fuentes son carencias generalizadas.

Muchos municipios carecen de tasas específicas de recogida y tratamiento de residuos, las funden con el recibo del agua o carecen de ellas, cuando la fiscalidad es clave y se ha demostrado que es una herramienta eficaz, tanto en España como a nivel internacional, para lograr la reducción de los residuos enviados a vertedero; además, estos efectos beneficioso se intensifican cuando los tipos impositivos se aplican de forma progresiva y su senda es anunciada con antelación.

En cambio, el sistema de pago por generación también ha resultado un instrumento útil en el diseño de las tasas municipales de recogida y tratamiento. De esta manera cada hogar paga en función de los residuos que genera. La forma más efectiva utilizada en Europa para disminuir el vertido es gravar especialmente a los usuarios de los contenedores grises o de recogida de la fracción «resto».

La eficacia de esta medida aumenta si viene acompañada de bonificaciones que incentiven conductas favorables ambientalmente, como una mejor separación, o la participación en compostaje comunitario o doméstico.

Actualmente, existen posibilidades técnicas para la medición individualizada en la recogida de residuos, como la recogida puerta a puerta o el uso de contenedores inteligentes. En Cataluña, el sistema puerta a puerta ha dado como fruto una disminución del 20% en la generación de residuos per cápita, cifra que se mantuvo transcurridos cuatro años. «Además, este sistema generó cambios en el comportamiento de los agentes y se incrementaron en hasta 30 puntos porcentuales los niveles de recogida separada» dice el informe de Airef.

Otra carencia es la escasa implantación de recogida separada de la fracción orgánica, muy poco extendida en España, y que también se ha mostrado eficaz en la mejora de los indicadores.

AIReF reclama que la Administración fiscalice mejor la responsabilidad que tienen los productores (fabricantes, envasadores, distribuidores) de asumir el coste de la gestión de los residuos, siguiendo el principio de quien contamina paga (y ellos están en la primera posición de esta cadena lógica). Como queda dicho más arriba, los productores están obligados a organizarse en los llamados sistemas colectivos de responsabilidad ampliada y a identificar sus productos que ponen en el mercado con un punto verde, un ligero encarecimiento del envase, el embalaje o el producto en sí que sirve para garantizar una financiación para la recogida y el reciclado posterior. Pero los agujeros del sistema son enormes. Y por eso AIReF pide que se «refuercen los mecanismos de control y supervisión» sobre estas organizaciones (Ecoembes, Ecovidrio...) con la finalidad de incrementar la información sobre el cumplimiento de su actividad.

Otra propuesta es admitir la «evidencia empírica existente» y las ventajas que aporta el sistemas de depósito, devolución y retorno (SDRR) de los envases o el producto al comercio. La fórmula consiste en que el envase, una vez utilizado, regrese al comercio en donde fue vendido, con el ánimo de que sea reutilizado o reciclado, de manera que el cliente percibiría a cambio una pequeña cantidad dejada previamente en depósito. Este procedimiento significaría actualizar la vieja fórmula de devolución del envase usado que se mantuvo hasta comienzos de los años 1980, cuando el plástico de un solo uso desplazó al vidrio reutilizable.

Los envases se devolvían a la tienda a cambio de una determinada cantidad, de modo que el cliente tomaría conciencia del coste ambiental que supone poner en circulación los envases y la industria asumiría plenamente su responsabilidad. Este sistema ha sido clave en países como Alemania o los países escandinavos, en donde se ha completado con éxito la recogida selectiva del contenedor amarillo al crear un segundo circuito de recuperación de materiales. El sistema de depósito es una las fórmulas «más eficaces» en la gestión de residuos y, además, la ciudadanía lo percibe como útil según una encuesta realizada por la Autoridad Independiente de Responsabilidad Fiscal.

XVII. EL AULLIDO DE LA MANADA: EL LOBO Y SUS AMENAZAS

Rosa M. Tristán

Muy probablemente, alguno está cerca mientras camino por el robledal que me conduce a mi casa en mitad de un bosque del valle de Liébana, en Cantabria. Es muy posible que ande cerca, vigilando, aunque no lo veo porque atardece y, en la naturaleza, los humanos modernos nos hemos vuelto muy torpes. La idea de encontrarme un lobo me atrae y a la vez me espanta, me provocan un barullo de emociones que se entrecruzan, aun sabiendo que no hay rastro de un ataque a mi especie por parte de este carnívoro desde hace más de 60 años. El lobo es hoy un símbolo de lo salvaje y, a la vez, un reto para la conservación en territorios colonizados en su totalidad por la actividad agrícola, desde las montañas hasta los pastos abiertos en los bosques, en los valles y en las tierras más llanas de Castilla y León.

La lucha entre humanos y lobos no es nueva. Comenzó con la domesticación del ganado en el Neolítico. Fue el inicio de una batalla que a punto estuvo de perder definitivamente el lobo en la Península Ibérica en la década de 1970. «El lobo es una alimaña», escuché muchas veces decir a mi padre, agricultor de joven en un pueblo de Burgos. Aún se recuerda en el lugar la historia repetida por un anciano pastor sobre aquel rebaño de ovejas que fue diezmado por «esas bestias», como las llama, hace años. Hoy el conflicto sigue vivo en España y en otros muchos países y, además, se ha convertido en objeto de debate político donde se entremezclan realidad y mito, con un dilema que hace años que da vueltas. ¿Los matamos o los protegemos? ¿cómo conjugar la vida humana y la silvestre, de la que son hoy uno de sus exponentes más conflictivo?

La historia de esa relación compleja entre dos las especies se remonta a la prehistoria. Nuestro lobo ibérico (*Canis lupus signatus*) es una subespecie peninsular de *Canis lupus*, aunque hay polémica científica respecto a esta nomenclatura. El *Canis lupus* es originario de Norteamérica y llegó a Europa hace dos millones de años tras conquistar Asia al cruzar por el estrecho de Bering. Gran cazador y con una compleja organización social, muy jerarquizada, se mueve en manadas de entre tres y 10 miembros, cada una en su territorio para no entrar en conflicto. Sus presas son, fundamentalmente, grandes mamíferos herbívoros, silvestres o no, según lo que tengan más a mano cuando hay hambre. A la península ibérica llegó al menos hace 430.000 años, como atestiguan los fósiles encontrados en Atapuerca, coincidiendo ya en la sierra burgalesa con los representantes de los preneandertales de la Sima de los Huesos.

Durante miles de años, el lobo ibérico se movió a sus anchas por un territorio muy despoblado de humanos en el que había suficiente comida como para no molestar en exceso al ganado que empezó a haber desde el Mesolítico en la península. Pero las cosas cambiaron. Entre el siglo I y siglo XV, apenas había unos cuatro millones de habitantes en España para más de 500.000 kilómetros cuadrados y hasta finales del XVIII la población sólo había ascendido a unos 10 millones, una cifra que no se duplicaría hasta la década de 1920. Hoy somos 48,4 millones, casi cinco veces más en 100 años.

Como señala en un artículo Débora García Cámara, abogada de la Comisión de Derechos de los Animales en el colegio profesional de Reus, ya en la Edad Media se premiaba de forma extraoficial la muerte de un animal que no despertaba simpatías, algo que en 1542 formalizó Carlos I, el primero en dar permiso a los pueblos para ordenar matanzas de lobos y zorros y evitar esporádicos ataques a una ganadería, sobre todo ovina, que estaba en ascenso y se movía con la trashumancia por regiones donde campaban las manadas. Esta política siguió en reinados posteriores. Para 1813, una real orden trató de extinguir para siempre su población, ofreciendo cuantiosos premios por su caza: 16 ducados por hembra, que era la que criaba, ocho por macho, cuatro por lobezno y hasta 24 por una camada entera. Durante muchas décadas, la especie siguió estando perseguida, pero lograba pervivir con una población rural que no tenía armas para acabar con ella, más allá de cepos y venenos que afectaban a otros animales domesticados. Cuando sus cazadores se hacían con un ejemplar, debían entregar el rabo y las orejas para cobrar la recompensa y así no estafar a la hacienda pública.

Así siguió la situación hasta que, en el año 1953, durante el gobierno de la dictadura de Francisco Franco, se aprobó la conocida como Ley de Alimañas, por la que se creaban a nivel provincial juntas de extinción «de animales dañinos y protección a la caza», que empezaron a suministrar medios más eficaces para facilitar su exterminio y aumentó las compensaciones. Aquello desencadenó una vorágine que, en solo 20 años, prácticamente exterminó a casi todos los lobos del país hasta quedar apenas algunas poblaciones aisladas en Sierra Morena (Andalucía) y en el noroeste de la península.

La imagen del lobo como animal peligroso, incluso para la especie humana, y sin ningún valor ecológico, sólo comenzaría a cambiar en el imaginario colectivo a raíz de la labor del naturalista y divulgador Félix Rodríguez de la Fuente. Pero ni siquiera él, pese a su popularidad, lo tuvo fácil, sobre todo porque en 1974 hubo noticias de varios ataques a humanos en Asturias. El primero, la muerte de un bebé de 11 meses en el pueblo de Currás, criatura a la que sus padres, al parecer, dejaron solo en un cesto en el campo mientras hacían labores agrícolas; el segundo, apenas una semana después, cuando otro niño de tres años fue encontrado muerto cerca, en Outeiro Calvo, también cuando estaba solo en una huerta. Tras aquellos cruentos sucesos los aldeanos quemaron el bosque y lo llenaron de veneno y, aunque no pudo saberse con absoluta certeza si habían sido lobos o perros asilvestrados, como defienden algunas fuentes, en dos meses mataron a una treintena de ejemplares. También hubo historias más amables que contrarrestaban estos dramas, pero no dejaron igual huella. Es el caso de la de Marcos Rodríguez Pantoja, un hombre que de niño pasó muchos años conviviendo en soledad con estos cánidos en Sierra Morena. Había sido abandonado allí a corta edad por un pastor que le tenía a su cargo y cuando le encontraron, en 1965, llevaba 11 años conviviendo con una manada. Marcos incluso aullaba y mordía como sus compañeros le habían enseñado. Esta asombrosa experiencia quedó plasmada en la película «Entrelobos», dirigida por Gerardo Olivera en 2010.

Pero volvamos a Félix. Pese a las noticias de ataques, Rodríguez de la Fuente siguió adelante en la defensa del animal en el contexto de una España rural, atrasada y aún muy analfabeta. En 1965, este médico y naturalista aficionado, que creó una escuela de abogados de la biodiversidad que aún perdura, tenía dos lobeznos a los que había salvado de morir apaleados en un pueblo de El Bierzo y que crió en Guadalajara. Es algo que luego repitió con otras manadas, ya empeñado en estudiar su comportamiento y así acercar las similitudes entre la etología de esta especie y el ser humano a una audiencia televisiva, entre la que me incluyo en mi incipiente adolescencia, que era fiel seguidora de sus programas en blanco y negro. Comenzó así a divulgar lo que consideraba «la verdad del lobo» y ante nuestros infantiles ojos dejaba de ser un feroz y carnívoro enemigo que nos perseguía en las pesadillas desde los cuentos, para convertirse en un cazador más, una especie social hermana que domesticamos en el Paleolítico para hacer de ellos nuestros perros de compañía, hasta que comenzamos a amansar también a los herbívoros, ya en el Neolítico, y volvieron a ser encarnizada competencia.

Las imágenes del hermoso macho alfa que Félix logró sacar adelante, de las criaturas en su cubil, de su forma de comunicarse en las noches, fueron poco a poco aumentando la conciencia de que estábamos exterminado a un ser vivo importante, una pieza de la naturaleza de gran valor. Las campañas junto a Adena (hoy WWF España) finalmente lograron un primer y tímido paso, en las postrimerías del franquismo: en 1970 una nueva Ley de Caza incluyó por vez primera el término «especie protegida», suprimió las recompensas por eliminar ejemplares de la fauna como el lobo, que pasó a ser considerada como una especie cinegética, es decir, que se podía cazar pero respetando periodos de veda y cupos de captura.

En este punto, hay que recordar que el papel del famoso naturalista, fallecido en un accidente en 1980, ha seguido siendo objeto de polémica entre los conservacionistas que ponen el foco en cómo abogó por evitar su extinción protegiéndolo y quienes, como su propia hija Odile Rodríguez de la Fuente, aseguran que apostó por la necesidad de llegar a un consenso social en las zonas rurales para evitar unos conflictos que, medio siglo después, siguen muy enconados. En la década siguiente se calculaba que no quedaban más de 400 ejemplares vivos.

Aún hubo que esperar hasta 1989, ya en democracia y con el segundo Gobierno de Felipe González en el poder, para que entrara en vigor una ley que protegía la fauna y la flora silvestre, siguiendo así un convenio europeo sobre la conservación de la biodiversidad. Se creó entonces el primer catálogo de especies amenazadas por la extinción, pero entre ellas no figuraba el lobo. Esa ley sería reemplazada en 2007 por la actual «Ley del Patrimonio Natural y de la Biodiversidad», donde por vez primera se hizo una distinción entre la situación de los lobos al sur de esta cuenca (en realidad ya casi no quedaban en Andalucía, Castilla-La Mancha, Extremadura o en parte de Castilla y León, además del Levante) y al norte del río Duero. Los del sur debían estar protegidos y prohibida su caza, pero los del norte se podían eliminar si era preciso el control de sus poblaciones, según se explicaba para evitar daños graves a la ganadería extensiva (que por otro lado, cada vez es menos común).

Y así se ha mantenido la situación legal hasta 2021, cuando se incorporó la especie *Canis lupus* al Listado de Especies Silvestres en Régimen de Protección Especial (LESPRE). Desde entonces, únicamente son autorizadas capturas y extracciones de manera justificada cuando todas las medidas de prevención son ineficaces; con la garantía científica de que no se compromete el buen estado de conservación de la especie y ante la evidencia de daños importantes o recurrentes en la actividad ganadera. Pero incluir al lobo no fue una decisión fácil y mucho menos rápida.

Durante la década anterior, a medida que la preocupación por la conservación de la biodiversidad fue aumentando, también lo hicieron las presiones para la protección total del lobo, una de las pocas especies de grandes mamíferos carnívoros en estado silvestre que existen en el territorio peninsular.

Lo ocurrido con el lince ibérico, que llegó a ser una especie sin recuperación posible por sus propios medios, fue un toque de atención importante. Si se estaban gastando millones de euros en recuperar a los linces ibéricos, también tras décadas de desidia en su conservación, ¿era necesario llegar a ese punto para ser conscientes de lo que suponía la pérdida de los lobos?, se preguntaban científicos y conservacionistas.

En el otro bando, ganaderos en extensivo y cazadores se han unido en una cruzada contra el lobo que ha ido a más a medida que crecía su población en el territorio: si en 2007 el censo oficial de la

Administración hablaba de 250 manadas, en siete años (2014) se estimaban en 297. Ahora Juan Carlos Blanco, uno de los más importantes investigadores de la especie a nivel mundial, señala que deben ser más de 300 manadas, el mayor aumento detectado desde que se hacen estudios de sus poblaciones. Incluso hay una fundación, Artemisan (de la que forman parte federaciones de cazadores, empresas y particulares), que ha dado la cifra de 346, aunque ha sido contestada.

Ahora bien, ¿cuántos hay por manada? También en ello hay debate: hay informes de las administraciones autonómicas que señalan que la media está entre cinco y 10 ejemplares, mientras que fuentes científicas indican que son menos (entre tres y cinco en las poblaciones del norte peninsular y hacia al sur de Castilla en torno a tres de media. Estas son las cifras que han determinado investigadores del Museo Nacional de Ciencia Naturales (CSIC), tras un trabajo en Castilla y León publicado en 2022, y las que defiende el Censo de Lobo Ibérico, un proyecto científico con sede en la Universidad de Alcalá de Henares. Si así fuera, la estimación anterior estaría inflada y habría en todo el país como mucho 2.000 ejemplares y como poco unos 1.200, por lo que defienden que habría que impedir cualquier «extracción» e incluirlos en el catálogo de especies no solo protegidas sino en peligro de extinción. Y es que la cuestión es si son suficientes para mantener su variedad genética. Sin ella, se sabe que cualquier enfermedad puede matarlos y, de hecho, se han detectado ya ejemplares afectados por parásitos o con sarna.

Con estos mimbres, lo que es incuestionable es que ante un aumento de su presencia —su reproducción lleva más tiempo— desde la zona más al norte peninsular hacia el sur en los últimos años, sobre todo en nuevos territorios —como son Madrid, Segovia o Guadalajara—, ha habido todo tipo de respuestas. Los ganaderos han llegado a denunciar cifras muy elevadas e «in crescendo» de ataques a sus animales: en 2021 hablaban de 10.000 muertes anuales de ganado en todo el norte del Duero y ya serían más de 5.000 solamente en Castilla y León en 2022. No ha calmado las aguas el hecho de que, ya desde la ley de 2007, las administraciones autonómicas tengan facultad para otorgar ayudas a quienes sufren daños, siempre que se pruebe que tienen como protagonistas a los lobos. Los afectados se quejan de que son insuficientes, que no les creen cuando lo denuncian o que tienen que hacer mucho papeleo y luego tardan demasiado en cobrar. También es cierto que, como en otros tantos asuntos, «quien hizo la ley, hizo la trampa» y se han detectado numerosos casos en los que se han atribuido a esta especie pérdidas de piezas de ganado en las que el cánido no ha participado.

De hecho, investigadores de la Universidad de Alcalá de Henares han confirmado que las mandíbulas de lobos y la de perros salvajes, de las que hay muchas jaurías sueltas por los campos, dejan las mismas señales en las mordidas. Un caso en diciembre de 2023 en el Maestrazgo lo refleja muy bien: saltó a las redes sociales la noticia de que un ataque de lobo había matado y herido a 200 ovejas, pero dos semanas después se confirmó que habían sido sus parientes, los perros.

Por otro lado, se ha recomendado a las comunidades autónomas favorecer las mencionadas ayudas económicas para implantar medidas preventivas en el campo. El Ministerio de Transición Ecológica apuesta por poner cintas o cercas electrificadas, mastines e incluso dispositivos ahuyentadores con luces y sonidos. Y, por supuesto, pastores humanos, pese a que son una dura profesión en extinción. Para los ganaderos son medidas insuficientes y algunos aseguran que los lobos logran saltar los cercados. Lo cierto es que, tengan o no medidas preventivas, reciben indemnizaciones si hay ataques. En Madrid, contra toda lógica científica, incluso se incluyen «ataques de buitres», especies carroñeras que no matan presas.

El control estratégico de las poblaciones, por otro lado, ha sido vilipendiado desde las dos antagónicas posturas desde antes de que fuera especie protegida. Para quienes viven del ganado extensivo, eran insuficientes y para los conservacionistas, una barbaridad dado que todavía hay pocos lobos. Hasta su protección en 2021, las autonomías cada año autorizaban cupos de caza que salían a subasta para los interesados, como es el caso de Asturias, que entre 2019 y 2020 autorizó matar a 46 ejemplares. Su presidente, el socialista Andrés Barbón, sigue siendo un claro defensor de esta medida en contra del criterio del Gobierno central. Esto da idea de la complejidad política que esconde el asunto.

A raíz de estos controles, WWF España acusó a las autoridades asturianas de llevar años sin invertir prácticamente nada en medidas de prevención de ataques, que los hubieran evitado en parte; otras comunidades autónomas, como Cantabria, dejaban los controles en manos de los ayuntamientos, donde se mataban cifras muy superiores a las reconocidas, según denunciaba Ecologistas en Acción. En la zona cántabra de Polaciones y Liébana, los montes que recorría la autora en las primeras líneas de este capítulo, incluso decían que se habían tiroteado a manadas enteras, allá por 2015. Por su parte, la Junta de Castilla y León llegó a aprobar una resolución que autorizaba la muerte de 429 lobos por cazadores entre 2016 y 2019, 145 por año. Aquello, considerado una barbaridad para la conservación de la especie, fue recurrido por la Asociación Conservacionista la Manada, con apoyo de otras organizaciones, un caso que fue ganado judicialmente en 2018.

Con este panorama de cierta permisividad a las capturas en amplias zonas, la caza legal e ilegal siguió siendo una realidad hasta la normativa de 2021. Una de las pérdidas más mediáticas fue la del lobo Marley, un macho alfa que vivía en los bosques de Picos de Europa hasta 2012. Era un ejemplar que formaba parte de un programa de seguimiento científico y que fue abatido a tiros en agosto de ese año por una orden administrativa que condenaba a seis ejemplares de lo que es un parque nacional, en su zona asturiana. Era parte del control de poblaciones. Aquello fue un revulsivo para numerosos grupos conservacionistas, que redoblaron sus esfuerzos para conseguir la protección total en todo el país, para lo que debía ser incluida en el catálogo. También fue aquel el origen de una organización que durante unos años ha hecho de esta especie su bandera: Lobo Marley, fundada y dirigida por el documentalista, naturalista y escritor Luis Miguel Domínguez. Lobo Marley protagonizó duros enfrentamientos con el sector de la caza, muy poderoso en muchas regiones, dado que muchos municipios reciben cuantiosos ingresos por los cotos (hasta el 70% según la Real Federación de Caza). En Zamora, en 2016, les acusaron de tirar unas casetas destinadas a cazar, entre otros animales, a lobos, delito del que la ONG fue absuelta tiempo después.

Promovidas por este sector ecologista, en esos años las movilizaciones para conseguir que dejara de ser una especie a cazar se hicieron habituales en ciudades como Madrid, protestas en las que se exigían cambios legislativos. Si en 2015 se reunieron unos pocos cientos de personas en el centro de la capital, a la manifestación de 2018 fueron varios miles con el lema reiterado de «Lobo vivo, lobo protegido». Un estudio del Censo Lobo Ibérico y el Observatorio de la Sostenibilidad estima que en un año se llegaron a cazar entre 500 y 650 lobos por causas no naturales. Sumados a las muertes naturales, estas pérdidas, según su director, el investigador de la Universidad de Alcalá de Henares Ángel M. Sánchez, hacen imposible que la especie se extienda mucho territorialmente.

Al mismo tiempo, comenzó a surgir con fuerza un turismo de naturaleza ligado a la observación de fauna silvestre en algunas zonas, especialmente en la zamorana sierra de la Culebra, donde algunos emprendedores de la zona comprendieron que el lobo ibérico era un reclamo que había que aprovechar para atraer a un tipo de visitante rural que cada vez aprecia más el disfrute de encontrar fauna silvestre en su estado natural. El lobo, con esa belleza única que tiene lo salvaje, es un imán en torno al cual comenzaron a surgir casas rurales, guías profesionales para sus avistamientos, restaurantes y demás servicios y actividades. Las 10 manadas que se sabía que merodeaban en 2017 por esa zona, se alimentaban sobre todo de los numerosos ciervos, corzos y jabalíes que la pueblan —o, al menos, la poblaban hasta antes del monstruoso incendio de 2022— , causando pocos daños al ganado y muchos beneficios económicos: hasta 400.000 euros anuales frente a los 40.000 que dejaban sus cazadores, según algunas fuentes. Otras indican que la caza es más rentable. Así las cosas, un turista que paga por ver un lobo vivo, bien podía encontrarse hasta hace poco tiempo con un tiroteo. Son escenas que se han vivido en uno de los pocos lugares del mundo donde esta doble práctica se realizaba de forma simultánea. En 2021 aún se autorizó en esta misma provincia un cupo de caza de 12 ejemplares en una subasta digital que, según la Federación de Caza, supuso cuantiosos ingresos para los municipios, siempre escasos de recursos con un despoblamiento que no cesa.

Tras muchas presiones de uno y otro lado, en las que se ha visto que las batallas políticas no han sido ajenas, en septiembre de 2021, con un gobierno de coalición en España entre el PSOE y Unidas Podemos en el poder, se prohibió la caza de la especie *Canis lupus signatus* en todo el territorio nacional. La inclusión del lobo ibérico en el mencionado Listado de Especies en Régimen de Protección Especial (Lespre) a petición de la Asociación para la Conservación y Estudio del Lobo Ibérico (Ascel) fue publicada en el Boletín Oficial del Estado (BOE). Desde entonces, matar ilegalmente a un lobo es un delito con una pena de prisión de entre seis meses y dos años, una multa de ocho a 24 meses y la inhabilitación especial para profesión u oficio y también para el ejercicio del derecho de cazar o pescar entre dos y cuatro años.

Aún habría cambios. La nueva normativa indica que sólo se podían «extraer y capturar» algunos ejemplares, pero siempre con autorización administrativa y con una justificación de que no había otra alternativa, si es que se confirmaba que producía graves daños al ganado. Apenas 10 meses más tarde, el mismo Ministerio de Transición Ecológica, que había dado luz verde a esta protección, tuvo que dar marcha atrás y en un protocolo autorizar la caza como medida preventiva, después de que se soliviantaran varias autonomías del norte. Al unísono, Castilla y León, Asturias, Galicia y Cantabria iniciaron una batalla legal ante la Audiencia Nacional para tumbarla. Primero hubo que contentar al presidente socialista del Principado de Asturias, permitiendo en esa zona una caza selectiva, y días después se amplió al resto.

La realidad es que en el debate sobre el lobo las cuestiones científicas de conservación no siempre han sido escuchadas. Son muchos los investigadores que han alertado de que la caza de ejemplares sueltos genera un grave problema, pues desequilibran las manadas. De hecho, estudios realizados en la Universidad de Washington ya han comprobado que a menos lobos, más ataques. La explicación está en que en cada manada solo hay una pareja reproductora, lo que es una forma de autorregulación según el espacio disponible de la sabia naturaleza, pero si ésta se rompe también lo hace el grupo, generando más parejas y por tanto requiriendo más territorio. Además, sin el respaldo de una manada, los lobos tienen menos capacidad de cazar presas salvajes, así que recurren a las más dóciles, las domésticas, según señalan.

El Censo Lobo Ibérico ha comprobado al sur del Duero (sierra de Madrid, Segovia o Guadalajara) que las manadas son más pequeñas, entre tres y cuatro miembros, pero que una sola se extiende por un amplio territorio. En muchos casos, se avistan ejemplares sueltos que no están asentados en las zonas. También hay investigaciones de Juan Carlos Blanco que indican que la presencia de esta especie puede reducir la alta tasa de tuberculosis tanto en ungulados silvestres como en ganado, dado que capturan con más facilidad a las presas enfermas.

Lo que sí parece evidente es que, si bien las conclusiones de la ciencia se han considerado en contadas y recientes ocasiones, sí se han dado numerosos vaivenes políticos y el uso partidista de esta especie como no ha ocurrido con otras. Es algo que no es exclusivo de España, sino que también se da en Europa, donde se calcula que hay unos 20.000 ejemplares en total. De hecho, frente a la defensa a ultranza de la especie, ahora que las poblaciones han aumentado, también lo han hecho los problemas. En diversos países europeos (Bélgica, Países Bajos, Dinamarca) es un incremento importante, no porque sean muchos, sino porque se puede decir que antes no existían. Y las posturas sobre la misma están cambiando. De estar totalmente protegida, según la directiva Hábitat de 1992, podría pasar a no estarlo, dada la nueva composición, más conservadora, del Parlamento Europeo y la postura de la presidenta de la Comisión en 2023, Úrsula Von der Layen.

Von der Layen sufrió en septiembre de ese año un drama personal relacionada con lobos: su pony Dolly, que le acompañaba desde hacía 30 años, fue víctima mortal de uno de estos cánidos en Baja Sajonia, donde tiene su casa. Era un lobo conflictivo que había protagonizado ya varios ataques en la comarca, así que se ordenó, como excepción, su caza, una decisión que fue recurrida judicialmente. El caso es que nadie le volvió a ver. Un mes después de estos hechos, la Comisión Europea inició un giro para rebajar la protección y autorizar su caza. La propia Von der Layen pasó a defender ya abiertamente que tiene que haber una protección con más «flexibilidad», siempre con la coletilla de «en función de la evolución de la especie». Un año antes, la Eurocámara había aprobado, a petición de Suecia, rebajar el estatus del lobo, pero entonces la Comisión se opuso. Pese a que la institución sigue defendiendo la protección de la especie cuando se le pregunta al respecto —en la respuesta enviada en marzo de 2024 al partido español Alianza Verde así lo indica— esta postura podría cambiar en el futuro porque se sigue relacionando con los problemas de la ganadería.

Que los movimientos respecto a la conservación de la especie no son ajenos al contexto político resulta evidente cuando se analiza el detalle. Los partidos de la derecha, tanto a nivel europeo como nacional, son conscientes de la importancia de los votos del mundo rural, donde una población escasa tiene mucho poder por la ley electoral vigente, y por lo tanto están por la labor de conseguir esos apoyos al margen consideraciones científicas. Si la vida silvestre es un problema para la agricultura y la ganadería, se incluye la defensa de la caza en el programa electoral. Y los de izquierda, si son elegidos, tratan de bandear el conflicto, en general hacia su conservación desde el Gobierno central, aunque tienen vaivenes según sus intereses políticos en territorios con presencia de lobos, como el comentado caso asturiano.

Y así la situación se mueve a expensas del ciclo electoral de cada pocos años en algunas autonomías. Un ejemplo es el de La Rioja, región donde hay muy pocos lobos —se calcula que unas cuatro manadas en la Sierra de la Demanda— y mínimos daños. En 2021, con una presidenta socialista se votó a favor de la protección total pero dos años después, en 2023, tras ganar el poder los conservadores, se volvió a exigir la vuelta de su caza, ya imposible por ley salvo casos contados. También en Galicia, Castilla y León y Cantabria es desde hace años un asunto de disputa electoral cada campaña, e incluso en lugares como Navarra, donde tienen el grabado de un lobo en la catedral de Pamplona y donde hoy es casi inexistente, se han opuesto a su actual estatus protección porque empieza a ser avistado por algunas zonas como El Roncal. Y en Euskadi, donde a finales de 2023 solo había dos manadas asentadas según el Gobierno vasco, el PNV ya estaba haciendo presión para que dejara de ser especie protegida en toda la UE.

La pregunta es si, más allá de ese turismo de observación regulado y bien gestionado, es posible la convivencia entre humanos y lobos en un territorio cada vez más ocupado por las actividades ganaderas. Según los expertos y los ambientalistas, con medidas de protección del ganado sería posible conseguirlo. Según los ganaderos que tienen ovejas y cabras por el monte, con o sin mastines hay pérdidas que les suponen graves agujeros económicos. También los hay que son conscientes de que el lobo no es el mayor de sus problemas, sino un sistema agroindustrial alimentario que ha apostado por una producción masiva de carne en grandes instalaciones y a precios económicos, lo que está acabando con el pastoreo más tradicional.

Las imágenes de algunas reacciones fuera de lugar tampoco han ayudado a calmar las aguas del conflicto en esta tercera década del siglo XXI. Mientras parte del mundo occidental se preocupa por los cambios que va a suponer a nuestra especie la inteligencia artificial, en otro lugar de ese mismo mundo aparecen dos cabezas de lobos decapitados que a la puerta de un ayuntamiento, en Ponga (Asturias), durante una visita del presidente socialista del Principado en 2023, pese a su oposición a proteger la especie a nivel nacional. Y no sólo es un conflicto a nivel institucional. También está en los pequeños pueblos, donde las amenazas, insultos y persecuciones a quienes defienden el lobo, según denuncian los afectados, son una constante, incluso a ganaderos que, llevando la contraria al sentir mayoritario de su sector, han comprendido que tienen que convivir con un animal que estaba ahí cientos de miles de años antes que los humanos.

Algunos expertos, como Juan Carlos Blanco, creen que la solución pasa por volver a organizar mesas de mediación entre ganaderos, ecologistas y científicos. Conocerse y buscar puntos de conexión que garanticen un equilibrio por ambas partes. En un diálogo ficticio diría el lobo: «Vamos a ver, si cazas todos los ciervos y corzos que son mi comida y me pones ganado libre en el campo ¿cómo no voy a comerlo?». Y contestaría el pastor: «Bien, yo te dejo lo tuyo y un territorio sin tocar, pero ni te arrimes a mis ovejas y si caes en la tentación alguna vez, que me compensen con rapidez». Quizá en caso de un exceso de aumento de las poblaciones, consideran estos investigadores que cierto control sería necesario, pero puntual y sin negocio de por medio, ni subastas ni compra-venta de permisos. Otros insisten en que las poblaciones acaban autorregulándose por sí mismas cuando se las deja en paz. En lo que todos coinciden es en la necesidad de despolitizar al lobo, algo que de momento parece difícil.

No hace tanto, la Comisión Europea buscaba sitios de una extensión de 10 por 10 kilómetros que fueran totalmente libres de influencia humana, autorregulados, pero en toda la UE no encontró ni un solo lugar. No hay que olvidar que los lobos pueden ser un importante recurso de desarrollo económico para algunas zonas, a través del mencionado turismo rural, que no deja de aumentar y para el que también se está pidiendo ya una regulación que evite abusos que puedan perjudicar a la especie en aras de conseguir avistamientos y escenas que fotografiar. En tiempos de la era tecnológica, en la que el pastoreo humano ha pasado a la historia en este continente —no así en otros lugares— resulta lógico pensar que pasar el día en el campo, en soledad, ganando un sueldo mínimo, pasando frío o calor, y sin el romanticismo que le imprime un naturalista o un paseante, no resulta una profesión atrayente para las nuevas generaciones, pero pensar que todo el campo está disponible para el ganado suelto y sin vigilancia, no ayuda, como tampoco lo hacen las trampas que se descubren entre los que piden indeminizaciones por daños falsos.

Por otro lado, queda mucho por averiguar sobre el comportamiento de los esquivos lobos. Una de las medidas más en boga es la colocación de GPS en ejemplares que permitan conocer por dónde se mueven y cómo interactúan. En Galicia, en Castilla y León, en Madrid ya están en ello. Para la captura se utilizan trampas que consisten en un lazo de acero anclado al terreno que se activa cuando lo pisa un lobo al dispararse un muelle. Organizaciones como FAPAS (Fondo para la Protección de los Animales Salvajes) alertan sobre las lesiones que pueden provocar y del riesgo de que caigan en ellas otros animales, como oseznos jóvenes.

Al acabar este capítulo, las últimas noticias sobre la especie no hablan del fin de un conflicto que refleja como pocos cómo hasta ahora ha sido difícil compaginar el afán del ser humano, desde hace 10.000 años, por producir alimentos con la biodiversidad de especies que hicieron posible la propia evolución de la vida en la Tierra. Numerosos estudios científicos alertan de que estamos inmersos en la «sexta extinción» masiva desde que hace 3.800 años pudieron surgir las primeras bacterias. Es una extinción generada por una sola especie, la nuestra, cuya tasa es de entre 100 y 1.000 veces el promedio natural en la evolución. La Unión Internacional para la Conservación de la Naturaleza (UICN) calcula que una de cada ocho especies de aves, una de cada cuatro mamíferos y una de cada tres de anfibios se encuentran en peligro de desaparecer. No es el caso del lobo, clasificada entre las especies de «preocupación menor» a nivel global. No obstante, mientras la disputa por el territorio siga, todo parece indicar que será el lobo el que lleva las de perder.

XVIII. EL OSO PARDO SALE DE LA UCI: LAS CLAVES DE LA CONVIVENCIA Y LAS AMENAZAS FUTURAS

María García de la Fuente

El oso pardo, el último mamífero de gran tamaño que habita en la Península Ibérica en estado salvaje, se ha convertido en un emblema de la conservación. Y también es una especie paraguas, porque su recuperación implica la existencia de un ecosistema de alta calidad en el que convive con otros seres que también se ven favorecidos por su presencia. El conflicto histórico por su presencia en la Cordillera Cantábrica ha dado paso a grados de convivencia de los que es posible sacar importantes conclusiones.

En los últimos años hemos constatado cómo en España especies que estuvieron al borde de la extinción gozan hoy de buena salud. El águila imperial ibérica apenas contaba con 50 parejas reproductoras en 1966 y en 2019 se contabilizaron 612 parejas. El quebrantahuesos tenía tan solo 17 parejas reproductoras en 1979 y en 2016 llegaron a 1.026 individuos en los Pirineos. Y el lince ibérico, que en 2002 rozaba tan solo unos 100 ejemplares, se ha recuperado hasta los 1.365 ejemplares censados en 2022 en España y Portugal.

Son claros ejemplos de cómo los programas de conservación pueden funcionar. Y en este sentido el oso pardo cantábrico también se une a la lista de los «ganadores». Su población se incrementa de año en año y se ha ido alejando del peligro crítico de extinción. De las 6 osas con crías que había en 1989, en la actualidad se han identificado 370 ejemplares. El oso está catalogado como en Peligro de Extinción y podría pasar a Vulnerable. Pero para salir de la categoría de amenaza tendría que superar los 1.000 ejemplares.

En el siglo XVI el oso pardo habitaba prácticamente en toda la Península Ibérica; sin embargo, cuatro siglos más tarde, había reducido su presencia a la cornisa cantábrica y a los Pirineos.

La primera medida de protección data de 1952. Una orden del 30 de octubre, del Ministerio de Agricultura, vedaba al oso en todo el territorio por un espacio de 5 años. Y fue especie cinegética hasta 1973, cuando se consideró especie protegida y fue incluida en la categoría «En Peligro de Extinción» dentro del Catálogo Nacional de Especies Amenazadas. Sin embargo, en los años 80 del siglo XX la caza furtiva llegó a situar al oso al borde de la extinción a causa de los envenenamientos, los disparos de furtivos o los lazos de acero ilegales. Junto a la persecución, la degradación de su hábitat y el aumento de la densidad de población en sus antiguos dominios, han hecho que el oso pardo quedara recluido a la Cordillera Cantábrica.

El Ministerio de Medio Ambiente aprobó en 1999 la «Estrategia para la conservación del oso pardo cantábrico», cuyos objetivos principales son reducir la mortalidad no natural, conservar y mejorar el hábitat, asegurar la conectividad entre poblaciones y núcleos de población y garantizar el apoyo público a su conservación

A principios del siglo XX las dos poblaciones de oso quedaron divididas, segregadas: una situada en la parte occidental y otra en la zona oriental de la Cordillera Cantábrica, lo que trajo consigo sendas poblaciones aisladas genética y demográficamente, todo un riesgo para la supervivencia.

Zonas por fin conectadas y ahora en expansión

Pero esto ha cambiado. Se ha superado la fase en que había dos núcleos de subpoblaciones incomunicadas entre sí, algo que venía ocurriendo desde hace dos décadas. La de la zona oriental presentaba «la más baja variabilidad genética del mundo de oso pardo», en palabras de Guillermo Palomero, director ejecutivo de la Fundación Oso Pardo. «Ahora ya tenemos una única población de toda la cordillera cantábrica que va creciendo y con movimientos de exploración que llegan hasta Portugal».

Garantizar la conectividad entre las poblaciones occidental y oriental de la Cordillera Cantábrica ha sido clave para que la especie vea asegurada su supervivencia a largo plazo, ya que era fundamental para aumentar la variabilidad genética. En el año 2020 se realizó el primer censo genético para estudiar la conectividad y el parentesco entre las poblaciones de Galicia, Asturias, Cantabria y Castilla y León, y conocer mejor la diversidad genética de cada individuo. Se supo que su hábitat se sitúa en las zonas de montaña entre los 1.000 y 1.800 metros de altitud, donde se mueve en áreas con bosques de haya, robles o abedules, praderas, pastizales, roquedos o matorral de brezo y piorno: zonas que abarcan las comunidades autónomas de Asturias, Castilla y León (provincias de León y Palencia), Cantabria y en una pequeña parte de Galicia, en la Sierra O Courel en Lugo.

Pero para mejorar esa interconexión entre las dos poblaciones, que ya son una sola, es necesario seguir dando solución a los obstáculos, como las autovías (como la AP66 que une Castilla y León con Asturias) para que no sean un punto negro para los osos. Por ejemplo, el actual vallado de la autovía, de un metro y medio de altura, es insuficiente para animales de gran tamaño como son los osos o los corzos. Por eso, la Fundación Oso Pardo recomienda que el vallado se eleve a 3 metros de altura y con voladizo hacia el exterior. El problema no es sólo que se atropelle a los osos (en 2023 murieron dos por esta razón). Éste es también un problema de seguridad viaria que implica a los conductores. Muerte de ejemplares se han producido por atropellos en otras vías (CL-626 y AS-15).

La conectividad debe ser segura sobre todo porque los machos cada vez se mueven más. Ha dejarse vía libre a los osos que aparecen en los nuevos territorios «conquistados», sobre todo a los machos jóvenes de entre 3 y 5 años; son los ejemplares exploradores. Estos individuos «pioneros» se han adentrado ya hasta La Cabrera (en León) e incluso llegan a Portugal. «Hemos detectado casos de hibernación en O Courel (Lugo) y son siempre machos», apunta Palomero. El avance del oso parece imparable.

Por su parte, los oseznos hembras suelen quedarse en las áreas de campeo de las madres, y se forman grupos de osas que luego van expandiéndose hacia los lugares en los que se encuentran los machos. Los oseznos machos dejan las áreas donde se han criado con sus madres y van adentrándose en territorios inexplorados, en donde no se recordaba su presencia.

Para confirmar la procedencia de los osos, desde 2018 se realizan estudios genéticos y se ha constatado la variabilidad genética gracias a los movimientos de machos entre la zona occidental y oriental, según se detalla en la obra de la Fundación Oso Pardo «Osos cantábricos. Demografía, coexistencia y retos de conservación», en la que se analiza su situación actual y cómo afrontar el futuro de esta especie.

El oso cantábrico es omnívoro, se alimenta sobre todo de plantas y frutos y la proteína animal la obtiene de la carroña e invertebrados. En otoño es su época crítica de alimentación, ya que se tiene que preparar para hibernar. La base de su alimentación son sobre todo los frutos secos, como bellotas de haya y roble, castañas y avellanas así como frutas como manzanas o madroños.

Conocerlos mejor es clave

Desde 1989 se efectúa un seguimiento de las osas con crías y eso ha permitido conocer con gran detalle los hábitos de estos animales, su modo de alimentación y sus costumbres reproductivas. Cada osa tiene entre una y tres crías y la tasa de supervivencia entre los oseznos es alta hasta los 16 meses de vida, cuando se independizan de la madre, que vuelve a gestar.

Los machos pueden pesar hasta 200 kilos, las hembras oscilan entre 100 y 150 kilos. Los oseznos, por su parte, pesan tan solo unos 350 gramos al nacer, son ciegos, casi sin pelo y no se pueden termorregular. Al mes abren los ojos y a los dos meses, ya caminan. En estado salvaje viven entre 25 y 30 años, aunque se conocen ejemplares de 34 años. Y a pesar de su gran tamaño, pueden trepar con agilidad y son buenos nadadores. Y pueden alcanzar los 60 kilómetros por hora corriendo.

El oso es solitario y solo forma grupos cuando la hembra tiene oseznos, y al emanciparse serán osos solitarios. Durante el celo de la primavera, los machos marcan los árboles con arañazos y mordiscos para anunciar su presencia a otros machos y a las hembras, y pueden llegar a recorrer hasta 20 kilómetros diarios en busca de una hembra receptiva, siguiendo su rastro por el olfato.

Los partos de entre uno y tres oseznos se producen en enero dentro de la osera, y el macho no colabora en la cría. Los oseznos permanecen entre 16 a 18 meses con la madre, por lo que las hembras pueden llegar a parir cada dos años. Maman durante todo el tiempo que están con la madre, pero a los 6 meses ya comen alimentos sólidos.

La denominación de oso «pardo» se refiere al color de pelaje, aunque la variedad de colores oscila entre el marrón muy oscuro, casi negro, y el dorado claro pasando por variedades de grises. Mudan el pelaje una vez al año, en verano. Durante la hibernación, las pulsaciones del oso pardo disminuyen de 50 a 10 por minuto, baja su ritmo respiratorio a la mitad y la temperatura desciende a 4 grados. La mayoría de las oseras, el 80%, se encuentra en cuevas y solo el 20% se excava en el suelo.

Tres razones del éxito y las amenazas

En el área de distribución del oso pardo cantábrico se ha registrado un enorme cambio en la economía local, con el progresivo abandono de la minería y de las actividades agrarias y ha cobrado brío el turismo de naturaleza y ocio,

En este contexto, tres grandes razones explican la recuperación del oso si se echa la vista atrás. En primer lugar ha influido el éxito cosechado en la lucha contra los grandes problemas que lo habían colocado contra las cuerdas: la caza furtiva y el deterioro del hábitat. Hoy en día el furtivismo existe, pero está en franca retirada.

La caza furtiva llegó a poner la especie en peligro de supervivencia. «A causa de los venenos o las trampas, que en muchas ocasiones no son colocados para los osos sino para lobos o jabalíes, se pueden seguir perdiendo osos; pero el furtivismo ya no coloca al oso al borde de la extinción como pasaba a finales de los años 1980», explica Palomero. El combate contra el furtivismo realizada por las guarderías, la administración o el Seprona de la Guardia Civil ha sido eficaz. La Fundación Oso Pardo ha llevado 150 furtivos a los tribunales.

La protección del territorio ha sido otro elemento clave. El área de distribución del oso cantábrico está integrada prácticamente en su totalidad en los espacios protegidos europeos de la Red Natura 2000, que es la mejor garantía de protección de un hábitat. La directiva Hábitats considera al oso pardo como «especie prioritaria». El oso cantábrico se distribuye en un hábitat que está integrado en la Red Natura 2000 a través de 24 Lugares de Importancia Comunitaria

(LIC) y en áreas naturales de protección autonómica, lo que favorece su conservación y tranquilidad para criar.

Y el tercer pilar ha sido el apoyo social. Este apoyo ha ganado terreno al implicarse en la conservación a los líderes locales o a los cazadores. Los cazadores en la Cordillera Cantábrica se han convertido en aliados en la protección del oso, dice Palomero. La aceptación social es vital para la pervivencia del oso pardo. En España este factor es fundamental porque en la Cordillera Cantábrica hay muchos pueblos y se llevan a cabo muchas actividades humanas; y cada vez más después de la pandemia de la Covid, y donde se registran la abundante presencia de senderistas, ciclistas y cazadores. «La aceptación social es uno de los retos actuales y es muy importante seguir trabajando en la coexistencia», añade Palomero.

Garantizar esta convivencia será fundamental para que estas poblaciones aumenten. Los osos necesitan amplios espacios para vivir y en una zona como la Cordillera Cantábrica, con alto grado de presencia humana, la pérdida de calidad del hábitat y la fragmentación siguen siendo amenazas para su conservación. Las infraestructuras de transporte, las actividades extractivas, nuevas pistas y la expansión de turismo de naturaleza y de ciertas actividades de ocio y deportivas en el medio natural afectan a las buenas zonas de alimentación y refugio de estos animales.

Además, las causas de mortalidad actuales del oso pardo incluyen también el infanticidio, provocado por machos que atacan a las hembras con crías para que al morir los oseznos, las hembras vuelvan a entrar en celo y así poder reproducirse. Otra de las causas de mortalidad en adultos son los atropellos en carreteras o autovías, para lo que es indispensable el vallado de seguridad.

Una de las preocupaciones que comienza a aparecer es que el oso pardo se habitúe a buscar comida en los alrededores de los pueblos, como por ejemplo en huertas o contenedores de basura. Para evitar que haya daños a frutales como manzanos o higueras, se colocan protectores alrededor de los árboles, una estrategia que están dando buenos resultados. También se plantan frutales en fincas fuera de los pueblos y ya en desuso para que los osos se alimenten allí, sin dañar las huertas, como proyectos que desarrolla el Fondo para la Protección de los Animales Salvajes (FAPAS). El oso pardo ha convivido desde siempre con actividades humanas y su carácter es precavido y huidizo, aunque también es oportunista y si encuentra un animal despeñado, aprovecha su carroña.

Convivencia

Uno de los modelos en la gestión del territorio que ha permitido la convivencia entre osos y humanos es el de Somiedo, un concejo asturiano formado por 15 parroquias y unos 1.100 habitantes. «Conoce, respeta y disfruta» es la consigna que resumen las esencias del Parque Natural de Somiedo, eje vertebrador del municipio.

El Parque se creó en 1988, el primero de esta categoría en Asturias, y es también Reserva de la Biosfera de la UNESCO. La clave de la declaración de parque natural fue el oso pardo; ese fue el motor para conservar una especie que parecía abocada a desaparecer en los años 80 debido a la caza furtiva. «En los años 80 se decía que el oso no llegaba al año 2000 por la dinámica que llevaba», comenta el alcalde de Somiedo, Belarmino Fernández.

«El éxito del parque estaba ligado a la conservación del oso, que es su gran marca, señal y garantía de calidad ambiental del parque», añade Fernández, del PSOE, el alcalde que más tiempo lleva en el cargo en Asturias, y ya van 28 años.

Por eso, en los años 90 del siglo XX los esfuerzos se centraron en la lucha contra la caza furtiva, para que los osos pudieran recuperarse y así el Parque Natural de Somiedo se ha convertido en el espacio protegido donde se pueden ver osos en libertad.

La convivencia entre osos y humanos es una estrategia desarrollada a lo largo de años, comenta el alcalde y para ello se trabaja con los habitantes de la zona, con los niños del colegio público de Pola de Somiedo y con los 140 ganaderos en extensivo, que cuentan con 8.000 vacas que pastan en las montañas de Somiedo, donde debe conviven los 90 negocios en una zona con amplio catálogo de fauna silvestre, que incluye jabalíes, venados y lobos.

La ventaja del Parque Natural de Somiedo es que pertenece a un único municipio y el 40% del territorio del parque tiene un uso restringido. A lo largo del siglo XXI, la acción en Somiedo se ha encaminado a ordenar el avistamiento de osos para interferir en sus movimientos y asegurar la convivencia. Se han instalado miradores de fauna y del paisaje distribuidos en distintos puntos de los pueblos y del entorno para ver al oso prismático sin que nadie les perturbe. También se han formado a guías de naturaleza especializados en rutas para ver osos sin interferirles.

«El Parque Natural de Somiedo es muy restrictivo en el uso público turístico, y eso no ha sido el freno, sino el motor del desarrollo económico de la zona. Además, en el parque somos muy permisivos en el mantenimiento de la ganadería extensiva, porque forma parte de la biodiversidad de Somiedo. No hay mayor desastre ecológico que un pueblo abandonado», explica Fernández.

Cambio climático

Las amenazas que tiene el oso pardo han cambiado con el tiempo, y en los últimos años el cambio climático se ha convertido en un nuevo factor que está alterando su comportamiento, en tres ámbitos.

El primero es que el oso es un animal que suele hibernar. Por eso, si el cambio climático altera las temperaturas en sus zonas de hábitats y no hay nieve, su comportamiento variarará. Y, de hecho, ya se está constatando en zonas de la Cordillera Cantábrica que hay osos que no hibernan, como muestran osas con crías u osos jóvenes, o que sus hibernaciones duran menos tiempo. Esto supone que los osos van a estar más activos en invierno y puede haber más interacciones con personas, que frecuentan más las montañas en invierno, como deportistas, senderistas o cazadores.

Palomero explica que, por esta razón, habrá que regular las actividades en invierno, porque si hay autorizaciones de caza para control de jabalíes en enero o febrero o deportistas que suben con raquetas de nieve, se tendrá que tener en cuenta que los osos están activos en esos meses. «Ya hay un cambio en el comportamiento de los osos en invierno», apunta Palomero.

La segunda incidencia se dará en la disponibilidad de alimento. Las proyecciones de los científicos recogidas en el proyecto europeo Life Osos con Futuro, desarrollado por la Fundación Oso Pardo, indican que hay árboles que van a ir disminuyendo su distribución, como por ejemplo los arándanos. Ya casi ya no se ven osos comiendo arándanos porque las cosechas son escasas.

En cambio, otras especies como los robles, encinas o castaños se van a ver favorecidas por el cambio climático. «El castaño es esencial, porque la comida otoñal para el oso, para aportar grasas y engordar, es fundamental, y así no tiene que depender de especies como el roble o el haya, que da frutos unos a años y otros que no», indica Palomero. Desde la Fundación Oso Pardo están plantando castaños hibridados con variedades locales en altitudes que antes no se plantaban, por encima de 1.000 metros. Los osos pardos no van a tener problemas de comida, van a sustituir unas especies por otras.

El proyecto Life Osos con Futuro prevé la plantación hasta 2025, en varias fases, de 150.000 árboles y arbustos autóctonos productores de frutos carnosos en 225 pequeños bosquetes que ocuparán 155 hectáreas. A ellos se sumarán 25.000 castaños injertados con variedades autóctonas en otros 75 pequeños bosquetes que ocuparán 55 hectáreas. Las plantaciones se llevarán a cabo en 8 espacios de la Red Natura 2000. En el área de la subpoblación cantábrica occidental del oso en los espacios de Peña Ubiña, Caldoveiro, Montovo-La Mesa, Fuentes del Narcea, Degaña e Ibias y Somiedo en Asturias; y Alto Sil y Sierra de los Ancares, en León. En el área de la subpoblación oriental se realizarán en el espacio de la Montaña Palentina, en Palencia.

Y el tercer ámbito es muy preocupante para la conservación del hábitat. En un escenario de temperaturas más altas y sequías más prolongadas, como indican los modelos de cambio climático, va a haber incendios de grandes dimensiones, más destructivos y más incontrolables. Este factor necesitará una mayor gestión del territorio para prevenir grandes fuegos forestales.

Turismo de observación

La percepción social del oso es muy positiva entre los habitantes de la Cordillera Cantábrica y son muchos los beneficiarios de su presencia. La mayoría considera que la presencia del oso es compatible con el mundo rural, según los estudios elaborados por la Fundación Oso Pardo.

Hay una gran atracción por la observación de los grandes carnívoros como osos, lobos y linces. El oso pardo cantábrico es un reclamo para el turismo de naturaleza y aporta importantes ingresos. Desde la

Fundación Oso Pardo consideran «magnífico que el oso sea un activo económico», porque se generan puestos de trabajo locales, dejan dinero en los pueblos y atraen muchos visitantes a zonas despobladas.

Se estima que el oso pardo ha contribuido a generar 20 millones de euros de ingresos en el tejido productivo rural de las zonas occidentales de la Cordillera Cantábrica en 2017 y a crear o sostener de forma directa 350 empleos equivalente a tiempo completo, mayoritariamente residentes en la misma localidad del negocio. Sólo en 2016, alrededor de 7.200 observadores de oso visitaron las comarcas cantábricas. El oso es un animal que contribuye a la creación y mantenimiento de empleo local. En las áreas rurales hay un despoblamiento de jóvenes y se han creado puestos de trabajo, como guías especializados, de un altísimo valor.

El animal implica más beneficios para la población local que perjuicios. Entre estos últimos destacan los daños a colmenas, frutales o ganado que en 10 años han supuesto una compensación de 250.000 euros. El 60 por ciento de estos daños a actividades humanas son a colmenas, y entre las soluciones más efectivas están los cercados eléctricos. En la provincia de León, los ataques de osos a colmenares se redujeron del 41% al 16% con estos cercados.

Por eso, desde la Fundación Oso Pardo proponen que se regulen y ordenen los usos del territorio en cuanto a la caza, ecoturismo o deportes de montaña para que la conservación del oso esté garantizada y siga habiendo una convivencia armónica.

«Tenemos un valor muy importante: para ver osos no hay que darles comida. Podemos verles libremente en el paisaje cantábrico sin atraerles; sin interferir su actividad, verles haciendo su vida es extraordinario. Al turismo más sensible le encanta, esa debe ser la forma de verles, sin interferir», explica Palomero.

Asimismo, reclaman que haya una zonificación de los espacios naturales, información al público en las zonas oseras y presencia de agentes de la autoridad en las fechas y lugares más sensible, como, por ejemplo, en las zonas de observación de osos, para evitar comportamientos inadecuados por parte de los visitantes.

Un ejemplo de buena práctica es la resolución del Principado de Asturias aprobada el 18 de abril de 2023, en la que expresa: «Con fecha 14 de abril de 2023 se recibe comunicación del Guarda de la Patrulla

Oso del Parque Natural de Somiedo, indicando que se ha detectado una osa con cría en la zona del Mirador del Presidente, con lo que pueden producirse interferencias y molestias a dichos osos, así como situaciones de peligro ante posibles encuentros entre personas y osos».

La ruta de senderismo de Gúa al Mirador del Presidente Caunedo es una ruta habitual de senderismo; está permitido especialmente el senderismo, excursionismo y actividades afines. Por este motivo, en la resolución se resuelve «restringir temporalmente el acceso y tránsito de visitantes y personas no autorizadas en la senda de Gúa al Mirador del Presidente desde el 15 de abril de 2023. El levantamiento de la prohibición se realizará previo informe de la Guardería del Medio Natural del Parque Natural de Somiedo o de la Patrulla Oso, cuando se compruebe la no presencia de grupo familiar en la zona».

El oso pardo cantábrico cada vez es más valorado por los habitantes de las comarcas rurales y muy apreciado por los turistas. Para que su conservación esté garantizada se necesita seguir trabajando desde todos los ámbitos para lograr que la convivencia siga siendo armoniosa.

Bibliografía

Web Fondo para la Protección de los Animales Salvajes (FAPAS): FAPAS — Fondo para la protección de los animales salvajes | Inicio

Web Fundación Oso de Asturias: Fundación Oso de Asturias

Web Fundación Patrimonio Natural Castilla y León: Patrimonio Natural de Castilla y León

Web Ministerio para la Transición Ecológica y el Reto Demográfico de España: Ministerio para la Transición Ecológica y el Reto Demográfico (miteco.gob.es)

XIX. AGRICULTURA Y CONSERVACIÓN DE LAS AVES, UN ENTENDIMIENTO OBLIGADO

Javier Rico

«La intensificación agraria, y en particular el uso de pesticidas y fertilizantes, es la principal causa de la disminución de las poblaciones de aves». Esta conclusión, extraída de un artículo firmado por medio centenar de autores expertos en ornitología y publicado en mayo de 2023 en la revista científica Proceedings of the National Academy of Sciences (PNAS), resume a qué impacto principal se enfrentan las aves en Europa y en España.

Por cantidad, calidad y variedad, nuestro país es el más importante de Europa occidental y uno de los más relevantes a escala mundial para muchas especies de aves, sobre todo para las asociadas a medios agrícolas y esteparios. Es el caso de la alondra ricotí, la avutarda euroasiática y el sisón común, que concentran en la península ibérica las mayores poblaciones mundiales. Y son también las mismas especies que concentran el cóctel de impactos asociados a la intensificación agraria: agroquímicos, monocultivos, menos superficie en barbecho, sustitución de cultivos de secano por otros de regadío, excesivo consumo de agua, concentración parcelaria, destrucción de nidos durante las tareas agrícolas con maquinaria pesada y eliminación de lindes con setos.

Comenzamos con las más amenazadas, las vinculadas a ecosistemas agro-esteparios, el repaso a una avifauna que entre la península, los dos archipiélagos, Ceuta y Melilla reparte 638 especies, según la última *Lista de las aves de España* elaborada por la Sociedad Española de Ornitología (SEO/BirdLife). Por incidir en esta relevancia, 32 especies de aves del continente europeo tienen más del 75% de su población en nuestro territorio. Entre ellas se encuentran ocho especies endémicas repartidas entre los archipiélagos balear y canario. Además, diez más restringen a España su área de distribución europea y somos un reservorio continental para los buitres, al reproducirse alrededor del 98% de la población europea de buitre negro, el 94% de buitre leonado, el 82% de alimoche y el 66% de quebrantahuesos. Está claro que un mal estado de conservación para muchas aves en nuestro país repercute notoriamente en su situación a escala europea y mundial.

Tanto el *III Atlas de las aves en época de reproducción en España* (2022), como el *Atlas europeo de las aves reproductoras* (2020) constatan la importancia de la amenaza agrícola intensiva. En el *Libro rojo de las aves de España*, elaborado por SEO/BirdLife junto a la Fundación Biodiversidad del Ministerio para la Transición Ecológica y el Reto Demográfico (Miteco), resaltan que al agrupar las especies de aves por su hábitat principal, la mayor parte de las amenazadas ocupan preferentemente agro-sistemas y otros hábitats semi-naturales (34%), seguidas de las aves propias de humedales dulceacuícolas (24,7%), de medios marino-costeros (18%), zonas de montaña (12%) y forestales (10%). Otros hábitats semi-naturales incluyen seudo-estepas o agro-estepas, campiñas, dehesas y herbazales pastoreados.

El impacto agrícola no decrece

En el trabajo científico publicado en PNAS, 51 investigadores de toda Europa rastrearon las relaciones directas entre series temporales de poblaciones de 170 especies de aves —monitoreadas en más de 20.000 sitios en 28 países europeos durante 37 años— y cuatro presiones de origen humano: intensificación agrícola, cambio en la cubierta forestal, urbanización y cambio de temperatura. «Encontramos que la intensificación agrícola, en particular el uso de pesticidas y fertilizantes, es la principal presión que está detrás de la mayoría de las disminuciones de la población de aves, especialmente las que se alimentan de invertebrados», exponen en las conclusiones.

Desde el Centre de Recerca Ecològica i Aplicacions Forestals (CREAF) de Cataluña, uno de los centros de investigación que aporta autores al estudio de PNAS, señalan que «la intensificación de la agricultura ha incrementado el uso de fertilizantes y pesticidas, productos que eliminan los insectos y otros invertebrados del suelo, alimento esencial de muchas aves, especialmente en la época de cría, cuando los polluelos necesitan mucha proteína».

Ana Carricondo, coordinadora de Programas de Conservación de SEO/BirdLife, ONG que también participa con otros investigadores en el estudio publicado en PNAS, destaca que el problema sigue presente: «hay impactos más recientes, como la intensificación y transformación en cultivos leñosos de muchos terrenos, sobre todo de secano y para olivar, almendro y pistacho, sea con o sin regadío, sin olvidar la eliminación de lindes y barbechos y la presión procedente de las plantas fotovoltaicas, con demasiados proyectos en zonas de presencia de agroesteparias».

Meter más presión a las aves que conviven con estos agro-sistemas supone ponerlas al borde del precipicio. La intensificación de los cultivos de vid y olivo tiene contra las cuerdas al alzacola rojizo, que según los programas de seguimiento de SEO/BirdLife ha perdido en décadas recientes el 94,8% de su población. Porcentaje de pérdidas preocupantes presentan también el sisón común (68,5%), la alondra ricotí (41,4%), la perdiz roja (40%), la ganga ortega (34%) y la avutarda euroasiática, que aunque sea de un 15% para toda España, hay disminuciones regionales muy relevantes, como el 63% en Extremadura. En términos numéricos, en 2002 habitaban en los Llanos de Cáceres en torno a 900 avutardas, mientras que en 2023 no llegaban a las 350.

«Necesitamos acelerar la regulación de las prácticas agrícolas e implementar modelos más sostenibles», sentenciaba otra de las conclusiones del artículo de PNAS. Muchas personas expertas, tanto desde el ámbito científico como conservacionista, coinciden en que gracias a algunas medidas aplicadas desde la Unión Europea, por ejemplo a través de la Política Agrícola Común (PAC), el panorama no es aún peor. «El problema es que las medidas agroambientales de la PAC se siguen viendo como algo externo que resta competitividad y rentabilidad. Muchos agricultores se siguen metiendo en esto por el pago, pero tiene que haber más acompañamiento, para que todo empiece como un incentivo, pero que luego se quede como práctica habitual», señala Ana Carricondo.

Agricultores concienciados

Numerosos ejemplos de la implicación directa de los agricultores demuestran que poner en práctica sistemas más beneficiosos para la conservación de las aves no va en detrimento de la rentabilidad agraria. Testimonios de personas que llevan a cabo la siembra directa, la rotación con cultivos mejorantes (especialmente leguminosas), la siega sostenible y controlada, el mantenimiento de cubiertas vegetales espontáneas o la creación de espacios de biodiversidad (setos, charcas de agua, cajas nido para rapaces...), reconocen que un pequeño descenso de la producción se compensa sobradamente con el ahorro en gastos, principalmente de combustible, fertilizantes, pesticidas y herbicidas.

Muchos de estos agricultores y agricultoras están dentro de los ecorregímenes de la PAC o de los grupos operativos de la Asociación Europea para la Innovación en Materia de Productividad y Sostenibilidad Agrícolas, pero otros se asocian con iniciativas de ONG que van en la misma línea. Tres rapaces vinculadas a medios agrícolas y que no pasan por sus mejores momentos, lechuza común, mochuelo europeo y cernícalo europeo, se han convertido en las mejores aliadas de la agricultura a la hora de combatir las plagas de topillos en Castilla y León, sin necesidad de recurrir al veneno o el fuego, gracias al proyecto Control Biológico del Topillo Campesino emprendido por el Grupo para la Rehabilitación de la Fauna Autóctona y su Hábitat (Grefa).

Rietvell en el delta del Ebro, el programa de custodia agraria del GOB-Menorca en esta isla balear, proyectos de SEO/BirdLife como Olivares Vivos, Secanos Vivos y AgroEstepas Ibéricas, Márgenes para la Biodiversidad de la Unión de Pequeños Agricultores (UPA) y la Fundación Biodiversidad, Campos de Vida de la Fundación Internacional para la Restauración de los Ecosistemas (FIRE) o los trabajos con agricultura de conservación de la Fundación Global Nature en Tierra de Campos son otros ejemplos que demuestran que la rentabilidad agraria y ganadera es compatible con la recuperación y mantenimiento de la avifauna, y que la implicación de las gentes del campo es imprescindible.

Las aves vinculadas a los humedales, ecosistemas que han sufrido, entre otros, el impacto de la intensificación agraria, aparecen en el *Libro rojo de las aves de España* como el segundo grupo más afectado tras el de los agro-sistemas. Seis de las veinticuatro especies de aves catalogadas en España en peligro de extinción se asocian con ellos: porrón pardo, cerceta pardilla, malvasía cabeciblanca, avetoro común, focha cornuda y escribano palustre. Este último presenta cifras alarmantes: en 2021 se estimaba una población de unas 240 parejas reproductoras para la subespecie de escribano palustre iberoriental y de tan solo unas 25 para la iberoccidental, y todo a pesar de la recuperación que muestra desde 2015.

Decenas de miles de hectáreas de zonas húmedas se desecaron en España durante el pasado siglo para transformarlas en tierras de cultivo, pero también por el falso temor a la expansión de enfermedades como el paludismo y para favorecer políticas urbanísticas. Por si fuera poco, la caza en estos hábitats llenó el lecho y los alrededores de lagos, lagunas y charcas de restos de municiones cargadas de plomo que afectan a numerosas anátidas.

La extinción del torillo andaluz

Aunque el uso de cartuchos de plomo está cada vez más restringido, en especial en zonas húmedas, una investigación publicada en 2022 en la revista Science of The Total Environment por un equipo de científicos de la Universidad de Cambridge (Reino Unido) revelaba que entre diez especies de rapaces, el envenenamiento por esta munición ha provocado por sí solo la desaparición de unas 55.000 aves adultas en los cielos europeos. En España los datos son especialmente negativos para el águila real, el buitre negro y el milano real.

Sin salir de la caza, hay especies cinegéticas muy controvertidas, que de hecho en el *Libro rojo de las aves de España* aparecen con tendencia decreciente de sus poblaciones: tórtola europea, perdiz roja, perdiz moruna, codorniz, grajilla occidental, porrón moñudo, cerceta carretona, ánade rabudo y silbón europeo. La presión cinegética pudo ser también uno de los factores determinantes para la más que probable extinción del torillo andaluz. Los últimos registros verificables de la presencia de la especie se refieren a aves cazadas en el entorno de El Rocío (comarca de Doñana) en 1981. Aunque con posterioridad se han dado observaciones no documentadas, una resolución de 2018 de la Secretaría de Estado de Medio Ambiente publicada en el BOE la dio por extinguida en el medio natural español.

El torillo andaluz tenía un hábitat reducido, también en zonas de marcado cariz acuático, aunque en este caso más cerca del mar, como son los herbazales y matorrales de los arenales costeros del occidente de Andalucía. Entre estos ecosistemas costeros y mar adentro vuelve a aparecer otra extensa nómina de aves amenazadas, como la pardela balear y la población reproductora de arao común (en peligro de extinción) y las pardelas cenicienta, chica y pichoneta, el cormorán moñudo y la gaviota de Audouin (vulnerables).

Según Ana Carricondo, «uno de los principales problemas que tenemos con las aves marinas es que se conocen menos, pero sabemos que la pesca es un factor importante de sus disminuciones porque afecta directamente a la cadena trófica». Tanto en el ámbito de la conservación como en el de la ciencia sienten especial preocupación tanto por la pesca accidental (*bycatch* en inglés) de aves marinas en determinadas artes pesqueras, como por el desarrollo de parques eólicos en el mar. Sergi Herrando, investigador en el CREAF y en el Institut Català d'Ornitologia (ICO), sostiene que «de los impactos que el desarrollo de grandes centrales de energía renovable puedan ocasionar, el más relevante se da en el mar, ya que las aves se encuentran con enormes estructuras industriales completamente ajenas a su medio».

Los parques eólicos también interfieren en especies de aves terrestres. A finales de 2022 se iniciaron los trámites para desmantelar varias de estas centrales en la provincia de León, tras varias sentencias judiciales que demostraban que su instalación se había llevado a cabo en zonas muy sensibles para el urogallo, otra especie cuyas dos poblaciones, la cantábrica y la pirenaica, están catalogadas en España en peligro de extinción. Un estudio del Instituto de Investigación en Recursos Cinegéticos (IREC/CSIC/UCLM/JCCM) confirma que en 2019 se estimaba una población para la subespecie cantábrica de 191 individuos, con solo 60 hembras, y que desde la década de 1970 se ha producido una reducción el 83% del área ocupada en la cordillera cantábrica.

Signos positivos en los bosques

Pero la caída de los urogallos comenzó mucho antes de que las centrales eólicas se añadieran a una mezcla de impactos (gestión forestal, incendios, esquí, minería, caza…) dentro de un hábitat, los bosques, que presentan las menores disminuciones de poblaciones de aves y en varios casos incrementos. Si rescatamos dónde se ubican las aves más amenazadas por tipo de hábitats (agro-sistemas, 34%; humedales, 24,7%; marino-costeros, 18%; montañas, 12%) tenemos que entre el forestal bajan al 10%, con casos en positivo, como el agateador europeo, el arrendajo euroasiático, el cárabo común, el petirrojo europeo, el piquituerto común, el azor común, el trepador azul, el herrerillo capuchino y casi todas las especies de pájaros carpinteros, excepto el pico dorsiblanco.

El evidente incremento de la superficie forestal en los últimos años en España está acompañado de un fenómeno que afecta en sentido contrario a las aves: la despoblación del medio rural y el abandono de prácticas forestales, ganaderas y agrícolas compatibles con su conservación. Ahí también reside, según Sergi Herrando, parte de la explicación al descenso dramático del urogallo: «sufre cuando el bosque es muy espeso y no hay áreas más abiertas, claros que aprecia igualmente el mochuelo boreal; y algo similar ocurre con la tórtola europea, que casi ha desaparecido de los Pirineos porque las zonas de bosque son muy homogéneas, sin mucho borde forestal donde crece otra vegetación de la que se alimentan». La errónea o escasa gestión forestal —solo el 20,3% de la superficie forestal, 6 de 28,5 millones de hectáreas, cuenta con instrumentos de planificación aprobados— también incide en que aves de bosques, como el urogallo, la tórtola europea o el pico dorsiblanco, lo estén pasando tan mal.

El problema de las grandes centrales fotovoltaicas y eólicas no se limita al espacio en el que directamente se asientan, sino que se amplía con las infraestructuras asociadas, principalmente pistas y caminos de accesos y líneas y tendidos eléctricos para la evacuación de la electricidad. Algunos tendidos siguen ocasionando un impacto notable sobre especies muy amenazadas. A finales de 2023, Grefa informaba, por un lado, que en menos de un mes habían ingresado en su hospital de fauna salvaje diez aves electrocutadas: cinco búhos reales, dos ratoneros, dos cernícalos vulgares y un estornino negro; y por otro lado, constataba las muerte por electrocución, veneno y colisión con aerogenerador, respectivamente, de tres ejemplares de milano real —rapaz catalogada en peligro de extinción— de su proyecto de recuperación de la especie en Andalucía.

Hasta 2.500 milanos reales han muerto en los últimos treinta años por colisiones o electrocuciones con tendidos eléctricos. La plataforma SOS Tendidos Eléctricos calcula que son decenas de miles las aves que cada año mueren por este motivo, a pesar de que se ha avanzado en el soterramiento de líneas, la señalización y aislamiento de algunas torres y tendidos y la corrección de puntos negros donde caían un mayor número de ejemplares. Desde el proyecto LIFE Guardianes de la Naturaleza, coordinado por SEO/BirdLife, destacan que los tendidos eléctricos son una de las principales causas de mortalidad de aves. El 48% de los casos registrados en los centros de recuperación de fauna de España en los últimos diez años corresponden a colisiones y electrocuciones con estas infraestructuras.

Mucha luz y cambio climático

Gracias a esta corriente eléctrica se fomenta otro impacto que no quiere dejar pasar por alto Ana Carricondo, la excesiva iluminación en determinados lugares: «la contaminación lumínica cada vez está más presente y es más notoria en zonas costeras, lo que afecta a aves marinas muy amenazadas, como las pardelas, pero también paíños y petreles». Al menos 3.250 ejemplares juveniles de aves marinas, sobre todo pardelas cenicientas, fueron rescatadas en Tenerife entre el 15 de octubre y el 15 de noviembre de 2023 víctimas de la contaminación lumínica, dentro de una campaña de salvamento de pollos deslumbrados organizada por el Cabildo de Tenerife. Meses antes, un estudio realizado por un equipo de investigadores con participación del Museo Nacional de Ciencias Naturales (MNCN-CSIC) evaluó cómo afecta la contaminación lumínica a los pollos de pardela cenicienta atlántica, influyendo en el desarrollo de su sistema visual.

El aumento continuado de la urbanización y el turismo en las zonas de costa provoca una mayor contaminación lumínica que deslumbra y desorienta a las aves. Algo que también ocurre en la ciudad, y más en fechas especiales como la Navidad, donde la carrera frenética por conseguir la urbe más iluminada lo paga también la biodiversidad. SEO BirdLife recuerda que «últimamente se iluminan de forma desproporcionada, sobre todo en Navidad, parques públicos que sirven de refugio a muchas especies de fauna silvestre dentro de la trama urbana, que previsiblemente sufren molestias y daños por los montajes, el ruido, las luces y el notable incremento de la afluencia de visitantes durante los meses en los que están abiertos los espectáculos».

Otro de los reproches que recibe esta escalada de la iluminación costera y urbana reside en que va a contracorriente de nuestros compromisos con la emergencia climática y la eficiencia energética. Y máxime con las orejas del cambio climático asomando ya como uno de los impactos constatables contra la avifauna. En el *Libro rojo de las aves de España* de 2022 se contemplaban por primera vez sus efectos sobre las 359 especies de aves evaluadas. El principal impacto es la contaminación (basuras, lumínica, vertidos, tráfico de vehículos, pesticidas, plomo de cartuchos de caza…), el siguiente la alteración de los ecosistemas (incendios, extracción de agua, degradación del hábitat…) y empatados en el tercer lugar se sitúan el cambio climático y la acción combinada de la agro-ganadería y la silvicultura intensivas.

En el mismo libro se afirma que «las consecuencias del calentamiento global y los efectos del cambio climático en general afectan a un 66% de las especies amenazadas», en especial debido a que «eventos climáticos extremos a finales de primavera y principios de verano, con un elevado número de días con clima frío y lluvioso, pueden provocar elevadas mortalidades de adultos y pollos de algunas especies por inanición; a su vez, situaciones de calor extremo en verano también pueden provocar altas tasas de mortalidad juvenil en polluelos, y las sequías severas en los cuarteles de invernada disminuyen la cantidad de insectos presa que aumenten las tasas de mortalidad de las aves insectívoras».

Para la edición de 2020 del *Atlas europeo de las aves reproductoras*, iniciativa del European Bird Census Council, se llevó a cabo un trabajo de campo entre 2013 y 2017 con registros de 539 especies de aves nativas que se reproducen en Europa. Aunque refleja algunos resultados esperanzadores, como que el 35% de todas las especies autóctonas aumentó la superficie en la que se reproducen, también llamaba la atención sobre el cambio climático: el aumento de temperatura ha supuesto en las últimas décadas una pérdida del 40% de las poblaciones de aves propias de ambientes fríos y un 18% de hábitats cálidos. Y algo más: las zonas de cría de las aves europeas se ha desplazado hacia el norte una media de 28 kilómetros, aproximadamente uno por año.

«La diferencia entre las aves más afectadas de ambientes fríos que cálidos se debe probablemente a que las especies características de latitudes y altitudes altas están menos adaptados al calor», afirma Sergi Herrando. En general, las especies más asociadas a la montaña están entre las más afectadas por la subida de las temperaturas. Algunos trabajos, como el contenido en el libro *A climatic atlas of european breeding birds*, indican que, bajo escenarios climáticos disponibles para la cordillera pirenaica durante el periodo 2070-2099, una especie de la península ibérica ligada a la montaña y considerada como vulnerable, el lagópodo alpino, podría reducir su distribución esperable hasta un 100%. Esta especie, junto a la chova piquigualda, el acentor alpino, el gorrión alpino, el verderón serrano, el roquero rojo y el bisbita alpino están en declive según refleja el *Libro rojo de las aves de España*. El atlas europeo constata «una pérdida de la distribución de aves en los prados de alta montaña y en la tundra ártica».

Otro impacto: la inacción política

Para que el cambio climático no acabe asentándose como un impacto más entre la biodiversidad en general y las aves en particular se deben ampliar y mejorar las políticas de protección y conservación. De hecho, entre los impactos que se enumeran en el *Libro rojo de las aves de España*, además de los mencionados y de otros como las especies exóticas invasoras o el desarrollo urbanístico, aparece la «inacción-ineficacia de las Administraciones Públicas». Es cierto que determinadas políticas públicas, sobre todo asociadas a normativas de la UE —directivas de Aves y Hábitats, por ejemplo— han hecho que se protejan espacios muy sensibles, como los humedales, y se recuperen o estabilicen especies antaño muy amenazadas, como el águila imperial ibérica, la cerceta pardilla, el quebrantahuesos o los pinzones azules de Canarias. Pero queda mucho por hacer.

Estrategias promulgadas desde la UE, como las de Biodiversidad 2023, de la Granja a la Mesa, o el reciente Reglamento sobre Restauración de la Naturaleza, intentan poner una marcha más a la carrera por evitar la pérdida de poblaciones y especies de aves. Mientras tanto, las estrategias y planes de conservación y recuperación de especies amenazadas es algo que en España se debería cumplir por ley (Ley

42/2007 del Patrimonio Natural y de la Biodiversidad) y debería estar ayudando a frenar la misma pérdida. Actualmente, de las 24 especies catalogadas como en peligro de extinción a nivel estatal, solo diez de ellas tienen una estrategia de conservación aprobada por el Miteco: águila imperial ibérica, cerceta pardilla, focha moruna, malvasía cabeciblanca, pardela balear, quebrantahuesos, urogallo cantábrico y avutarda euroasiática, sisón común y alondra ricotí, las tres últimas dentro de la Estrategia de conservación de aves amenazadas ligadas a medios agrarios y esteparios de España.

«Una estrategia como la de aves agro-esteparias no es suficiente porque no es vinculante. Dan un buen marco de referencia, pero luego las comunidades autónomas deben aprobar planes de recuperación y conservación de especies, y no todas lo hacen. Hay voluntad política, pero no de aplicación», resume Ana Carricondo. Ninguna comunidad autónoma tiene aprobados todos los planes de recuperación o conservación para las especies en peligro de extinción o vulnerables que habitan en sus respectivos territorios. Un ejemplo en negativo es la Comunidad de Madrid, la única que no ha aprobado aún ningún plan de este tipo, a lo que está obligada al tener en sus territorios especies amenazadas como el águila imperial ibérica, la avutarda euroasiática, el sisón común, el milano real o el escribano palustre.

Con todo este retraso en la protección y conservación de aves nos tiramos piedras contra nuestro propio tejado. El origen de la pandemia por coronavirus (Covid) evidenció que alterar y romper el equilibrio que formamos junto al resto de la biodiversidad puede tener consecuencias desastrosas para nuestra salud. Más que en ningún otro escenario, esto se aprecia en las grandes ciudades, donde la máxima perturbación del entorno da señales constantes de mala salud, primero para especies de aves como los gorriones comunes que, aun en un proceso de estabilización, siguen sin recuperarse de la pérdida de millones de ejemplares durante muchos años, y segundo en las personas.

La actual política de determinados ayuntamientos de talar árboles o sustituir parques ya consolidados por nuevas zonas verdes más artificiales debería tener en cuenta los numerosos estudios que hablan de sus efectos beneficiosos para la salud de los seres vivos que los habitan, de insectos a árboles, pasando por aves, humanos y arbustos. Uno de estos estudios, publicado en 2017 en la revista BioScience, demostró que de cinco características naturales analizadas de un vecindario urbano, la cubierta vegetal y la abundancia de aves se asociaron positivamente con una menor prevalencia de depresión, ansiedad y estrés. El mismo trabajo cita otros que también desvelan que tener más especies de aves en el medio ambiente y observarlas es bueno para el bienestar psicológico de las personas, mientras que escuchar el canto de los pájaros contribuye a mejorar la atención y la recuperación del estrés.

Que el 56% de las 359 especies evaluadas en el *Libro Rojo de las aves de España* presente problemas de conservación y que el 25% se encuentren amenazadas e incluidas en categorías de riesgo de extinción (en peligro crítico, en peligro o vulnerable) es malo para ellas, para nuestro entorno y para nuestra salud.

Bibliografía

Libro rojo de las aves de España
SEO/BirdLife-Fundación Biodiversidad. https://seo.org/libro-rojo-2021/

III Atlas de las aves en época de reproducción en España. SEO/BirdLIfe. 2022 https://atlasaves.seo.org/

Atlas europeo de las aves reproductoras, https://ebba2.info/

Lista de aves de España. SEO/BirdLife. 2022. https://seo.org/nueva-lista-de-las-aves-de-espana/#

Listado de Especies Silvestres en Régimen de Protección Especial y Catálogo Español de Especies Amenazadas. https://bityl.co/ONxm

Asociación Europea para la Innovación en Materia de Productividad y Sostenibilidad Agrícolas. https://ec.europa.eu/eip/agriculture/

LIFE Olivares Vivo. https://www.olivaresvivos.com/

LIFE Agroestepas Ibéricas. https://agroestepas.seo.org/

Proyecto Secanos Vivos. https://secanosvivos.seo.org/

Campos de Vida (Fundación FIRE). https://fundacionfire.org/proyecto/campos-de-vida/

Proyecto Control Biológico del Topillo Campesino. https://bityl.co/ONxy

Custodia Agraria (GOB Menorca). https://www.gobmenorca.com/custodia-agraria

Fundación Global Nature. https://fundacionglobalnature.org/proyectos/

Rietvell. https://www.rietvell.com/

Márgenes para la Biodiversidad (UPA). https://www.upa.es/upa/servicios/

margenes-para-la-biodiversidad/
Estrategias estatales de conservación de especies. https://bityl.co/ONy2.
A climatic atlas of european breeding birds
Brian Huntley, Rhys E. Green, Yvonne C. Collingham y Stephen G. Willis. Lynx Editions. 2007. https://bityl.co/ONy8
The impact of lead poisoning from ammunition sources on raptor populations in Europe. Science of The Total Environment. Junio de 2022. https://bityl.co/ONyE
Farmland practices are driving bird population decline across Europe. PNAS. Mayo de 2023. https://www.pnas.org/doi/10.1073/pnas.2216573120
The cantabrian capercaillie: A population on the edge. Science of The Total Environment. Mayo de 2022. https://bityl.co/ONyH.
Ontogenetic exposure to light influences seabird vulnerability to light pollution. Journal of Experimental Biology. Abril de 2023. https://bityl.co/ONyN
Doses of neighborhood nature: The benefits for mental health of living with nature. BioScience. Febrero de 2017 https://bityl.co/ONyR.

AUTORES

Cristina Monge. Politóloga y doctora por la Universidad de Zaragoza, donde imparte clases de sociología. Sus áreas de interés se han centrado en la transición ecológica y la calidad democrática. Analista política en El País, Cadena SER, RTVE e Infolibre. Autora, entre otros libros, de *15M: Un movimiento político para democratizar la sociedad* (2017).

Antonio Cerrillo. Periodista especializado en medio ambiente en *La Vanguardia.* Premio Nacional de Periodismo Ambiental. Autor del libro *Emergencia climática: Escenarios del calentamiento y sus efectos en España.* Premio a la Conservación de la Biodiversidad de la Fundación BBVA (2021).

José Bejarano. Licenciado en Ciencias de la Información por la UAB. Durante 25 años, como corresponsal de *La Vanguardia*, ha cubierto informativamente todos los avatares vividos por el parque de Doñana. Premio Andalucía de Periodismo 1995.

Miguel Ángel Ruiz Parra. Periodista de *La verdad* de Murcia desde 1992, siempre ligado a la información medioambiental en prensa escrita, radio y televisión, ha relatado la crisis ecológica del Mar Menor durante más de una década. Premios: a la Conservación de la Biodiversidad de la Fundación BBVA (2023), Orange y Ecovidrio (2021) y a la Conservación del Lince Ibérico (2016).

Esteve Giralt. Periodista (UAB), corresponsal desde hace más de veinte años para *La Vanguardia* y Rac1 en Tarragona, desde donde ha seguido la actualidad sobre el delta del Ebro. Premio a la Excelencia Ràdio Associació de Catalunya (2020).

David Guerrero. Redactor de *La Vanguardia* especializado en infraestructuras, movilidad y urbanismo desde 2016. Antes estuvo en la Cadena SER, siempre vinculado a la información de la comarca del Baix Llobregat.

Guillem Costa. Periodista especializado en biodiversidad, ecología y medio ambiente en *El Periódico de Catalunya*. Ha cubierto al detalle la segunda gran sequía sufrida este siglo por Cataluña. Ha sido redactor y editor de informativos regionales de la Cadena SER.

Valle Sánchez. Licenciada en Periodismo por la Universidad Complutense de Madrid (1991). Redactora de *La Voz del Tajo*1991-1992. Redactora en *ABC* desde 1992, en la edición de Castilla-La Mancha. Dedicada durante 32 años a cubrir todo lo que ocurre de la ciudad de Toledo y viendo agonizar el río Tajo.

Carlos Fresneda. Ha sido corresponsal de *El Mundo* en Londres, Nueva York y Milán. Durante tres décadas ha ejercido también de corresponsal ambiental. Autor de *La vida simple*, *Ecohéroes* y *Mi siglo verde*. Siempre tomando el pulso a las ciudades que marcando el camino hacia una movilidad racional.

Raúl Rejón. Periodista dedicado a informar sobre el medio ambiente, sus problemas y maravillas, además de cómo los humanos nos relacionamos y dependemos de él. Escribe sus reportajes en el *Diario.es*.

Ismael Arana. Licenciado en Derecho y en Periodismo, inició su trabajo n la prensa escrita en 2007 en Zaragoza. Tras una etapa de nueve años en Hong Kong (China), regreso en 2023 como corresponsal de *La Vanguardia* en Aragón.

Marta Montojo. Periodista especializada en medio ambiente y cambio climático. Ha trabajado en la Agencia EFE y en *La Vanguardia*, así como en The Outlaw Ocean Project. Como freelance, ha escrito para medios españoles y extranjeros: *elDiario.es*, *El Confidencial*, la revista *Ballena Blanca*, *China Dialogue*, *Climate Tracker* y la revista europea *Green European Journal*.

Rosa M. Tristán. Periodista de divulgación científica y ambiental. Ha trabajado en *El Mundo* 22 años, colabora en RNE, *La Vanguardia* y otros medios. Responsable de comunicación en diferentes proyectos. Premio Nacional de Periodismo Sostenible, autora de dos libros sobre evolución humana.

José María Montero Sandoval. Publicó sus primeros trabajos como periodista ambiental en 1981. Director de los programas "Espacio Protegido" y "Tierra y Mar", en la televisión pública andaluza. Ha desarrollado su especialidad en medios escritos (*El Correo de Andalucía*, *El País*). Premio Nacional de Medio Ambiente, Premio Fundación BBVA, Premio Ondas, Premios Andalucía de Periodismo y Andalucía de Medio Ambiente.

Pedro Cáceres. Periodista especializado en ciencia y medio ambiente. Fue redactor de *El Mundo*, corresponsal ambiental, jefe de Sección de Ciencia y director del suplemento NATURA. Después, ha dirigido la comunicación de SEO/BirdLife y el Congreso CONAMA y ha sido director fundador de *El Ágora*, diario especializado en agua y medio ambiente.

María García. Licenciada en Periodismo por la Universidad Complutense de Madrid y Licenciada en Historia por la UNED. Ejerce el periodismo ambiental desde hace 25 años, cuando empezó en la agencia de noticias Europa Press. Después de 8 años, pasó a formar parte del equipo fundacional del diario *Público*, en la sección de Ciencias. Presidenta de la Asociación de Periodistas de Información Ambiental (APIA).

Javier Rico. Desde 1988 ha escrito sobre medio ambiente y desarrollo rural en medios como *El País*, *Quercus*, *EnergíasRenovables*, El Asombrario del diario *Público*, *National Geographic* o *El Mundo*. Autor de quince libros y guías (cuatro como único autor), el último de ellos *Guía de la España rural* (Planeta, 2021). Las aves están muy presentes en su labor divulgadora, incluido el libro *Con las aves por la Comunidad de Madrid* (La Librería, 2006).